"十二五"江苏省高等学校重点教材

（编号：2015-1-151）

数学实验与数学建模

（第二版）

林道荣　秦志林　陈荣军　田蓓艺　主编

科学出版社

北京

内 容 简 介

本书第一版被评为“十二五”江苏省高等学校重点教材，第二版升级为新形态教材，扫描二维码即可观看网络资源. 本书主要内容包括数学实验绪论、三个数学软件包使用简介、基础实验、探索实验、建模实验等数学实验内容，数学建模绪论、初等建模、代数模型、微分方程与差分方程模型、优化模型、随机模型及离散数学模型等数学建模内容，艾滋病治疗方案的疗效、一元三次方程的实根个数、生产函数、城市公交乘坐路线选择等研究性学习与课程设计内容，以及中国大学生数学建模竞赛与美国大学生数学建模竞赛的简介、部分竞赛题评述或解析. 本书突出理论和方法，加强数学实验与数学建模的联系与渗透，精选反映当代科技进步与社会发展的实际问题作为教学案例，尝试研究性学习与课程设计，以期提高学生的学习能力和系统解决问题的能力.

本书可作为高等学校理工类、经管类各专业学生数学实验与数学建模课程的教材，也可供相关专业的研究生、教师及工程技术人员参考.

图书在版编目(CIP)数据

数学实验与数学建模/林道荣等主编. —2 版. —北京：科学出版社，2023. 3

“十二五”江苏省高等学校重点教材

ISBN 978-7-03-070972-1

Ⅰ. ①数… Ⅱ. ①林… Ⅲ. ①高等数学-实验-高等学校-教材 ②数学模型-高等学校-教材 Ⅳ. ① O13-33②O141.4

中国版本图书馆 CIP 数据核字(2021) 第 259876 号

责任编辑：张中兴　梁　清　孙翠勤／责任校对：杨聪敏

责任印制：赵　博／封面设计：蓝正设计

科学出版社出版

北京东黄城根北街 16 号

邮政编码：100717

http://www.sciencep.com

固安县铭成印刷有限公司印刷

科学出版社发行　各地新华书店经销

*

2011 年 8 月第　一　版　开本: 720 × 1000　1/16

2023 年 3 月第　二　版　印张: 20 3/4

2025 年 1 月第十五次印刷　字数: 418 000

定价：79.00 元

序　言

在高等学校开设数学实验、数学建模课程是我国高等教育面向二十一世纪的改革举措, 其目的是让大学生学会利用计算机及有关数学软件包, 理解数学知识, 掌握解决问题的方法, 培养创新能力.

我们知道, 现代数学发展迅速, 新的理论和新的方法不但推动了数学本身及物理学等自然科学的发展, 而且在工程技术、经济及社会等方面有广泛的应用. 由于高等学校培养的大学生将来从事数学理论研究的是少数, 大多数毕业生是要运用数学工具解决其从事工作领域的实际问题, 数学实验和数学建模课程正是侧重于让学生从具体的、现实的问题出发来学习和研究数学, 进而能够自觉地运用数学理念、数学知识和定量的思维方法来解决实际问题.

教学质量提高依靠教学改革来推动, 教学改革首先要进行教学内容改革, 而教学内容改革势必要求教材内容的现代化. 编写一部适合当下教学形势的教材不是一件容易的事情, 林道荣、秦志林、陈荣军、田蓓艺等多位老师通过教学实践进行了一些有益的探索、尝试, 他们编写的《数学实验与数学建模 (第二版)》就是"十二五" 江苏省高等学校重点教材立项建设的教学改革成果.

该教材有两个创新点：一是教材内容融入思政元素, 在数学实验、数学建模课程中加强思想政治教育, 切实落实立德树人的根本任务; 二是构建新形态教材, 把二维码信息化技术与纸质教材相融合，在理论方法为主的纸质教材中加入"便于学生预习—小结—复习—提高的网络资源"，形成"纸质＋网络资源" 的立体化教材.

该教材有三个主要特色：一是精选反映当代科技进步与社会发展的若干问题作为教学素材, 突出主要理论和主要方法, 加强数学实验与数学建模的联系与渗透; 二是开展研究性学习与课程设计, 突出数学实验与数学建模课程和其他专业课程的联系, 提高学生自主学习能力及与小组团队合作学习能力; 三是评述历年数学建模竞赛题, 突出数学实验与数学建模课程的实用性, 培养学生的创新能力、合作意识及实践能力.

我很高兴再次为该教材作序，希望这部教材能对大学数学教学现代化起到一些推动作用. 我期待更多的数学教师能充分利用计算机等信息技术，更好地将数学知识传授给学生，培养担当民族复兴大任的时代新人，培养德智体美劳全面发展的合格大学生；同时期待着学生们能利用计算机等信息技术更加愉快地学习数学，掌握解决实际问题的方法，成为中国特色社会主义事业建设者和接班人，为中华民族伟大复兴做出更大的贡献.

江苏省数学学会监事长
长江学者奖励计划特聘教授
南京大学数学系教授
2020 年 12 月

第二版前言

我们编写的《数学实验与数学建模》(第一版) 教材于 2011 年 8 月出版, 经过九年多的教学实践检验, 教学效果良好, 2015 年被立项为“十二五”江苏省高等学校重点教材建设项目.

根据“十二五”江苏省高等学校重点教材立项建设实施方案要求, 为了加强高等教育教材建设, 推进高等学校优质教育教学资源共享, 根据自身实践和教学检验, 结合外界评价和同行意见, 我们决定对原有教材进行修订改版.

修订版教材保持原教材的架构, 形成新形态教材，教材主要包括以理论方法为主的纸质教材和二维码中展示的数字化资源两部分，数字化资源部分包含以方便学生预习小结复习及提高为主的网络资源. 我们的新形态教材作为一个整体的教学、学习解决方案, 不单为主教材提供配套的电子课件, 更针对教师需求、学生需求进行详细的设计与分析. 具体情况描述如下：就教材内容而言, 包括主体知识、案例及案例分析、软件安装与使用演示, 实验计划范例, 实验过程演示、教案、课堂教学视频、参考文献及其他教学内容的提供; 就外在形式而言, 可分为主教材、辅助电子教材、网络资源; 就服务对象而言, 既为教师提供教学参考资料, 也为学生提供学习指导资料; 就教学手段而言, 既保留原先成熟的教学手段, 又充分运用现代信息技术, 尤其是利用智能手机引导学生预习、讨论、实验、查阅文献资料.

修订后的教材除保持原有特色外, 另有特色：一是构建新形态立体化教材, 把二维码信息化技术与纸质教材相融合，在理论方法为主的纸质教材中加入“便于学生预习—小结—复习—提高的网络资源”，形成“纸质＋网络资源”的新形态教材; 二是顺应提高人才培养质量的要求、体现以全体学生学习与发展为中心的理念、兼顾大众化教育背景下精英人才培养的需要; 三是适用多高校多专业的本科教学, 同时兼顾研究生、高职高专数学实验与数学建模教学、数学建模竞赛需求.

本教材为新形态教材, 教材内容丰富面广, 经全体编写人员讨论, 由林道荣、秦志林、陈荣军、田蓓艺任主编, 张昊、李苏北、缪雪晴、宋贺、钱峰、徐华珍、杨俊、潘俊尧、李加锋、张立、伍鸣、田瀚、马素萍、王建宏、周小建、陆志峰、王则林、

刘晓惠、范新华、李森、王君甫、葛亚平、崔庆华、赵胜男、许志鹏任副主编. 江苏大学副校长田立新教授、东南大学刘继军教授、陆军工程大学王开华教授、南京理工大学刘东生教授、南通大学陆国平教授担任教材主审，原主编南京晓庄学院周伟光副教授担任教材编写顾问. 《数学实验与数学建模》纸质教材由林道荣 (修订第 5 章)、秦志林 (修订第 12 章)、陈荣军 (修订第 7 章)、田蓓艺 (修订第 8 章) 任主编, 刘晓惠 (修订第 1 章、修订编写第 3 章)、周小建 (修订第 2 章 2.1 节、2.2 节)、田瀚 (修订第 2 章 2.3 节)、张昊 (修订第 4 章)、李苏北 (修订第 6 章)、缪雪晴 (修订第 9 章)、王则林 (修订第 10 章)、杨俊 (修订第 11 章)、钱峰 (修订第 13 章)、陆志峰 (编写第 13 章的 EXCEL 操作)、潘俊尧 (修订第 14 章)、徐华珍 (修订第 15 章)、崔庆华 (修订第 16 章)、张立 (修订第 17 章 17.1 节、17.2 节)、赵胜男 (编写第 17 章 17.3 节)、伍鸣 (修订第 18 章)、范新华 (编写 MATLAB 程序) 任副主编.

网络资源由林道荣 (策划)、陈荣军 (统稿)、张昊 (视频制作、二维码资源校对) 任主编, 田蓓艺 (视频制作)、缪雪晴 (视频制作)、潘俊尧 (视频制作)、宋贺 (视频制作)、杨俊 (视频制作)、徐华珍 (视频制作)、刘晓惠 (视频制作)、李森 (视频制作)、崔庆华 (视频制作)、赵胜男 (视频制作、数学建模范例电子资源制作)、王君甫 (MATLAB 程序电子文件制作)、马素萍 (视频审查)、李加锋 (实验范例电子资源制作)、钱峰 (视频审查)、葛亚平 (视频审查)、许志鹏 (EXCEL 操作演示视频制作)、范新华 (MATLAB 演示视频制作)、王建宏 (LINGO 演示视频制作) 和周小建 (软件安装指南 PPT 制作) 为副主编. 这次教材修订工作由南通大学、淮阴师范学院、常州工学院、南京晓庄学院、南通理工学院、南通大学杏林学院、南京工程学院、江苏工程职业技术学院、日照职业技术学院、南通开放大学以及常熟理工学院、徐州工程学院、金陵科技学院、无锡学院、淮安信息职业技术学院等高校承担, 得到了各校领导和老师的大力支持和帮助. 本教材的修订出版还得到了南通大学教务处和理学院、信息科学技术学院及电气工程学院, 淮阴师范学院数学科学学院, 常州工学院理学院的资助. 科学出版社的领导和编辑张中兴女士、梁清先生为本教材的修订出版作了大量细致的工作, 全体编写人员在此表示衷心的感谢! 此外, 在教材编写中我们参考了有关数学实验和数学建模的教材、论文, 特此向原作者表示敬意和感谢!

由于编者水平有限, 教材中不妥及疏漏之处在所难免, 敬请读者批评指正.

编　者

2021 年 1 月

目　录

第三篇 [illegible]

第四篇 数学建模竞赛活动

第一篇　数学实验

第 1 章

数学实验绪论

在大学中开设数学实验课程，是教育部组织的“高等教育面向21世纪教学内容和课程体系改革计划”课题组的重要研究成果. 该课程的教学目的是使学生掌握数学实验的基本思想和方法，即不把数学看成先验的逻辑体系，而是把它视为一门实验科学，从问题出发，借助计算机，通过学生亲自设计和动手，体验解决问题的过程，从实验中去学习、探索和发现数学规律.

课堂教学视频-1

本章首先解释数学实验，其次介绍数学实验课程的内容与方法.

1.1 数学实验的理解

实验是科学研究的基本方法之一，数学也不例外. 但是，传统数学教学常常把数学过分形式化，忽视探索重要数学知识形成过程的实践活动. 在高校的基础课中，数学只有习题课，而没有实验课. 数学的习题课，对于巩固课堂教学一直起着重要的作用. 然而，习题课不能解决数学教学和计算机等信息技术的结合问题，也就难以将培养学生数学素质的任务落到实处. 数学实验课是改革数学教育的一门新课程，其目的是让学生利用计算机等信息技术理解数学问题、探索数学问题、解决数学问题，培养学生的创新能力.

首先，数学实验是一种教学模式，是大学数学课程的重要组成部分，是与高等数学 (微积分、数学分析)、线性 (高等) 代数、概率论与数理统计等课程同步开设的重要教学环节，它将数学知识、数学建模与计算机应用三方面有机融为一体. 通过数学实验，学生能深入理解数学基本概念和基本理论，熟悉常用数学软件，进而培养其运用所学知识建立数学模型，使用计算机解决实际问题的能力.

数学实验课与其他课程既有区别又有联系. ① 数学实验课程与计算方法、概

率统计、最优化理论等课程密切相关, 但又存在着明显的差别. 数学实验课尽管也要介绍和使用数值计算方法、统计方法、优化方法等课程, 但是不应取代这些课程. 否则, 学生会失去学习数学实验的兴趣, 认为反正还要上这些课程, 何必上数学实验课呢? 为划清这一界限, 数学实验课所用到的方法应当比较简单和浅显, 由高等数学 (微积分、数学分析) 和线性 (高等) 代数课程中的内容能很快推出来 (其推导难度只应相当于微积分习题), 而不需要花时间和精力作专门的讲解. 而关于专门的、比较精细的方法的讲解, 则留给这些课程去完成. 当然, 这些课程本身也应改革, 不能纸上谈兵, 也应以学生自己动手实践作为重要环节, 像工科专业课程的课程设计那样. ② 数学实验与数学建模在一定程度上是相似的, 以至于人们经常混淆这两门课程, 甚至将数学实验当作数学建模. 数学建模与数学实验课都要用到计算机. 但数学建模是让学生学会利用数学知识和计算机为手段来解决实际问题, 而数学实验课侧重于在计算机的帮助下学习数学知识. 一个是用, 一个是学, 两者的目标不同. 数学建模强调问题的实用性而不强调普遍意义, 解决问题本身就是目的; 数学实验课可以从理论问题出发, 也可由实际问题出发, 但这个理论问题或实际问题最好是比较经典的、具有普遍意义的, 让学生以解决问题为线索总结规律, 学到知识. 当然, 数学实验课可以作为数学建模课的预备课程, 使学生可以更快地掌握数学建模的基本方法和能力. ③ 数学实验课程以计算机为工具, 与计算机课程也密切联系. 对于非计算机专业的学生来说, 计算机知识 (计算机语言以及软件的使用等) 只是一种工具. 好比学语言, 不能只停留在一个个的单词和一条条的语法规则, 而必须通过阅读文章来学并且要达到学以致用, 就要读报纸、读小说等. 学计算机语言也是这样, 应当结合解决一定的问题来学, 学了就要用来解决问题, 才使学生有兴趣学, 才能学得会, 才不会忘记. 在大学里的计算机语言课有时和其他课程 (特别是数学课程) 脱节, 导致学生学习计算机语言也只是为了学分, 考过了就忘了, 到高年级真需要用时又得复习. 开设数学实验课有利于计算机课程的学习, 迫使学生学好计算机知识来学习数学, 从而解决实际问题. 另一方面, 数学实验课又为计算机课程提供了大量练习机会, 提高计算机课程的教学效果.

其次, 数学实验也是一种实验, 是用实验的方法来解决问题. 它与物理实验、化学实验有相通的地方, 但又有所区别. 物理、化学实验课往往是把实验的每个步骤都给学生规定得很详细, 学生只需按部就班完成这些步骤, 而实验的结果也是预先就知道了的, 留给学生探索的余地不多. 数学实验课只是把实验的背景和相关理论知识教给学生, 要求学生自己制订实验计划, 设计实验思路, 实验的结果也是未知的, 需要学生自己动手, 通过大量实验发现实验结论.

最后, 数学实验还是科学研究方法. 波利亚 (Polya) 曾经指出:“数学有两个侧面, 一方面是欧几里得式的严谨科学, 从这个方面看, 数学是一门系统的演绎科学, 另一方面, 创造过程中的数学, 看起来更像一门实验性的归纳科学. ”科学实验是知识的源泉, 是推动科技发展和社会进步的重要动力. 如果在数学的教与学中能运用数学创造过程中使用的实验手段, 在实验中观察、分析、比较、归纳, 通过探索、猜想、验证、处理数据和确立关系来发现规律, 将是更好的选择. 运用现代数学技术在计算机上进行数学实验, 现在已经成为可能. 通过数学实验, 对若干实验对象从数量与图像的角度进行观察, 利用马克思主义唯物辩证法归纳数学规律或结论. 目前, 现代数学技术的应用已非常广泛, 也产生了较大的影响. 应用现代数学技术进行数学实验, 不仅改变了数学研究方法、应用模式和学习方法等, 更重要的是改变了数学的基本理论, 产生了一些新的数学学科分支和方向, 如符号计算、人工智能、运筹优化等. 在其他学科之中, 应用现代数学技术中的数字模拟和数据处理技术, 使天文学中超新星的爆发、地学中地壳运动、大型综合军事演习、核爆炸等难以进行实验的过程, 可以通过数学模型来模拟, 从而对各种理论进行检验. 不仅如此, 现代数学实验技术还被广泛应用在社会学、文学、美学、考古等的研究和教学中, 使其“数字化”和“理性化”.

1.2　数学实验的内容与方法

数学实验课和传统的数学课程的一个重要区别是, 传统的课程注重知识的传授和逻辑推理能力的培养, 而数学实验课则侧重于将实际问题转化为数学问题, 即数学建模能力的培养. 首要的是培养学生用量的观念去观察和把握现象的能力, 培养学生综合运用数学知识分析和解决实际问题的意识, 即数学素质.

另一个区别是, 传统数学课程的运算能力培养, 主要指的是寻求解析解的能力, 包括许许多多的变换和技巧, 而这些训练势必使课程内容臃肿不堪, 增加学生负担. 数学实验课则更侧重于创新意识和科学计算能力的培养, 也就是运用现代计算机等信息技术和数学软件包来取代那些繁杂的推演和复杂的运算技巧. 由于数学软件包技术的快速发展, 不仅能完成复杂的数值计算, 也能进行符号演算以及机器证明等工作, 因此, 数学实验课是加强实践性的一个重要环节.

数学实验课程教学内容设计的指导思想是: 从实际问题出发, 借助计算机, 通过亲自设计和动手, 体验解决问题的过程, 从实验中去学习、探索和发现数学规律. 实验内容的设计不在于传授学生多少数学知识, 不追求其系统性、完整性, 而应当

激发学生自己动手和探索的兴趣. 根据上述指导思想, 数学实验可以包括三部分主要内容: 第一部分是基础实验, 重点是高等数学 (微积分、数学分析) 和线性 (高等) 代数, 从宏观的角度去学习数学的基本概念, 理解数学的基本原理, 掌握用计算机软件进行直观作图和科学计算的方法, 体验如何发现、总结和应用数学规律. 第二部分是探索实验, 以高等数学 (微积分、数学分析) 和线性(高等) 代数为中心向边缘学科发散, 可能涉及微分几何、数值方法、数理统计、图论与组合分析、微分方程、运筹与优化等, 也可能涉及现代新兴的学科和方向, 如分形、混沌等. 这部分内容无论是对数学专业还是对非数学专业的学生来说, 都是全新的、困难的, 因此不必强调完整性. 在教师介绍其中的主要思想, 提出问题和任务后, 学生们应当尝试通过自己动手和观察实验结果发现和总结其中的规律. 同学们即使总结不出来也没有关系, 留待将来再学, 有兴趣的学生可以自己找参考书寻找答案. 教师在设计数学实验内容的时候, 要注意有意识地让学生通过实验学会一些基本的方法, 但是我们并不以这些方法为线索组织课程内容. 为此, 可以设计一些能够引起学生兴趣的问题, 每个实验围绕解决一个或几个问题来展开, 教学生使用若干种方法来解决所给的问题. 在解决问题中学习和熟悉这些方法, 自己观察结果, 得出结论. 例如, 围绕计算圆周率的近似值这一问题学习数值积分法、泰勒 (Taylor) 级数法、蒙特卡洛 (Monte Carlo) 法、分数向无理数的最佳逼近; 围绕最速降线学习各种优化方法等. 第三部分是建模实验, 注重实际问题建模方法和数值计算方法的介绍, 以及运用软件包进行二次开发的能力.

数学实验课程的教学方法可以参考物理实验、化学实验的教学方法, 也可以参考数学教学方法, 甚至采用哲学与社会科学的教学方法. 像物理实验或化学实验并不需要花多少时间讲解理论和原理, 讲解理论和原理是物理、化学的理论课程的任务. 实验课主要是学生自己做实验, 观察实验过程和分析实验结果. 因此, 不要在数学实验课上讲很多理论, 也不应当花很多时间和精力去教算法. 我们在设计数学实验课的时候尽量留些问题让学生自己去设计方法来解决, 避免把实验课变成单纯传授计算技术的课程. 在每次实验中, 可以先由教师讲两个课时, 主要是提出问题, 适当介绍问题的背景, 介绍主要的实验原理和方法. 然后就让学生自己动手去做, 自己去“折腾”、去观察, 通过实验得出结论. 本来, 实验结果一般都可以用理论推导出来, 但这绝不是本课程的目的, 教师不花时间去作这种理论推导, 也不预先告诉学生实验的结果, 实验结果让学生自己观察得出.

数学实验课采用讲授和上机相结合的方式, 通常分三步进行. 第一步, 由教师讲解实验中问题的具体背景, 相关的建模方法和数值计算的方法. 包括条件的化

简、因素的分离和选择变量, 以及建立变量之间关系的数学方法, 并对所建立的数学模型求解的理论和实现计算的计算机指令等. 第二步, 由学生分组在课外进行讨论, 建立模型, 作好解答的准备. 第三步, 上机操作, 用数学软件求出解析解和数值解, 重点在数值解, 最后写出实验报告.

数学实验课平时成绩评定的唯一依据是实验报告. 实验报告评分的基本标准是评价学生的动手能力. 学生们要写上自己观察到的现象并进行分析, 实话实说、不能造假. 哪怕观察到的现象与预计不一致或者与理论推导的结果不一致, 也不能在实验报告中说假话, 而应当分析其原因, 找出改进的办法, 重做实验, 重新得出结论. 实验报告的更高的标准是创造性. 对于有创造性的报告, 应给以高分作为鼓励. 教师批改了实验报告之后, 要安排时间, 对以前的实验中出现的优点和缺点进行评讲, 并让学生参加讨论. 对实验报告, 主要是探索实验和建模实验的实验报告, 一般要求学生完成三个. 数学实验课的考试为开卷考试, 主要考查动手能力.

第2章 常见软件包简介

在数学实验或数学建模中，都需要利用一些软件来辅助开展工作，比如对实验问题进行量或形的观察，对原始数据进行加工处理，对建立的模型进行求解、分析等. 因此，有必要掌握一些常用的数学软件包的使用. 本章介绍常用的三款软件：Mathematica、MATLAB 及 LINGO. 这三款软件各有千秋，各具特色，掌握它们对数学实验或数学建模大有裨益.

2.1 Mathematica 简介

Mathematica 是由美国物理学家 Stephen Wolfram 领导的一个小组开发的，后来他们成立了 Wolfram 研究公司. 1988 年推出了 Mathematica 1.0 版本，因系统精致的结构和强大的计算能力而广泛流传. 经过 30 多年的不断扩充和修改，形成的一种数学分析型的软件，以符号计算见长，也具有高精度的数值计算功能和强大的图形功能.

Mathematica 安装PDF-2

2.1.1 Mathematica 的启动和运行

假设在 Windows 环境下已安装好 Mathematica 12.0，启动 Windows 后，通过"开始/Wolfram Research/ Wolfram Mathematica 12"启动 Mathematica 12，在屏幕上显示如图 2-1 所示的 Notebook(笔记本) 窗口，系统暂时取名 Untitled-1，直到用户保存时重新命名为止.

输入 1+1，然后按下 Shift+Enter 键，这时系统开始计算并输出计算结果，并给输入和输出附上次序标识 In[1] 和 Out[1]，注意 In[1] 是计算后才出现的；再输入第二个表达式，要求系统将一个二项式展开，按 Shift 键和 Enter 键输出计算结果后，系统分别将其标识为 In[2] 和 Out[2]，如图 2-2 所示.

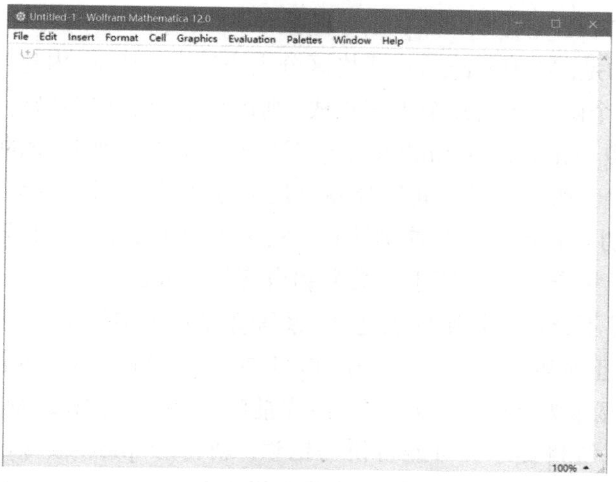

图 2-1 Notebook(笔记本) 窗口

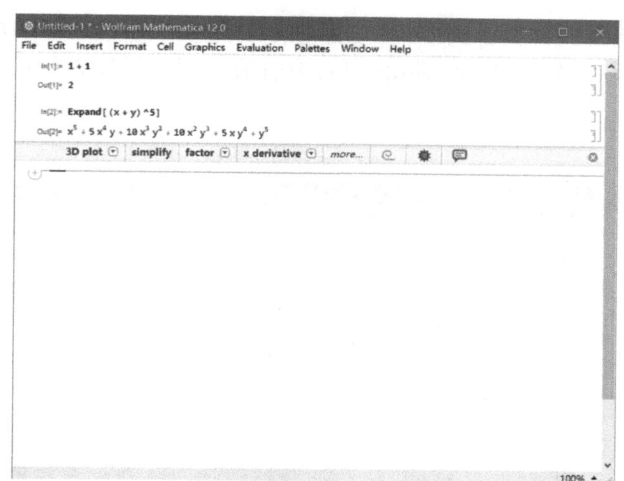

图 2-2 输入、输出示例

在 Mathematica 的 Notebook 界面下, 可以用这种交互方式完成各种运算, 如函数作图、求极限、解方程等, 也可以用它编写 C 程序. 在 Mathematica 系统中定义了许多功能强大的函数, 称为内建函数 (built-in function), 直接调用这些函数可以起到事半功倍的效果. 这些函数分为两类, 一类是数学意义上的函数, 如绝对值函数 Abs[x], 正弦函数 Sin[x], 余弦函数 Cos[x], 以 e 为底的对数函数 Log[x], 以 a 为底的对数函数 Log[a,x] 等; 第二类是命令意义上的函数, 如作函数图形的函数 Plot[ ], 解方程函数 Solve[ ], 求导函数 D[ ] 等.

必须注意的是, Mathematica 严格区分大小写, 一般地, 内建函数的首字母必须大写, 有时一个函数名由几个单词构成, 则每个单词的首字母也必须大写, 如求局部极小值函数 FindMinimum[f[x],{x,x0}] 等. 第二点要注意的是, 在 Mathematica 中, 函数名和自变量之间的分隔符是用方括号 [ ], 而不是一般数学书上用的圆括号 ( ), 初学者很容易犯这类错误. 实际上, 圆括号 ( ) 用于计算次序优先, 大括号 { } 用于集合, 而 [ ] 用于函数名和自变量之间的分隔.

如果输入了不合语法规则的表达式, 系统会显示出错信息, 并且不给出计算结果. 例如, 要画正弦函数在区间 $[-10, 10]$ 上的图形, 输入 plot[Sin[x],{x,-10,10}], 则 plot 命令将显示为深红色, 意为错误 (先前的一些版本, 比如 Mathematica 4.0, 若输入 plot, 系统将提示 “可能有拼写错误, 新符号 plot 很像已经存在的符号 Plot”). 实际上, 系统作图命令 Plot 的首字母必须大写, 一般地, 系统内建函数首字母都要大写. 再输入 Plot[Sin[x],{x,-10,10}(此处缺少右方括号), 运行后系统会将不配对的括号用黄红色显示, 如图 2-3 所示. 并且在输入行后面出现 ⊞, 单击后可给出错误提示. 若输入 Plot (Sin[x],{x,-10,10}), 则同样输入行后面出现 ⊞, 单击给出错误提示.

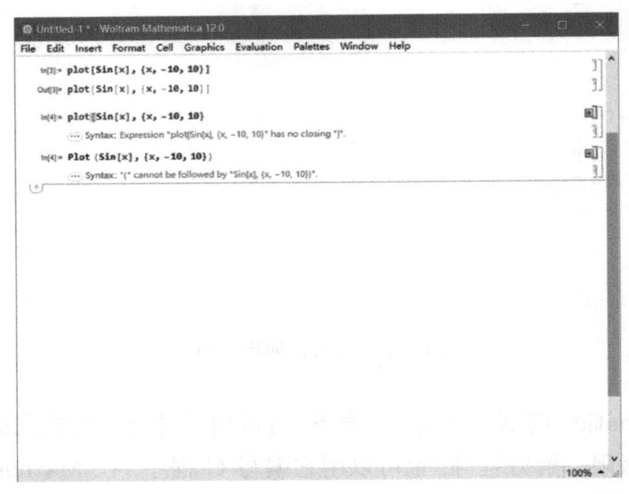

图 2-3 输入错误提示示例

一个表达式只有准确无误, 方能得出正确结果. 学会看系统出错信息能帮助我们较快找出错误, 提高工作效率. 完成各种计算后, 通过 File->Exit 退出, 如果

文件未存盘, 系统提示用户存盘, 文件名以 ".nb" 作为后缀, 称为 Notebook 文件. 以后想使用本次保存结果时, 可以通过 File->Open 菜单读入, 也可以直接双击它, 系统自动调用 Mathematica 将它打开.

2.1.2 表达式的输入

Mathematica 提供了多种输入数学表达式的方法, 除了用键盘输入外, 还可以使用工具栏或者快捷方式键入运算符、矩阵或数学表达式.

1. 数学表达式二维格式的输入

Mathematica 提供了两种格式的数学表达式, 形如 $x/(2+3x)+y*(x-w)$ 的称为一维格式, 形如 $\dfrac{x}{x+2y}$ 的称为二维格式.

你可以使用快捷方式输入二维格式, 也可用基本输入工具栏输入二维格式.

2. 特殊字符的输入

Mathematica 还提供了用以输入各种特殊符号的工具栏. 基本输入工具栏包含了常用的特殊字符, 只要单击这些字符按钮即可输入. 若要输入其他的特殊字符或运算符号, 必须使用从 Insert 菜单中选取 Special Characters 或从 Palettes 菜单中选取 Special Characters 工具栏, 见图 2-4, 单击符号后即可输入.

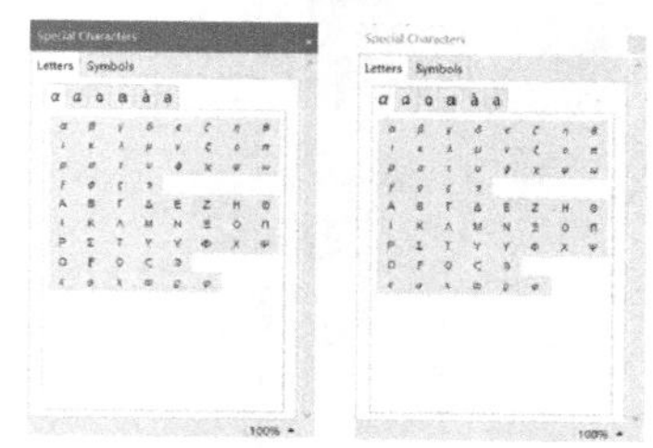

图 2-4 Special Characters 菜单、Special Characters 工具栏

3. Mathematica 的联机帮助系统

在使用 Mathematica 的过程中, 常常需要了解一个命令的详细用法, 或者想知道系统中是否有完成某一计算的命令, 帮助系统永远是最详细、最方便的资料库.

在 Notebook 界面下, 用 ? 或 ?? 可向系统查询运算符、函数和命令的定义和用法, 获取简单而直接的帮助信息. 例如, 向系统查询作图函数 Plot 命令的用法: 输入 ? Plot 系统将给出调用 Plot 的格式以及 Plot 命令的功能 (如果用两个问号??, 则信息会更详细一些), ? Plot* 给出所有以 Plot 这四个字母开头的命令.

事实上, Mathematica 12.0 提供了更加丰富、清晰的帮助功能. 在任何时候都可以通过按 F1 键或单击 Help/Wolfram Documentation, 调出帮助文件中心 (Documentation Center), 见图 2-5.

(1) 按F1键调出

(2) 点击Help调出

图 2-5 帮助文件中心

如果要查找 Mathematica 中具有某个功能的函数, 可以通过上述菜单逐步定位到自己要找的帮助信息. 例如, 需要查找 Mathematica 中有关解方程 (组) 的函数. 单击符号与数值计算菜单, 再单击 Equation Solving, 便出现如图 2-6 所示的页面. 该页面显示了 Mathematica 系统中所包含的所有的数值求解和分析求解方程的方法及

其描述, 单击相应的超链接, 有关内容的详细说明就马上调出来了. 比如单击 NSolve, 则给出数值求解方程 (组) 的内建函数 NSolve 的具体说明和操作实例.

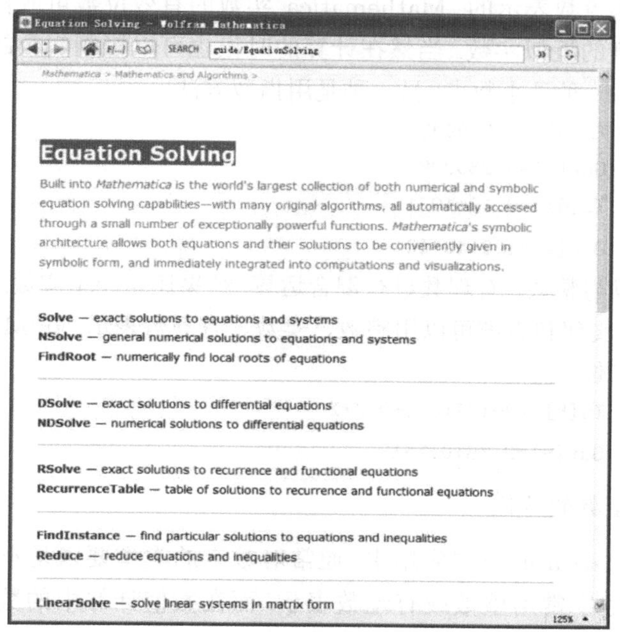

图 2-6　解方程 (组) 的函数

如果知道具体的函数名, 但不知其详细使用说明, 可以在帮助文件中心首页的 SEARCH 后的文本框中输入相应的函数名后按回车键.

2.1.3　数据类型和常数

1. 数据类型

在 Mathematica 中, 基本的数据类型有四种：整数、有理数、实数和复数. 如果你的计算机的内存足够大, Mathematica 可以表示任意长度的精确实数, 而不受所用的计算机字长的影响. 整数与整数的计算结果仍是精确的整数或是有理数.

例 2.1.1　2 的 100 次方是一个 31 位的整数：

```
In[1]:=2^100
Out[1]=1267650600228229401496703205376
```

在 Mathematica 中允许使用分数, 也就是用有理数表示化简过的分数. 当两个整数相除而又不能整除时, 系统就用有理数来表示, 即有理数由两个整数的比来组成.

例 2.1.2
```
In[2]:=12345/5555
Out[2]=2469/1111
```

实数是用浮点数表示的, Mathematica 实数的有效位数可取任意值, 是一种具有任意精确度的近似实数, 当然在计算的时候也可以控制实数的精度. 实数有两种表示方法: 一种是小数点, 另一种是用指数方法.

例 2.1.3
```
In[3]:=0.239998
Out[3]=0.239998
In[4]:=0.12*10^11
Out[4]=1.2*10^10
```

实数也可以与整数、有理数进行混合运算, 结果还是一个实数. 复数是由实部和虚部组成的. 实部和虚部可以用整数、实数、有理数表示. 在 Mathematica 中, 用 I 表示虚数单位.

例 2.1.4
```
In[5]:=2+1/4+0.5+0.7*I
Out[5]=2.75+0.7*I
```

2. 不同类型数的转换

在 Mathematica 的不同应用中, 通常对数字的类型要求是不同的. 例如, 在公式推导中的数字常用整数或有理数表示, 而在数值计算中的数字常用实数表示. 在一般情况下在输出行 Out[n] 中, 系统根据输入行 In[n] 的数字类型对计算结果做出相应的处理. 如果有一些特殊的要求, 就要进行数据类型转换(表 2-1).

表 2-1 Mathematica 提供的几个转换函数

N[x]	将 x 转换成实数
N[x,n]	将 x 转换成近似实数, 有效数字为 n 个
Rationalize[x]	给出 x 的有理数近似值
Rationalize[x,dx]	给出 x 的有理数近似值, 误差小于 dx

例 2.1.5
```
In[1]:=N[5/3,20]
Out[1]=1.6666666666666666667
In[2]:=N[%,10] (% 表示上一输出结果)
Out[2]=1.666666667
In[3]:=Rationalize[%]
Out[3] =5/3
```

3. 数学常数

Mathematica 中定义了一些常见的数学常数，它们都是精确数. 例如, Pi 表示圆周率, E 表示自然对数的底, Degree 表示一单位角度 ($\pi/180$), I 表示虚数单位, Infinity 表示无穷大, -Infinity 表示负无穷大 ($-\infty$), GondenRatio 表示黄金分割数. 数学常数可用在公式推导和数值计算中, 在数值计算中表示精确值.

4. 数的输出形式

在数的输出中可以使用转换函数进行不同数据类型和精度的转换. 另外对一些特殊要求的格式还可以使用表 2-2 中的输出格式函数.

表 2-2　数的输出格式函数

NumberForm[expr,n]	以 n 位精度的实数形式输出实数 expr
ScientificFormat[expr]	以科学记数法输出实数 expr
EngineergForm[expr]	以工程记数法输出实数 expr

例 2.1.6
```
In[1]:=N[Pi^30,30]
Out[1]=8.21289330402749581586503585434×10^14
In[2]:=NumberForm[%,10]
Out[2]=NumberForm=8.212893304×10^14
In[3] :=EngineeringForm[%%]
Out[3]=EngineeringForm=
821.289330402749581586503585434×10^12
```

Mathematica
视频-4

2.1.4　变量

1. 变量的命名

Mathematica 中内部函数和命令都是以大写字母开始的标示符. 为了不与它们混淆, 自定义的变量应该是以小写字母开始, 后跟数字和字母的组合, 长度不限. 例如, a12, ast, aST 都是合法的, 而 12a, z*a 是非法的. 在 Mathematica 中, 变量不仅可以存放一个数值, 还可以存放表达式或复杂的算式.

2. 给变量赋值

在 Mathematica 中用等号＝表示变量赋值. 同一个变量可以表示一个数值、一个数组、一个表达式, 甚至一个图形. 对不同的变量可同时赋不同的值.

例 2.1.7
```
In[1]:=x=3
Out[1]:=3
In[2]:=x^2+2x
Out[2]=15
In[3]:=x=%+1
Out[3]:=16
In[4]:={u,v,w}={1,2,3}
Out[4]={1,2,3}
In[5]:=2u+3v+w
Out[5]=11
```

对于已定义的变量, 当你不再使用它时, 为防止变量值的混淆, 可以随时用 =. 清除它的值. 如果变量本身也要清除用函数 Clear[x].

例 2.1.8
```
In[6]:=u=.
In[7]:=2u+v
Out[7]=2+2u
```

3. 变量的替换

在给定一个表达式时其中的变量可能取不同的值, 这时可用变量替换来计算表达式的不同值, 方法为用 expr/..

例 2.1.9
```
In[1]:=f=2*x+1
Out[1]=2x+1
In[2]:=f/.x->1
Out[2]=3
```

如果表达式中有多个 (例如有两个) 变量也可以同时替换, 方法如下:

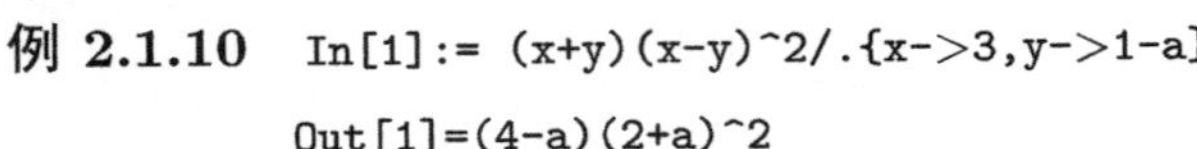

例 2.1.10
```
In[1]:= (x+y)(x-y)^2/.{x->3,y->1-a}
Out[1]=(4-a)(2+a)^2
```

2.1.5 函数

1. 系统函数

在 Mathematica 中定义了大量的数学函数可以直接调用, 这些函数其名称一般表达了一定的意义, 可以帮助理解, 表 2-3 列出了几个常用的函数.

Mathematica 中的函数与数学上的函数有些不同的地方, Mathematica 中函数是一个具有独立功能的程序模块, 可以直接被调用. 同时每一函数也可以包括

一个或多个参数，也可以没有参数，参数的数据类型也比较复杂. 更加详细的说明可以参看系统帮助，了解各个函数的功能和使用方法是学习 Mathematica 的基础.

表 2-3 几个常用的函数

Floor[x] (Ceiling[x])	不比 x 大 (小) 的最大 (小) 整数
Round[x]	接近 x 的整数
Sign[x]	符号函数
Abs[x]	x 绝对值
Max[x1,x2,x3, $\cdots$] (Min[x1,x2,x3, $\cdots$])	$x_1, x_2, x_3, \cdots$ 中的最大 (小) 值
Random[ ]	0~1 之间的随机函数
Exp[x]	指数函数
Log[x](Log[b,x])	自然 (以 b 为底的) 对数函数
Sin[x],Cos[x],Tan[x],Csc[x],Sec[x],Cot[x]	三角函数 (变量是以弧度为单位的)
ArcSin[x], ArcCos[x], ArcTan[x], ArcCot[x]	反三角函数
Sinh[x],Cosh[x],Tanhx[x],Csch[x],Sech[x],Coth[x]	双曲函数
ArcSech[x],ArcCoth[x]	反双曲函数
Mod[m,n]	m 被 n 整除的余数, 余数与 n 的符号相同
LCM[n1,n2,$\cdots$], GCD[n1,n2,$\cdots$]	n_i 的最小公倍数, 最大公约数
n! (n!!)	n 的 (双) 阶乘

2. 函数的定义

1) 函数的立即定义

立即定义函数的语法为 f[x_]=expr(函数名为 f，自变量为 x，expr 是表达式). 在执行时会把 expr 中的 x 都换为 f 的自变量 x(不是 x_). 函数的自变量具有局部性，只对所在的函数起作用. 函数执行结束后也就没有了，不会改变其他全局定义的同名变量的值. 请看下面的例子：定义函数 $f(x) = x\sin x + x^2$. 对定义的函数可以求函数值，也可绘制它的图形，见图 2-7.

对于定义的函数可以使用命令 Clear[f] 清除掉，而 Remove[f] 则从系统中删除该函数.

2) 函数的延迟定义

延迟定义函数从定义方法上与即时定义的区别为“=”与“：=”，延迟定义的格式为 f[x_]：=expr，其他操作基本相同. 延迟定义和即时定义的主要区别是即时定义函数在输入函数后立即定义函数并存放在内存中而且可直接调用，延时定义只是在调用函数时才真正定义函数.

3) 多变量函数的定义

也可以定义多个变量的函数，格式为 f[x_,y_,z_,···]=expr，自变量为 $x, y, z, \cdots$，相应的 expr 中的自变量会被替换.

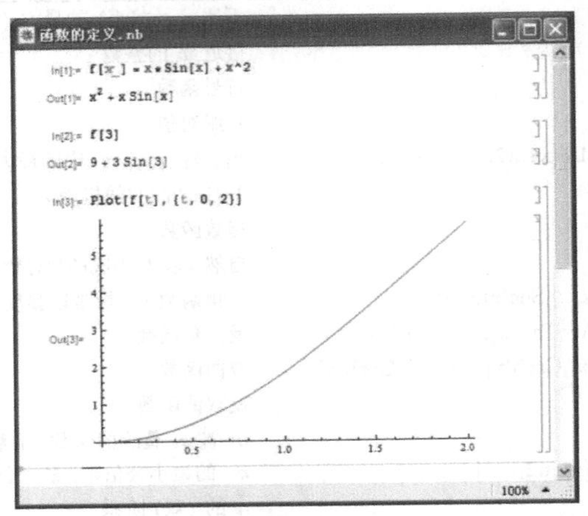

图 2-7 定义的函数的图形

例 2.1.11 定义函数 $f(x,y) = xy + y\cos x$.

```
In[1]:= f[x_,y_]=x*y+y*Cos[x]
Out[1]= xy+ycos[x]
In[2]:= f[2,3]
Out[2]= 6+3cos[2]
```

4) 使用条件运算符定义和 If 命令定义函数

如果要定义如

$$f(x) = \begin{cases} x-1, & x \geqslant 0, \\ x^2, & -1 < x < 0, \\ \sin x, & x \leqslant -1 \end{cases}$$

这样的分段函数应该如何定义？显然要根据 x 的不同值给出不同的表达式. 一种办法是使用条件运算符，基本格式为 f[x_]:=expr/;condition，当 condition 条件满足时才把 expr 赋给 f. 下面是定义方法：通过图形可以验证所定义函数的正确性(图 2-8).

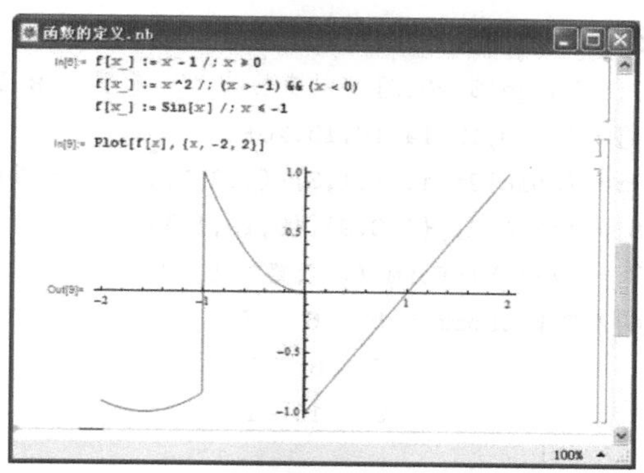

图 2-8 使用条件运算符定义的函数及其图形

当然, 使用 If 命令也可以定义上面的函数, If 语句的格式为 If[条件, 值 1, 值 2]. 如果条件成立取“值 1”, 否则取“值 2”, 下面用 If 语句来定义上面的分段函数:

f[x_]:=If[x>=0,x-1,If[x<=-1,Sin[x],x^2]]

这里使用了两个 If 嵌套, 逻辑性比较强. 关于其他的条件命令可从系统帮助中获得.

2.1.6 表

将一些相互关联的元素放在一起, 使它们成为一个整体. 既可以对整体操作, 也可以对整体中的一个元素单独进行操作. 在 Mathematica 中这样的数据结构就称作表. 表有两个用法: 表 {a,b,c} 表示一个向量; 表 {{a,b},{c,d}} 表示一个矩阵.

1. 建表

在表中元素较少时, 可以采取直接列表的方式列出表中的元素. 如果表中的元素较多时, 可以用建表函数 (表 2-4) 进行建表.

例 2.1.12 In[1]:= Table[x*i,{i,2,6}](x 乘 i 的值的表, i 的变化范围为 [2,6])

Mathematica 视频-6

Out[1]= {2x,3x,4x,5x,6x}

In[2]:= Table[x^2,{4}]

Out[2]= $\{x^2,x^2,x^2,x^2\}$

In[3]:= Range[10] (用 Range 函数生成一个序列数)

```
Out[3]= {1,2,3,4,5,6,7,8,9,10}
In[4]:= Range[8,20,2] (以步长为 2, 范围从 8 到 20)
Out[4]= {8,10,12,14,16,18,20}
In[5]:= Table[2i+j,{i,1,3},{j,3,5}](多个参数的表)
Out[5]= {{5,6,7},{7,8,9},{9,10,11}}
In[6]:= %//TableForm (以表格的方式输出)
Out[6]//TableForm = 5   6   7
                    7   8   9
                    9   10  11
```

表 2-4 建表函数

Table[f,{i,min,max,step}]	以 step 为步长给出 f 的数值表, i 由 min 变到 max
Table[f,{i, min,max}]	给出 f 的数值表, i 由 min 变到 max 步长为 1
Table[f,max]	给出 max 个 f 的表
Table[f,{i,imin,imax},{j,jmin,jmax},···]	生成一个多维表
TableForm[list]	以表格格式显示一个表
Range[n]	生成一个 $\{1, 2, \cdots, n\}$ 的列表
Range[n1,n2,d]	生成 $\{n_1, n_1+d, n_1+2d, \cdots, n_2\}$ 的列表

2. 表的元素的操作

当 t 表示一个表时, t[[i]] 表示 t 中的第 i 个子表. 如果 t={1,2,a,b}, 那么 t[[3]] 表示元素 a. 对于表的操作 Mathematica 提供了丰富的函数, 详细内容可查阅系统帮助.

2.1.7 多项式的运算

可以认为多项式是表达式的一种特殊的形式, 所以多项式的运算与表达式的运算基本一样, 表达式中的各种输出形式也可用于多项式的输出.

多项式的运算有加、减、乘、除运算, 此外 Mathematica 提供一组按不同形式表示代数式的函数 (表 2-5).

两个多项式相除, 总能写成一个多项式和一个有理式相加. Mathematica 中提供两个函数 PolynomialQuotient 和 PolynomialRemainder 分别表示返回商式和余式, 其使用可在帮助系统中获得.

表 2-5　多项式运算函数

Expand[ploy]	按幂次展开多项式 ploy
ExpandAll[ploy]	全部展开多项式 ploy
Factor[ploy]	对多项式 poly 进行因式分解
FactorTerms[ploy, {x,y,⋯ }]	按变量 $x, y, \cdots$ 进行分解
Simplify[poly]	把多项式化为最简形式
FullSimplify[ploy]	把多项式展开并化简
Collect[ploy,x]	把多项式 poly 按 x 幂展开

2.1.8　方程及其根的表示

Mathematica 把方程看作逻辑语句, 而在 Mathematica 中 = 用作赋值语句, 这样在 Mathematica 中用 == 表示逻辑等号, 则形如 $x^2-2x+1=0$ 的方程应表示为 x^2 − 2 ∗ x + 1 == 0. 方程的解同原方程一样被看作是逻辑语句. 例如, 用 Roots 求方程 $x^2-3x+2=0$ 的根显示为

```
In[1]:= Roots[x^2-3*x+2==0,x]
Out[1]= x==1|x==2
```

这种表示形式说明 x 取 1 或 2 均可. 而用 Solve[ ] 可得解集形式.

```
In[2]:= Solve[x^2-3x+2==0,x]
Out[2]= {{x->1},{x->2}}
```

1. 求方程的解

常用的一些方程求解函数如表 2-6 所示.

表 2-6　常用的一些方程求解函数

Solve[lhs==rhs,vars]	给出方程的解集
NSolve[lhs==rhs,vars]	直接给出方程的数值解集
Roots[lhs==rhs,vars]	求表达式的根
FindRoot[lhs==rhs,{x,x0}	求 x_0 附近方程的解值

Solve 函数可处理的主要方程是多项式方程. Mathematica 总能对不高于四次的方程进行精确求解, 对于三次或四次方程, 解的形式可能很复杂. 如果方程求解的结果比较复杂, 这时可用 N[ ] 函数求近似数值解.

当方程中有一些复杂的函数时, Mathematica 可能无法直接给出解来. 在这种情况下可用 FindRoot[ ] 来求解, 但要给出起始条件.

例 2.1.13 求 $3\cos x = \ln x$ 的解.

```
In[1]:= FindRoot[3*Cos[x]= =Log[x],{x,1}]
Out[1]= {x->1.44726}
```

这时只能求出 x=1 附近的解. 如果方程有几个不同的解, 当给定不同的条件时, 将给出不同的解. 因此, 确定解的起始位置比较关键, 一种常用的方法是, 先绘制图形观察后再解. 也就是说先通过图形断定何值附近有根, 然后再用 FindRoot[ ] 来求解.

2. 求方程组的解

使用 Solve, NSolve 和 FindRoot 也可求方程组的解, 只是使用时格式略有不同, 使用时应加以注意. 此外需要说明的是 Solve, Roots 只给出方程的一般解, 而 Reduce 函数可以给出方程的全部可能解.

2.1.9 求和与求积

在 Mathematica 中, 数学上的格式符号 $\sum$ 用 Sum(NSum) 表示, 连乘 $\prod$ 用 Product(NProduct) 表示. 具体使用方法可在帮助系统中获得.

例 2.1.14 一些运行示例.

```
In[1]:= Sum[2*n-1,{n,9}]
Out[1]= 81
In[2]:= Sum[n*x^n,{n,1,9,2}]
Out[2]= x+3x^3+5x^5+7x^7+9x^9
In[3]:= Sum[1/n!,{n,1,11}]
Out[3]= 8573539/4989600
In[4]:= N[%]
Out[4]= 1.71828
In[5]:= N[%%,10]
Out[5]= 1.718281826
```

2.1.10 微积分运算

进行微积分运算是 Mathematica 的优势与特色, 下面简单介绍一下常用的极限、求导 (微分)、积分及微分方程的求解.

1. 极限

在许多运算中, 需要计算函数表达式在某点处的取值. 前面已经介绍了可以完成这一操作. 但是在某些情况下, 必须更谨慎. 比如, 求表达式 $\sin x/x$ 在点 $x=0$ 处的值. 如果简单地用运算符/., 将得到不定的结果 0/0, 这显然不是期望的正确结果. 因此此时必须要进行取极限运算, Mathematica 语句为 Limit[expr,x->x0](求 x 趋向于 x_0 时表达式 expr 的极限).

例 2.1.15

```
In[1]:= Limit[Sin[x]/x,x->0]
Out[1]= 1
In[2]:= Limit[Sin[x]/x^2,x->0]
Out[2]= Indeterminate
In[3]:= Limit[Sin[x]/x,x->Infinity]
Out[3]= 0
In[4]:= Sign[0](计算符号函数 Sign[x] 在 x = 0 处的值)
Out[4]= 0
In[5]:= Limit[Sign[x],x->0] (求符号函数在 0 处的极限值)
Out[5]= Indeterminate
In[6]:= Limit[Sin[1/x],x->0] (极限不存在)
Out[6]= Indeterminate
```

Mathematica
视频-9

有些函数在某些特定点处, 从不同方向趋于该点时极限不同, 此时可以使用 Limite 中的 Direction 选项来指定趋近的方向, 如 Limit[expr,x->x0, Direction->-1] 表示求 x 趋向于 x_0 时表达式 expr 的左极限, Limit[expr,x->x0, Direction->1 表示求 x 趋向于 x_0 时表达式 expr 的右极限.

2. 微分 (导数) 运算

Mathematica 可以对具体的函数进行微分运算, 这里包括求 (偏) 导数、高阶 (偏) 导数、全微分、全导数等. 具体命令见表 2-7.

表 2-7 微分 (导数) 命令

D[f, x]	f 对 x 导数
D[f, x_1,x_2, $\cdots$]	f 对 x_1, x_2, $\cdots$ 的偏导数
D[f,[x,n]]	f 对 x 的 n 阶导数
D[f, x,NonConstants->{u_1,u_2, $\cdots$ }]	u_i 依赖于 x 情况下的 f 对 x 导数
Dt[f]	全微分
Dt[f,x]	全导数
Dt[f, x_1,x_2,$\cdots$]	多重全导数
Dt[f, x,Constants->{c_1,c_2, $\cdots$}]	c_i 为常数时的全导数

例 2.1.16

```
In[1]:=D[x^n, x]
Out[1]= nx^(n-1)
In[2]:= D[x^n, {x, 3}]
Out[2]= n(n-1)(n-2)x^(n-3)
In[3]:= D[x^2 + y^2, x]
Out[3]= 2x
In[4]:= D[x*y^2 + y^2, x,y]
Out[4]= 2y
In[5]:= D[x^2 + y[x]^2, x]
Out[5]= 2x+2y[x]y'[x]
In[6]:= D[x^2 + y^2, x, NonConstants -> {y}]
Out[6]= 2x+2yD[y,x,NonConstants->{y}]
In[7]:= Dt[Sin[xy],x]
Out[7]= Cos[xy] Dt[xy,x]
```

从上面的第 5 个输入输出可以看出, Mathematica 不仅可以求具体的函数微分 (导数), 而且可以求抽象函数的微分 (导数).

3. 积分运算

函数 Integrate[f,x] 给出不定积分 $\int f(x)\mathrm{d}x$. 这里需要说明两点：一是可以把不定积分运算看成是微分运算的逆运算, 即如果对 Integrate[f,x] 的结果进行微分运算将得到准确的表达式 f; 二是不定积分是一族函数, 它们之间相差一个常数项. 然而在使用 Integrate[f,x] 命令将得到其中的某一个函数.

例 2.1.17

```
In[1]:= Integrate[x^2,x]
Out[1]= x^3/3
```

Integrate 函数一般假设积分中的所有符号量有 "正常" 值. 例如, Mathematica 给出不定积分 $\int x^n\mathrm{d}x$ 为 $x^{n+1}/(n+1)$, 尽管它在 $n=-1$ 时不正确. 当然, 如果单独求不定积分 $\int x^{-1}\mathrm{d}x$ 将得到正确的结果 Log[x].

函数 Integrate[f,{x,xmin,xmax}] 可以用来计算定积分 $\int_{x\min}^{x\max} f(x)\mathrm{d}x$. 而函数 Integrate[f,{x,xmin,xmax}, {y,ymin,ymax},···] 可以用来计算多重积分

$$\int_{x\min}^{x\max} \mathrm{d}x \int_{y\min}^{y\max} \mathrm{d}y \cdots f.$$

例 2.1.18

Mathematica
视频-11

```
In[2]:= Integrate[Sin[x]/x, {x,0,Infinity}]
Out[2]= π/2
In[3]:= Integrate[Sin[Sin[x]],{x,0,1}]
Out[4]= ∫_0^1 Sin[Sin[x]] dx(原函数不能用初等函数表示)
In[5]:= NIntegrate[Sin[Sin[x]],{x,0,1}] (求数值积分)
Out[5]= 0.430606
In[6]:= Integrate[(x+y),{y,0,1},{x,0,2}]
Out[6]= 3
In[7]:= Integrate[(x+y), {y,0,1}, x]
Out[7]= 1/2 x (1+x)
```

4. 微分方程的求解

Mathematica 中用函数 DSolve[ ] 来求解微分方程, 具体命令见表 2-8.

表 2-8 求解微分方程 (组) 命令

DSolve[eqn, y, x]	求解关于 y 的微分方程 eqn, 其中 y 为 x 的函数
DSolve[{eqn$_1$, eqn$_2$, $\cdots$},{y$_1$, y$_2$, $\cdots$},x]	求解微分方程组
DSolve[eqn, y,{x$_1$, x$_2$, $\cdots$}]	求解偏微分方程

例 2.1.19

Mathematica
视频-12

```
In[1]:= DSolve[y'[x]+y[x]==aSin[x], y[x],x]
Out[1]= {{y[x]->e^-x C[1]+1/2a(-Cos[x]
    +Sin[x])}}
In[2]:= DSolve[{y'[x]+y[x]==a Sin[x],y[0]= =0},
    y[x],x]
Out[2]= {{y[x]->-(1/2)ae^-x (-1+e^x Cos[x]-e^x
    Sin[x])}}
In[3]:= DSolve[{x'[t]= =x[t]+2y[t],y[t]= =x[t]+2^t,x[t]+z[t]=
          =0},{x[t],y[t],z[t]},t]
Out[3]= {{x[t]->1/8(-e^3t C[1]+2^4+t/(-3+Log[2])),
        y[t]->2^t+1/8(-e^3t C[1]+2^4+t/(-3+Log[2])),
        z[t]->1/8(e^3t C[1]-2^4+t/(-3+Log[2]))}}
```

```
In[4]:= DSolve[3D[y[x1,x2],x1]+5D[y[x1,x2],x2]= =x1,y,{x1,x2}]
 Out[4]={{y- >Function[{x1,x2},1/6(x1^2+6 C[1][1/3(-5x1+3
   x2)])]}}
```

2.2 MATLAB 简介

MATLAB 名字由 MATrix(矩阵) 和 LABoratory(实验室) 两词的前三个字母组合而成, 意为“矩阵实验室”. 在国际上 30 多个数学类科技应用软件中, MATLAB 在数值计算方面独占鳌头, 而 Mathematica 和 Maple 则分居符号计算软件的前两名. MATLAB 是国际控制界公认的标准计算软件，广泛用于工业界技术研发、产品设计, 在教育教学、科学研究领域也使用频繁. 另外, MATLAB 软件每年更新 2 次, 某些在统计工具箱、优化工具箱更新的算法, 对参加数学建模竞赛的同学们大有益处. 另外某些旧版本的命令在新版本中不能运行, 请同学们注意.

2.2.1 基本操作

1. MATLAB 的启动和运行

本书所依据的版本是 MATLAB 7.11.0(R2010b), 一旦安装成功后, MATLAB 的图标 () 即出现在您的桌面上, 您可以用鼠标双击以启动 MATLAB, 也可以在“开始”的主菜单下, 选择“程序 / MATLAB / R2010b / MATLAB R2010b”来启动 MATLAB. 上述这两种方法都可以打开 MATLAB 的命令窗口, 其外观如图 2-9 所示.

在 MATLAB 命令窗口上, 有标准的下拉式菜单, 如 File, Edit, Debug, Parallel, Desktop, Window, Help 等, 其外观如图 2-9 所示. 图 2-9 中, MATLAB 桌面被分割成三个小窗口, 左边是“当前文件夹窗口”(Current Folder), 中间是“命令窗口”(Command Window), 右边则是“工作空间窗口”(Workspace) 和“历史命令窗口”(Command History).

在“命令窗口”下, 可以输入命令进行操作. MATLAB 是一个交互式的系统, 在“>>”后输入命令, 按回车键, 系统会马上解释和执行输入的命令并输出结果. 如果命令有语法错误, 系统会给出提示信息. 在当前提示符下, 可以通过单击键盘上的上下箭头调出以前输入的命令. 用滚动条可以查看以前的输入命令及其输入

信息.

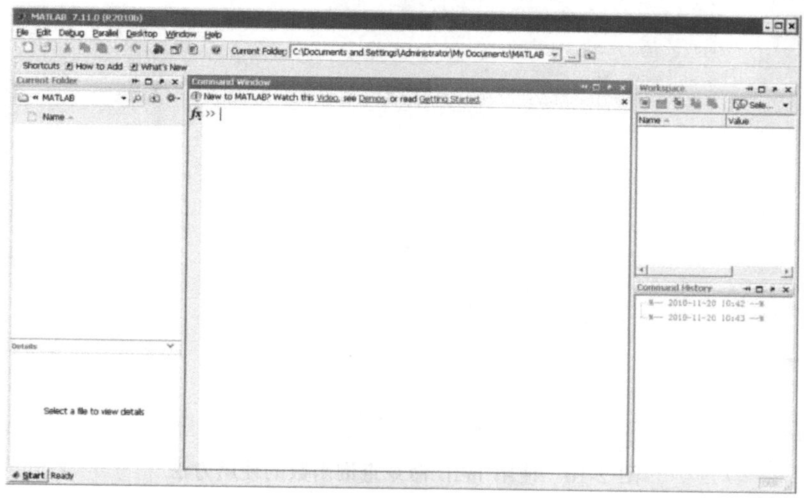

图 2-9 MATLAB 主界面

事实上, MATLAB 的桌面还包含很多其他窗口, 这些窗口可由 Desktop 的下拉式菜单来打开或关闭. 由于一些主要窗口的功能和其他相差不远, 在此不针对每个窗口一一说明.

2. MATLAB 的退出

退出 MATLAB 和退出其他 Windows 程序一样, 可以选择 File 菜单中的 Exit 菜单项, 也可以使用 Alt+F4 热键. 还可以用鼠标直接单击关闭窗口退出.

3. MATLAB 的帮助系统

在 MATLAB 窗口中输入 help 后面跟上要查询的函数或命令即可查询该语句的用法, 如查询求极限的语句命令 limit, 则在命令窗口的 “>>” 后输入 “help limit”, 按回车键, 将给出 “limit” 命令的说明、使用格式和实例. 具体显示如图 2-10 所示.

也可在 MATLAB 窗口上方的菜单中单击 Help, 再选中 Product Help, 在弹出的窗口中输入 limit 后按回车键, 则会列出所有包含 limit 的文档, 如图 2-11 所示.

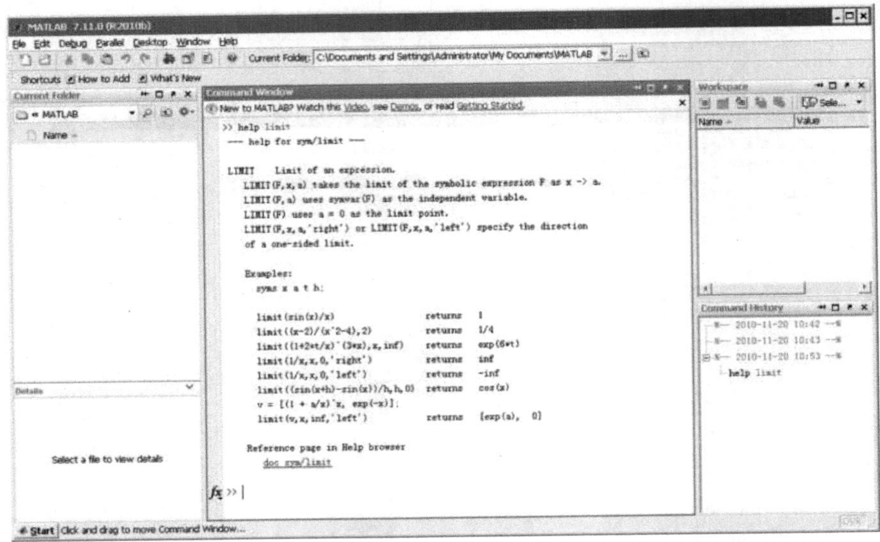

图 2-10　使用 help 命令查询函数的使用方法

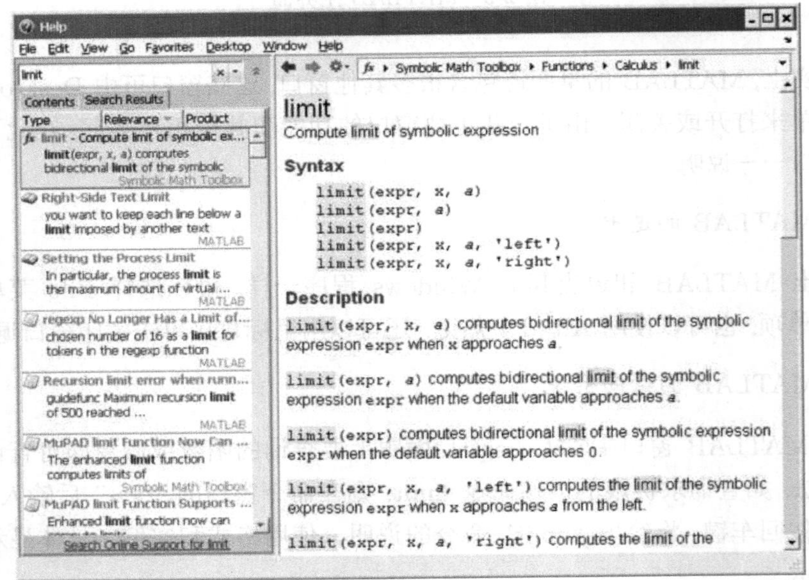

图 2-11　使用帮助系统查询命令的使用

有了语句命令查询, 就可以在 MATLAB 窗口下随时查找一些语句的用法, 以及各参数的意义. 这样就可以自助使用 MATLAB 来解决应用中的问题. 为简

洁起见, 下面的语句使用介绍中, 只列出一些最主要的语句格式, 读者可自行在 MATLAB 窗口下查找其他的格式使用方法.

4. MATLAB 的输入与输出

MATLAB 输入的命令形式为：变量 = 表达式, 表达式由操作符或其他特殊字符、函数和变量名组成. MATLAB 执行表达式并将执行结果显示于命令后, 同时存在变量中以留用. 如果变量名和 = 省略, 即不指定返回变量, 则名为 ans 的变量将自动建立. 例如, 键入命令：

```
>> A = [1.2 3.4 5.6 sin(2)]
```

其中 “>>” 由系统自动给出, 无需键入 (下同). 按回车键, 系统将产生 4 维向量 $\boldsymbol{A}$ 的输出结果：

```
A =

1.200 3.400 5.600 0.9093
```

读者不妨注意一下执行上面几个操作后各窗口 (主要是“工作空间窗口”和“历史命令窗口”) 显示信息的变化, 这在后继的操作中将提供快捷方便的信息. 有时, 你并不想看到语句的输出结果, 特别是运算结果很长时, 输出时会长时间地翻屏. 这时, 可以在语句的后面加上 “; ”, 表明不输出当前命令的结果.

在缺省的状态下, MATLAB 以短格式 (short 格式) 显示计算结果. 这在有些情况下是不够的, 这时可以使用 File/Preferences 菜单, 在 Command Window 中修改 Text display 中的 numeric format; 也可直接在运算前键入命令 format long 等输出格式语句再计算. 由于 MATLAB 以双精度执行所有的运算, 显示格式的设置仅影响数或矩阵的显示, 不影响数或矩阵的计算与存储.

MATLAB 会将所有在百分比符号 (%) 之后的文字视为程序的注解 (Comments). 例如,

```
>> format long              % 指定显示格式为 long
>> y=(5*2+3.5)/5;           % 将运算结果储存于变量 y, 但不用显示于屏幕
>> z=y^2                    % 将运算结果储存于变量 z 并显示于屏幕
z=
7.290000000000001
```

在上例中, %之后的文字会被 MATLAB 忽略不执行, 但它的使用可提高 MATLAB 程序的可读性. MATLAB 可同时执行以逗号 (,) 或分号 (;) 隔开的数个表达式. 例如,

```
>> x=sin(pi/3); y = x^2; Z=y*10,
```

```
Z=

  7.5000
```

若一个数学运算式太长, 可用三个句点 (···) 将其延伸到下一行. 例如,

```
>> z = 10*sin(pi / 3)*···
sin(pi/3);
```

2.2.2 MATLAB 在代数学中的应用

MATLAB 是以矩阵为基本运算单元. 因此, 从最基本的运算单元出发, 介绍 MATLAB 的命令及其用法.

1. 矩阵运算

1) 矩阵的表示

MATLAB 的强大功能之一体现在能直接处理向量或矩阵, 当然, 首要任务是输入待处理的向量或矩阵.

不管是任何矩阵 (向量), 可以直接按行方式输入每个元素: 同一行中的元素用逗号 (,) 或者用空格符来分隔, 且空格个数不限; 不同的行用分号 (;) 分隔. 所有元素处于一方括号 ([ ]) 内. 当矩阵是多维 (三维以上) 的, 且方括号内的元素是维数较低的矩阵时, 会有多重的方括号. 例如,

```
>> X_Data = [2.32  3.43;4.37  5.98]
X_Data =
   2.3200    3.4300
   4.3700    5.9800
>>  Matrix_B = [1  2  3; 2  3  4;3  4  5]
Matrix_B =
     1     2     3
     2     3     4
     3     4     5
>> Null_M = [ ]              %生成一个空矩阵
Null_M =
      [ ]
>> a=2.7;b=13/25;
>> C=[1,2*a+i*b,b*sqrt(a); sin(pi/4),a+5*b,3.5+1]
C =
  1.0000              5.4000 + 0.5200i    0.8544
  0.7071              5.3000              4.5000
```

2) 矩阵的基本运算

首先介绍矩阵的一些基本运算. 通过线性代数的学习可以知道, 矩阵的基本运算有加、减、乘、除和幂运算, 其中乘法运算包括矩阵乘、数乘和点乘 (即同型矩阵对应元素的乘积), "除法" 运算包括左除 (\) 和右除 (/) 等. 一般情况下, x=a\b 是方程 a∗x =b 的解, 而 x=b/a 是方程 x∗a=b 的解. 如果 a 为非奇异矩阵, 则 a\b 和 b/a 可通过 a 的逆矩阵与 b 得到

```
a\b    等价于    inv(a)*b
b/a    等价于    b*inv(a)
```

下面通过具体实例加以说明:

```
>> A=[1,1, 1; 1,2, 3; 1, 3, 6];
>> B=[8,1,6; 3, 5, 7; 4, 9, 2];
>> A+B
ans =
     9     2     7
     4     7    10
     5    12     8
>> A-B
ans =
    -7     0    -5
    -2    -3    -4
    -3    -6     4
>> A*B
ans =
    15    15    15
    26    38    26
    41    70    39
>> A.*B
ans =
     8     1     6
     3    10    21
     4    27    12
>> A./B
ans =
    0.1250    1.0000    0.1667
```

```
    0.3333    0.4000    0.4286
    0.2500    0.3333    3.0000
>> a = [1  2  3; 4  2  6; 7  4  9];
>> b = [4; 1; 2];
>> x = a\b
x =
   -1.5000
    2.0000
    0.5000
>> A^(-2)       %表示A的逆的二次幂
ans =
   19.0000  -26.0000   10.0000
  -26.0000   38.0000  -15.0000
   10.0000  -15.0000    6.0000
>> A.^2  %表示对A的每一个元素计算二次幂
ans =
     1     1     1
     1     4     9
     1     9    36
```

3) 矩阵的其他运算

矩阵的运算还包括：矩阵转置运算 (′)、方阵的行列式 (det)、方阵的迹 (trace)、矩阵的秩 (rank)、方阵的逆 (inv) 与伪逆 (pinv) 等, 下面结合实例作简单说明：

```
>> A = [1, 2, 3; 2, 2, 1; 3, 4, 3];
>> A'
ans =
     1     2     3
     2     2     4
     3     1     3
>> det(A)
ans =
    2.0000
>> trace(A)
ans =
     6
```

```
>> rank(A)
ans =
     3
>> inv(A)  %或A^(-1). 求方阵A的逆矩阵. 若A为(近似)奇异阵, 将给出警告信息.
ans =
    1.0000    3.0000   -2.0000
   -1.5000   -3.0000    2.5000
    1.0000    1.0000   -1.0000
>> format rat    %用有理格式输出
>> inv(A)
ans =
       1              3              -2
      -3/2           -3               5/2
       1              1              -1
```

在线性代数课程中, 我们通常用初等变换的方法来求矩阵的逆, 这一过程同样可以在 MATLAB 中实现.

矩阵其他运算2
演示-17

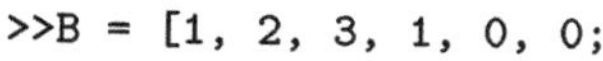

```
>>B = [1, 2, 3, 1, 0, 0;
 2, 2, 1, 0, 1, 0; 3, 4, 3, 0, 0, 1];      %构造B=(A E),
>>C = rref(B)       %将B化成行最简形.
C =
    1.0000         0         0    1.0000    3.0000   -2.0000
         0    1.0000         0   -1.5000   -3.0000    2.5000
         0         0    1.0000    1.0000    1.0000   -1.0000
>>X = C(:, 4:6)     %取出矩阵C中的A^(-1)部分
X =
    1.0000    3.0000   -2.0000
   -1.5000   -3.0000    2.5000
    1.0000    1.0000   -1.0000
>> B = magic(5);    %产生5阶魔方阵.
>> A = B(:,1:4)     %取5阶魔方阵的前4列元素构成矩阵A.
A =
    17    24     1     8
    23     5     7    14
     4     6    13    20
    10    12    19    21
    11    18    25     2
```

```
>> X = pinv(A)     %计算A的伪逆.
X =
   -0.0041    0.0527   -0.0222   -0.0132    0.0069
    0.0437   -0.0363    0.0040    0.0033    0.0038
   -0.0305    0.0027   -0.0004    0.0068    0.0355
    0.0060   -0.0041    0.0314    0.0211   -0.0315
```

说明 当矩阵为长方阵时, 方程 $\boldsymbol{AX}=\boldsymbol{I}$ 和 $\boldsymbol{XA}=\boldsymbol{I}$ 至少有一个无解, 这时 $\boldsymbol{A}$ 的伪逆能在某种程度上代表矩阵的逆, 若 $\boldsymbol{A}$ 为非奇异矩阵, 则 $\text{pinv}(\boldsymbol{A}) = \text{inv}(\boldsymbol{A})$.

2. 线性方程组的求解

将线性方程组的求解分为两类: 一类是方程组求唯一解或求特解; 另一类是方程组求无穷解即通解.

1) 求线性方程组的唯一解或特解

(1) 利用矩阵除法求线性方程组的特解 (或一个解), 该方法已经在前面介绍了, 这里仅举一例加以说明.

例 2.2.1 求方程组 $\begin{cases} x_1+x_2-3x_3-x_4=1, \\ 3x_1-x_2-3x_3+4x_4=4, \\ x_1+5x_2-9x_3-8x_4=0 \end{cases}$ 的一个特解.

解

```
>> A = [1 1 -3 -1;3 -1 -3 4;1 5 -9 -8];
>> B = [1 4 0]';
>> rank(A)
ans =
      2
>> X = A\B
Warning: Rank deficient, rank = 2, tol = 8.8373e-015.
X =
         0
         0
   -0.5333
    0.6000
```

运行时系统给出警告, 表明由于系数矩阵不满秩, 该解法可能存在误差. 若用 rref 求解, 则比较精确.

例2.2.1演示-18

```
>> A = [1 1 -3 -1;3 -1 -3 4;1 5 -9 -8];
B = [1 4 0]';
>> C = [A,B]; % 构成增广矩阵
>> R = rref(C)
R =

    1.0000         0   -1.5000    0.7500    1.2500
         0    1.0000   -1.5000   -1.7500   -0.2500
         0         0         0         0         0
```

由此得一个特解 X=[1.2500 −0.2500 0 0]′.

(2) 利用矩阵的 LU, QR 和 Cholesky 分解求方程组的解.

LU 分解又称 Gauss 消去分解, 可把任意方阵分解为下三角矩阵和上三角矩阵的乘积, 即 $\boldsymbol{A}=\boldsymbol{LU}$, $\boldsymbol{L}$ 为下三角阵, $\boldsymbol{U}$ 为上三角阵. $\boldsymbol{AX}=\boldsymbol{b}$ 变成 $\boldsymbol{LUX}=\boldsymbol{b}$, 所以 $\boldsymbol{X}=\boldsymbol{U}\backslash(\boldsymbol{L}\backslash\boldsymbol{b})$. 这样可以大大提高运算速度. 进行 LU 分解的命令为 [L, U]=lu (A).

例 2.2.2 用 LU 分解的方法求方程组 $\begin{cases}4x_1+2x_2-x_3=1,\\3x_1-x_2+2x_3=10,\\11x_1+3x_2=8\end{cases}$ 的一个特解.

解

例2.2.2演示-19

```
>> A = [4 2 -1;3 -1 2;11 3 0];
>> B = [1 10 8]';
>> D = det(A)
D =
   4.4409e-015
>> [L,U]=lu(A)
L =
   0.3636  -0.5000   1.0000
   0.2727   1.0000        0
   1.0000        0        0
U =
   11.0000    3.0000         0
         0   -1.8182    2.0000
         0         0    0.0000
>> X=U\(L\B)
Warning: Matrix is close to singular or badly scaled.
```

```
        Results may be inaccurate. RCOND = 2.018587e-017.
X =
    NaN
    lnf
    lnf
```

说明 结果中的警告是由于系数行列式几乎为零产生的. 可以通过 A*X 验证其正确性.

Cholesky 分解：若 $\boldsymbol{A}$ 为对称正定矩阵, 则 Cholesky 分解可将矩阵 $\boldsymbol{A}$ 分解成上三角矩阵和其转置的乘积, 即 $\boldsymbol{A}=\boldsymbol{R}'\boldsymbol{R}$, 其中 $\boldsymbol{R}$ 为上三角阵.

方程 $\boldsymbol{AX}=\boldsymbol{b}$ 变成 $\boldsymbol{R}'\boldsymbol{RX}=\boldsymbol{b}$, 所以 $\boldsymbol{X}=\boldsymbol{R}\backslash(\boldsymbol{R}'\backslash\boldsymbol{b})$.

QR 分解：对于任何长方矩阵 $\boldsymbol{A}$, 都可以进行 QR 分解, 其中 $\boldsymbol{Q}$ 为正交矩阵, $\boldsymbol{R}$ 为上三角矩阵的初等变换形式, 即 $\boldsymbol{A}=\boldsymbol{QR}$. 方程 $\boldsymbol{AX}$=$\boldsymbol{b}$ 变形成 $\boldsymbol{QRX}=\boldsymbol{b}$, 所以 $\boldsymbol{X}$=$\boldsymbol{R}\backslash(\boldsymbol{Q}\backslash\boldsymbol{b})$. QR 分解命令 [Q, R]=qr(A), X=R\(Q\ b).

说明 这三种分解, 在求解大型方程组时很有用, 其优点是运算速度快、可以节省磁盘空间、节省内存.

2) *求线性齐次方程组的通解*

在 MATLAB 中, 函数 null 用来求解零空间, 即满足 $\boldsymbol{AX}=\boldsymbol{0}$ 的解空间, 实际上是求出解空间的一组基 (基础解系). 命令 z = null(A) 将返回方程组 $\boldsymbol{AX}=\boldsymbol{0}$ 解空间的正交规范基, 满足 $\boldsymbol{Z}'\times\boldsymbol{Z}=\boldsymbol{I}$. 而命令 z = null(A, 'r') 则返回方程 $\boldsymbol{AX}=\boldsymbol{0}$ 解空间一组正交规范的有理基.

例 2.2.3 求方程组 $\begin{cases} x_1+2x_2+2x_3+x_4=0, \\ 2x_1+x_2-2x_3-2x_4=0, \\ x_1-x_2-4x_3-3x_4=0 \end{cases}$ 的通解.

解
```
>>A = [1 2 2 1;2 1 -2 -2;1 -1 -4 -3];
>>format rat       % 指定有理式格式输出
>>B = null(A,'r')        % 求解空间的有理基
B =
   2    5/3
  -2   -4/3
   1      0
   0      1
```

或通过行最简形得到基：

```
>> B = rref(A)
B =
  1  0  -2  -5/3
  0  1   2   4/3
  0  0   0     0
```

即可写出其基础解系 (与上面结果一致). 下面写出通解：

例2.2.3演示-20

```
>> syms k1 k2
X = k1*B(:,1)+k2*B(:,2)        % 写出方程组的通解
pretty(X)       % 让通解表达式更加精美
X =
    2*k1 + (5*k2)/3
    - 2*k1 - (4*k2)/3
     k1
     k2
```

3) 求非齐次线性方程组的通解

非齐次线性方程组需要先判断方程组是否有解, 若有解, 再去求通解. 因此, 步骤为

第一步, 判断 $\boldsymbol{AX}=\boldsymbol{b}$ 是否有解, 若有解则进行第二步;

第二步, 求 $\boldsymbol{AX}=\boldsymbol{b}$ 的一个特解;

第三步, 求 $\boldsymbol{AX}=\boldsymbol{0}$ 的通解;

第四步, $\boldsymbol{AX}=\boldsymbol{b}$ 的通解为 $\boldsymbol{AX}=\boldsymbol{0}$ 的通解与 $\boldsymbol{AX}=\boldsymbol{b}$ 的一个特解和.

例 2.2.4 求解方程组 $\begin{cases} x_1-2x_2+3x_3-x_4=1,\\ 3x_1-x_2+5x_3-3x_4=2,\\ 2x_1+x_2+2x_3-2x_4=3. \end{cases}$

解 在 MATLAB 中建立 M 文件如下：

```
A = [1 -2 3 -1;3 -1 5 -3;2 1 2 -2];
b = [1 2 3]';
B = [A b];
n = 4;
R_A = rank(A)
```

```
R_B = rank(B)
format rat
if R_A == R_B&R_A == n % 判断有唯一解
  X=A\b
elseif R_A == R_B&R_A<n % 判断有无穷解
  X = A\b % 求特解
  C = null(A,'r') % 求 AX=0 的基础解系
else X ='equation no solve' % 判断无解
end
```

运行后结果显示

例2.2.4演示-21

```
R_A =
      2
R_B =
      3
X =
equation no solve
```

这说明该方程组无解.

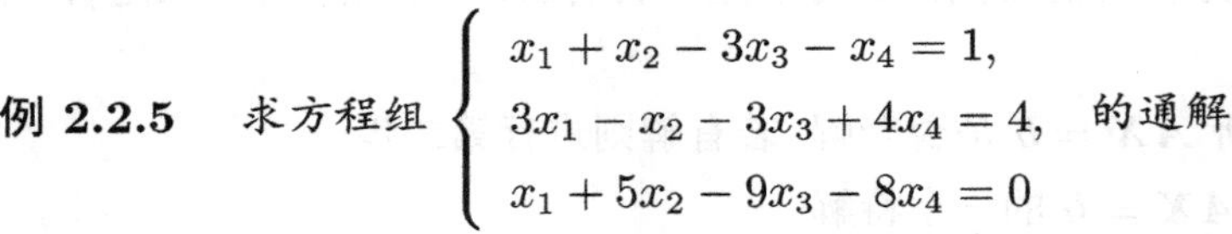

例 2.2.5 求方程组 $\begin{cases} x_1+x_2-3x_3-x_4=1, \\ 3x_1-x_2-3x_3+4x_4=4, \\ x_1+5x_2-9x_3-8x_4=0 \end{cases}$ 的通解.

解 在 MATLAB 编辑器中建立 M 文件如下：

```
A = [1 1 -3 -1;3 -1 -3 4;1 5 -9 -8];
b = [1 4 0]';
B = [A b];
n = 4;
R_A = rank(A)
R_B = rank(B)
format rat
if R_A == R_B&R_A == n
  X = A\b
elseif R_A == R_B&R_A<n
  X = A\b
  C = null(A,'r')
```

```
else X = 'Equation has no solves'
end
```

运行后结果显示为

```
R_A =
    2
R_B =
  2
```

例2.2.5演示-22

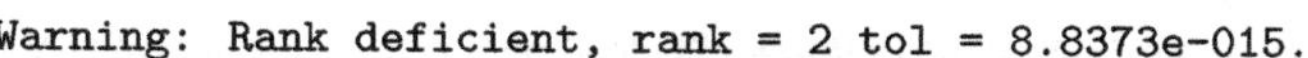

```
Warning: Rank deficient, rank = 2 tol = 8.8373e-015.
> In D:\Matlab\pujun\lx0723.m at line 11
X =
      0
      0
  -8/15
    3/5
C =
  3/2  -3/4
  3/2  7/4
  1      0
  0      1
```

3. 特征值与二次型

工程技术中的一些问题, 如振动问题和稳定性问题, 常归结为求一个方阵的特征值和特征向量.

1) 特征值与特征向量的求法

例 2.2.6 求矩阵 $\boldsymbol{A}=\begin{pmatrix}-2 & 1 & 1\\ 0 & 2 & 0\\ -4 & 1 & 3\end{pmatrix}$ 的特征值和特征向量.

解

```
>> A = [-2 1 1;0 2 0;-4 1 3];
>> [V,D] = eig(A)
V =
  -0.7071  -0.2425  0.3015
        0        0  0.9045
  -0.7071  -0.9701  0.3015
D =
```

例2.2.6演示-23

```
    -1  0  0
     0  2  0
     0  0  2
```

即特征值 -1 对应特征向量 $(-0.7071\ 0\ -0.7071)^{\mathrm{T}}$; 特征值 2 对应特征向量 $(-0.2425\ 0\ -0.9701)^{\mathrm{T}}$ 和 $(-0.3015\ 0.9045\ -0.3015)^{\mathrm{T}}$.

2) 正交基

命令 B=orth(A) 将矩阵 $\boldsymbol{A}$ 正交规范化, $\boldsymbol{B}$ 的列与 $\boldsymbol{A}$ 的列具有相同的空间, $\boldsymbol{B}$ 的列向量是正交向量, 且满足 B′*B = eye(rank(A)).

3) 二次型

例 2.2.7 把二次型 $f=2x_1x_2+2x_1x_3-2x_1x_4-2x_2x_3+2x_2x_4+2x_3x_4$ 用正交变换 $\boldsymbol{x}=\boldsymbol{Py}$ 化成标准形.

解 先写出二次型的实对称矩阵

$$\boldsymbol{A}=\begin{pmatrix} 0 & 1 & 1 & -1 \\ 1 & 0 & -1 & 1 \\ 1 & -1 & 0 & 1 \\ -1 & 1 & 1 & 0 \end{pmatrix}$$

在 MATLAB 编辑器中建立 M 文件如下:

```
A=[0 1 1 -1;1 0 -1 1;1 -1 0 1;-1 1 1 0];
[P,D]=schur(A)
syms y1 y2 y3 y4
y=[y1;y2;y3;y4];
X=vpa(P,2)*y        %vpa 表示可变精度计算，这里取 2 位精度
f=[y1 y2 y3 y4]*D*y
```

运行后结果显示如下:

```
P =

     780/989    780/3691     1/2   -390/1351
    780/3691     780/989    -1/2    390/1351
    780/1351   -780/1351    -1/2    390/1351
           0           0     1/2   1170/1351

D =
```

例2.2.7演示-24

```
        1   0    0   0
        0   1    0   0
        0   0   -3   0
        0   0    0   1
X =
[ .79*y1+.21*y2+.50*y3-.29*y4]
[ .21*y1+.79*y2-.50*y3+.29*y4]
[ .56*y1-.56*y2-.50*y3+.29*y4]
[            .50*y3+.85*y4]
f =
y1^2+y2^2-3*y3^2+y4^2
```

即 $f = y_1^2 + y_2^2 - 3y_3^2 + y_4^2$.

2.2.3 MATLAB 在微积分中的应用

MATLAB 的主要优势是进行数值计算, 数学分析或高等数学中的大多数微积分问题, 都能用 MATLAB 的符号计算功能加以解决, 手工笔算演绎的烦劳都可以由计算机完成.

1. 求函数的极限

求极限的基本语句有 limit(f, x, a), limit(f), limit(f, x, a, 'right') 和 limit(f, x, a, 'left') 等. 它们表达的含义很容易看出来, 下面就通过实例加以说明.

例 2.2.8 求 $\lim\limits_{n\to\infty}(6n^2-n+1)/(n^3+n^2+2)$, $\lim\limits_{x\to 0}[(1+mx)^n-(1+nx)^m]/x^2(m,n\in\mathbf{N})$, $\lim\limits_{x\to 3^+}(\sqrt{1+x}-2)/(x-3)$.

解

```
>> syms n m x
>> f = (6*n^2-n+1)/(n^3+n^2+2);g = ((1+m*x)^n -(1+n*x)
   ^m)/x^2;
>> h =( sqrt(1+x)-2)/(x-3);
>> lim_f = limit (f, n, inf)
lim_f =
        0
>> lim_g= limit (g, x, 0)      % 或 lim_g = limit (g)
lim_g=
-1/2*m^2*n+1/2*n^2*m;
>> lim_h = limit ( h, x, 3, 'right')
```

例2.2.8演示-25

```
lim_h=

    1/4
```

2. 求函数的导数

数学上虽然有导数与偏导数之分, 但它们在 MATLAB 中统一使用 diff. 其使用形式为 diff (f, v), diff (f, v, n), 如 diff (f, v, n) 表示计算 $\mathrm{d}^n f/\mathrm{d}v^n$ 或 $\partial^n f/\partial v^n$.

说明 当 f 是矩阵时, 求导数操作对元素逐个进行, 但自变量定义在整个矩阵上.

例 2.2.9 已知 $z=\ln\left(\sqrt{x}+\sqrt{y}\right)$, 证明 $x\dfrac{\partial z}{\partial x}+y\dfrac{\partial z}{\partial y}=\dfrac{1}{2}$.

例2.2.9演示-26

解
```
>> x=sym('x'); y=sym ('y');z=log (sqrt(x) + sqrt(y));
>> result=x*diff(z,x)+y*diff(z,y);simple(result)
ans=

    1/2
```

3. 求函数的积分

积分有不定积分、定积分、广义积分和重积分等几种. 一般说来, 无论哪种积分都比微分更难求取. 与数值积分相比, 符号积分指令简单, 适应性强, 但可能占用机器很长时间. 积分限非数值时, 符号积分有可能给出相当冗长而生疏的符号表达式, 也可能给不出符号表达式, 但假若用户把积分限用具体数值代替, 那么符号积分将能给出具有任意精度的定积分值. 求积分的具体使用格式为

int (f), int (f , var), intf = int (f , a , b) 和 intf = int(f, var, a, b).

参数说明: f 为被积函数, var 为积分变元. 若没有指定, 则对变量 v = findsym (f) 积分, a, b 为积分上下限, a, b 可为无穷大 ∞. 若无 a, b, 则给出不定积分 (无任意常数), intf 为函数的积分值, 有时为无穷大.

例 2.2.10 计算 $F_1=\displaystyle\int \mathrm{e}^{xy+z}\mathrm{d}x$; $F_2=\displaystyle\int_{-\infty}^{+\infty}\frac{1}{x^2+2x+3}\mathrm{d}x$.

例2.2.10演示-27

解
```
>> syms x y z
>> f1 = exp( x*y+z); f2=1/(x^2+2*x+3);
>> F1=int(f1)
F1=
```

```
  1/y*exp(x*y+z)
>> F2=int(f2, -inf, inf)
F2=
  1/2*pi*2^(1/2)
```

例 2.2.11 计算 $\iint_D \frac{2-x-y}{2}\mathrm{d}x\mathrm{d}y$, 其中 D 为直线 $y=x$ 和抛物线 $y=x^2$ 所围部分.

例2.2.11演示-28

解

```
>> int( int('(2-x-y)/2', 'y', 'x^2', 'x') ,0, 1)
ans=
  11/120
```

4. Taylor 展开式

要将函数 $f(x)$ 表示成 x^n(n 从 0 到无穷) 的和的形式, 可以用 MATLAB 提供的命令 taylor 来完成展开工作, 其常用的使用形式为

taylor(f), taylor(f, n), taylor(f, v) 和 taylor (f, n, a).

参数说明: f 为待展开的函数表达式, 可以不用单引号生成; n 的含义为把函数展开到 n 阶, 若不包含 n, 则缺省地展开到 6 阶; v 的含义为对函数 f 中的变量 v 展开, 若不包含 v, 则对变量 v = findsym(f) 展开; a 为 Taylor 展式的扩充功能, 对函数 f 在 x=a 点展开.

例 2.2.12 (1) 把 $y=\mathrm{e}^{-x}$ 展开到 6 阶; (2) 把 $y=\ln x$ 在 $x=1$ 点展开到 5 阶.

解

例2.2.12演示-29

```
>> syms x
>> y1=taylor(exp(-x))
   %给出结果y1=1-x+1/2*x^2-1/6*x^3+1/24*x^4-1/120*x^5
>> y2=taylor(log(x),6,1)
 %给出结果y2=x-1-1/2*(x-1)^2+1/3*(x-1)^3-1/4*(x-1)^4
```

5. 级数求和

对于级数求和, 即求 $\sum\limits_{k=m}^{n} f(k)$ 问题, 可用 MATLAB 的求和命令解决. 具体格式为 s = symsum (f, k, m, n), 其中 f 是矩阵时, 求和对元素通式逐个进行, 但自变量定义在整个矩阵上; k 缺省时, f 中的自变量由 findsym 自动辨认; n 可以取有限整数, 也可以取无穷大; m, n 可同时缺省, 此时默认求和的区间为 [0, k−1].

例 2.2.13 求级数 $\sum_{k=1}^{\infty}\frac{1}{(2k-1)^2}$ 与 $\sum_{k=1}^{\infty}\frac{(-1)^k}{k}$ 的和.

例2.2.13演示-30

解
```
>> syms k
>> f = [1/(2*k-1)^2, (-1)^k/k]; % 向量函数求和
>> s = simple (symsum (f, 1, inf))
```
计算结果分别为 1/8 * pi^2 和- log(2).

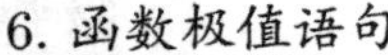
6. 函数极值语句

1) 一元函数的极值

函数 fminbnd 专门用于求单变量函数的最小值, 其基本使用形式为

```
x = fminbnd (fun, x1, x2).
```

参数说明：fun 为目标函数的函数名字符串或是字符串的描述形式; x1, x2 表示求值的区间 x1 < x < x2 ; x 为函数的最小值点; fval 为返回解 x 处目标函数的值.

说明 求函数 y 的最小值点用命令 fminbnd, 求最大值点则没有直接的命令. 但函数 y 的最大值点就是 − y 的最小值点, 这样仍可用命令 fminbnd 求最大值点.

例 2.2.14 求函数 $y = x^5 - 5x^4 + 5x^3 + 1$ 在区间 $[-1, 2]$ 上的最大与最小值.

例2.2.14演示-31

解
```
>> y = 'x^5-5*x^4+5*x^3+1';y_='-x^5+5*
   x^4-5*x^3-1';
[p_min,y_min]=fminbnd(y, -1, 2)
[p_max,y_max]=fminbnd(y_,-1,2)
```
运行结果为 p_min =−1.0000, y_min = −9.9985, p_max =1.0000, y_max = −2.0000.

2) 多元函数的最值

函数 fminsearch 用于求多元函数的最小值点. 使用格式如下：

```
x = fminsearch (fun, x0) 和 [x, fval] = fminsearch (fun, x0).
```

参数说明：fminsearch 求解多变量无约束函数的最小值. 该函数常用于无约束非线性最优化问题. fun 为目标函数; x0 为初值; x0 可以是标量、向量或矩阵. 其余命令和参数参见 MATLAB help.

例 2.2.15　求函数 $f(x,y)=x^3+8y^3-6xy+5$ 的最小值.

例2.2.15演示-32

解　首先要把 x, y 转化成一个向量中的两个分量：

```
(x ,y) = [x(1) ,x(2)].
>> x0 = [0, 0];F='x(1)^3+8*x(2)^3-6*x(1)*x(2)+5';
[P_min, F_min] = fminsearch (F ,x0)
P_min =
      1.0000 0.5000
F_min =
4.0000
```

7. 求微分方程符号解

求微分方程符号解最常用的指令格式为

S = dsolve ('eq1, eq2 , ⋯ , eqn', 'cond1, cond2, ⋯, condn', 'v').

参数说明：输入量包括三部分即微分方程、初始条件、指定独立变量. 其中, 微分方程是必不可少的输入内容, 其余视需要而定, 可有可无, 输入量必须以字符串形式编写; 若不对独立变量加以专门的定义, 则默认小写字母 t 为独立变量. 关于初始条件或边界条件应写成 $y(a)=b, Dy(c)=d$ 等, a,b,c,d 可以是变量使用符以外的其他字符, 当初始条件少于微分方程阶数时, 在所得解中将出现任意常数符 $C_1, C_2, \cdots$, 解中任意常数符的数目等于所缺少的初始条件数.

例 2.2.16　(1) 求微分方程 $x'=-ax, x(0)=1$ 的特解, 自变量指定为 s; (2) 求微分方程 $x''=-a^2x, x(0)=1$ 的解.

解　(1) 输入

```
>> x = dsolve ('Dx = - a*x', 'x(0) =1', 's')
```

例2.2.16演示-33

输出结果：x = exp (- a∗s);

(2) 输入

```
>> x = dsolve ('D2x = -a^2 * x', 'x(0) = 1')
```

输出结果：x = C1∗ sin (a ∗ t) + cos (a ∗ t)

2.2.4　绘图与图形处理

人们很难从一大堆原始的数据中发现它们的含义, 而数据图形恰能使视觉感官直接感受到数据的许多内在本质, 发现数据的内在联系. MATLAB 可以表达出数据的二维、三维, 甚至四维的图形. 通过图形的线型、立面、色彩、光线、视角等属性的控制, 可把数据的内在特征表现得淋漓尽致. 在 MATLAB 中, 绘制的图形将会被直接输出到一个新的窗口中, 这个窗口和命令行窗口是相互独立的, 成为图形窗口. 这里介绍二维图形的命令.

在 MATLAB 中, 主要的二维绘图函数有

plot	x 轴和 y 轴均为线性刻度 (**linear scale**) 的二维绘图
loglog	x 轴和 y 轴均为对数刻度 (**logarithmic scale**) 的二维绘图
semilogx	x 轴为对数刻度, y 轴为线性刻度的二维绘图
semilogy	x 轴为线性刻度, y 轴为对数刻度的二维绘图

这里仅就常用的 plot 命令作详细的介绍, 其余命令可通过 Help 帮助系统查询.

plot 函数用来绘制线性二维图. 在线条多于一条时, 若用户没有指定使用颜色, 则 plot 循环使用由当前坐标轴颜色顺序属性 (current axes ColorOrder property) 定义的颜色, 以区别不同的线条. 在用完上述属性值后, plot 又循环使用由坐标轴线型顺序属性 (axes LineStyleOrder property) 定义的线型, 以区别不同的线条.

只要确定了曲线上每一点的 x 和 y 坐标, 就可以用 plot 函数绘出图形. 例如,

```
>> close all;
>> x=linspace(0,2*pi,100); %100 个点 x 的坐标
>> y=sin(x);
>> plot(x,y)
```

输出图 2-12.

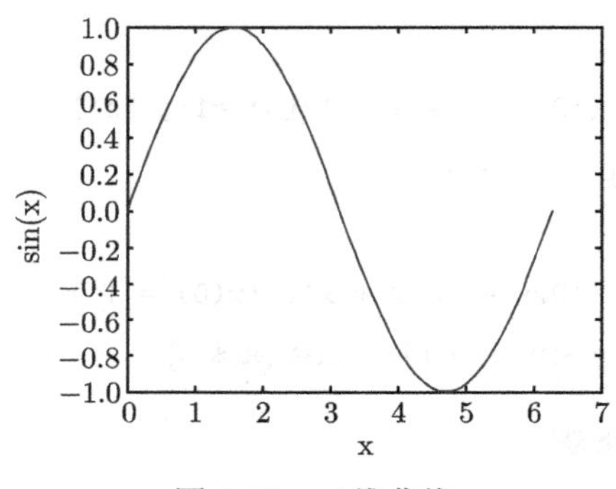

图 2-12 二维曲线

若要画出多条曲线, 只需将坐标对一次放入 plot 函数即可.

例 2.2.17 用 plot 函数绘制多条曲线.

```
>> close all;
>> x=linspace(0,2*pi,100);
>> plot(x,sin(x),x,cos(x))
```

输出如图 2-13 所示.

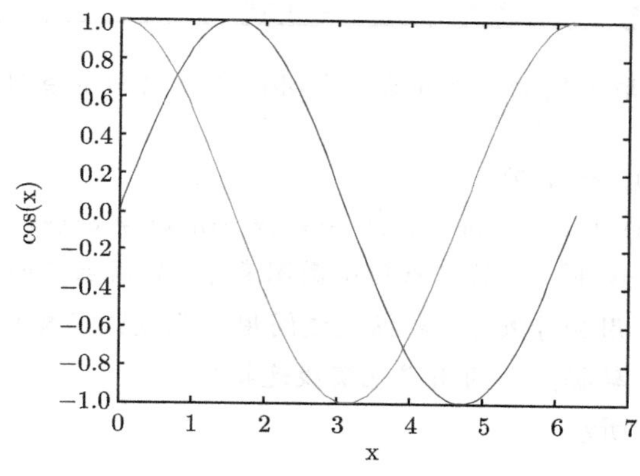

图 2-13 多条曲线

MATLAB 中允许用户改变曲线的线型、颜色、数据点的标记以及坐标轴的刻度范围等图形属性. 下面结合实例作初步的介绍.

在 plot 函数中可以通过输入字符串来制定不同的线型、数据点的标记和颜色, 表 2-9～表 2-11 分别列出了不同参数所代表的线型、颜色[①]和标记类型.

表 2-9 线型参数

定义符	-	--	:	-.
线型	实线 (缺省值)	划线	点线	点划线

表 2-10 颜色参数

定义符	R(red)	G(green)	b(blue)	c(cyan)
颜色	红色	绿色	蓝色	青色
定义符	M(magenta)	y(yellow)	k(black)	w(white)
颜色	品红	黄色	黑色	白色

① 颜色可通过扫码查看.

表 2-11　标记类型参数

定义符	+	o(字母)	*	.	x
标记类型	加号	小圆圈	星号	实点	交叉号
定义符	d	∧	v	>	<
标记类型	棱形	向上三角形	向下三角形	向右三角形	向左三角形
定义符	s	h	P		
标记类型	正方形	正六角星	正五角星		

例 2.2.18　选取不同的参数组合, 用 plot 函数绘制多条曲线.

例2.2.18演示-35

```
>> close all;
>> x=linspace(0,2*pi,50);
>> plot(x,sin(x),':ro',x,cos(x),'--b+',x,sin(x).*cos(x),'k*')
>> legend %'sinx 图像, 数据点用小圆圈表示, 数据点之间用红色点线连接', 'cosx 图像, 数据点用加号表示, 数据点之间用蓝色划线连接', 'sinx*cosx 图像, 数据点用星号表示, 数据点之间用黑色实线连接';
```

输出如图 2-14 所示.

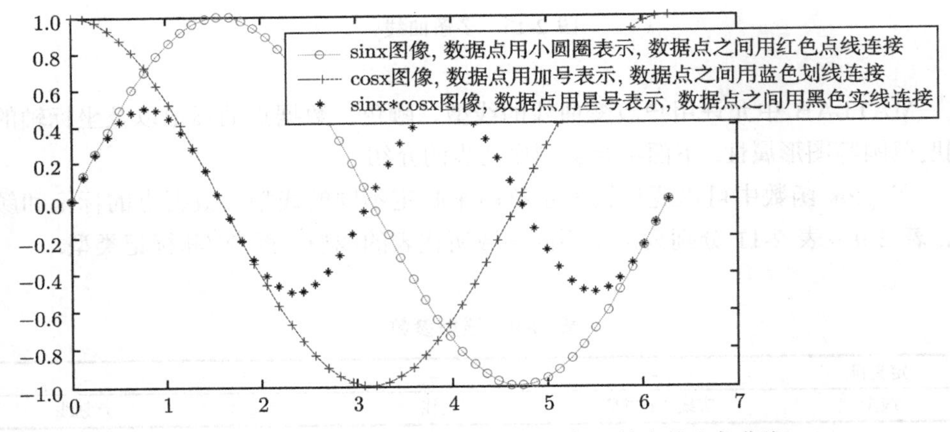

图 2-14　用不同颜色、线型和数据点标记绘出的多条曲线

上面调用了函数 legend. 该函数用来对图形进行注解. 除此之外, MATLAB 还为用户提供了许多图形标注命令.

例 2.2.19　图形标注.

例2.2.19演示-36

```
>> close all;
>> x=linspace(0,2*pi,50);
>> plot(x,sin(x), ':', x,cos(x));
```

```
>> xlabel('Input Value');
>> ylabel('Two Trigonometric Functions');
>> legend%'sinx 图像', 'cosx 图像';
```

输出如图 2-15 所示.

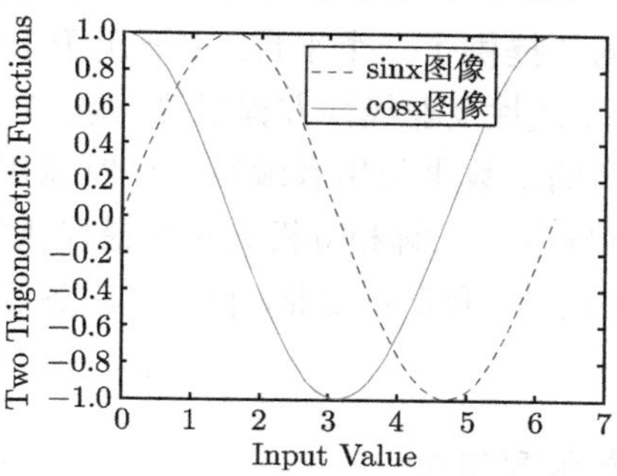

图 2-15　图形标注

横坐标为“输入值”, 纵坐标为“两个三角函数”

此外, 还可以在一个图形窗口中用 subplot 函数同时画出数个小图形.

例 2.2.20　在同一图形窗口中绘制多幅图形.

```
>> close all;
>> x=linspace(0,2*pi,50);
>> subplot(2,2,1);plot(x,sin(x));xlabel('sinx');
>> subplot(2,2,2);plot(x,cos(x));xlabel('cosx');
>> subplot(2,2,3);plot(x,tan(x));xlabel('tanx');
>> subplot(2,2,4);plot(x,sec(x));xlabel('secx');
```

输出如图 2-16 所示.

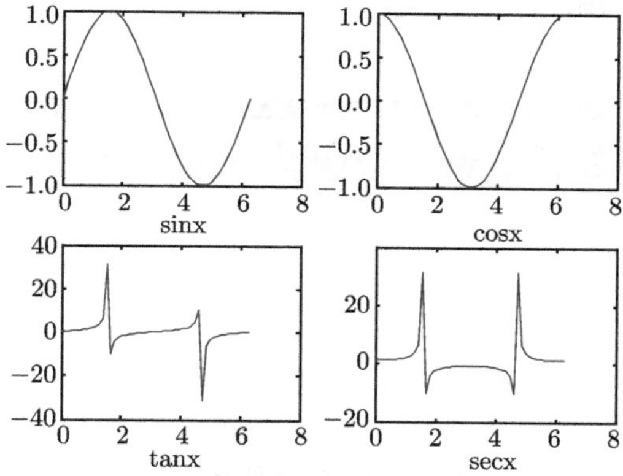

图 2-16　在同一图形窗口中绘制多幅图形

2.3 LINGO 简介

LINGO 软件是美国 LINDO 系统公司开发的一套专门用于求解优化模型的软件, 它为求解最优化问题提供了一个平台, 主要用于求解线性规划、非线性规划、整数规划、二次规划、线性及非线性方程组等问题. 它是最优化问题的一种建模语言, 包含有许多常用的函数供使用者编写程序时调用, 并提供了与其他数据文件的接口, 易于方便地输入、求解和分析大规模最优化问题, 且执行速度快. 由于它的功能较强, 所以在教学、科研、工业、商业、服务等许多领域得到了广泛的应用.

2.3.1 LINGO 操作界面简介

在 Windows 操作系统下启动 LINGO 软件 (如何安装请扫右侧二维码), 屏幕上首先显示如图 2-17 所示的窗口. 图 2-17 中最外层的窗口是 LINGO 软件的主窗口 (LINGO 软件的用户界面), 所有其他窗口都在这个窗口之内. 主窗口有标题栏、菜单栏、工具栏和状态栏. 右下角显示的是当前时间, 时间前面是当前光标的位置 “Ln 1,Col 1”(即 1 行 1 列). 将来用户可以用选项命令 (LINGO Options Interface 菜单命令) 决定是否需要显示工具栏和状态栏. LINGO 有 5 个主菜单: File(文件), Edit(编辑), Solver(求解器), Window(窗口), Help(帮助), 这些菜单的用法与 Windows 下其他应用程序的标准用法类似, 下面只对主菜单中 Solver(求解器) 的主要命令进行简要介绍.

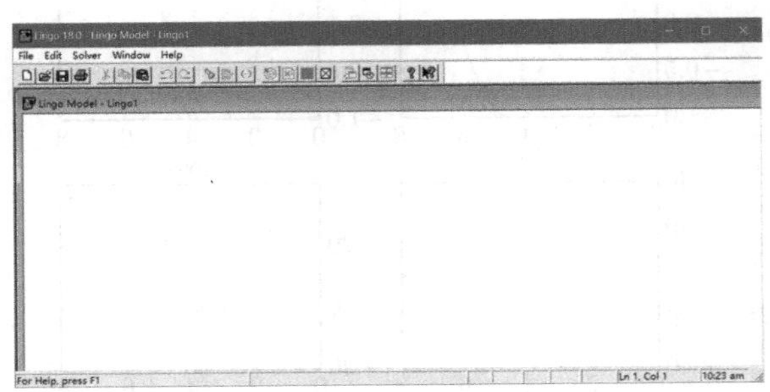

图 2-17 LINGO 软件所示的窗口

LINGO Solve(Ctrl+U)(求解) 命令对当前模型进行编译并求解. 如果当前模型输入有错误, 编译时将报告错误. 求解时会显示一个求解器运行状态窗口. LINGO Solution(Ctrl+W)(解答) 命令显示当前解. LINGO Range(Ctrl+R)(灵敏度分析) 命令显示当前解的灵敏度分析结果 (你必须在此之前求解过当前模型). LINGO Options(Ctrl+I)(选项) 命令将打开一个含有 7 个选项卡的对话框窗口, 你可以通过它修改 LINGO 系统的各种控制参数和选项. 修改完以后, 你如果单击应用按钮, 则新的设置马上生效; 如果单击 OK 按钮, 则新的设置马上生效, 并且同时关闭该窗口; 如果单击 Save 按钮, 则将当前设置变为默认设置, 下次启动 LINGO 时这些设置仍然有效; 如果单击 Default 按钮, 则恢复 LINGO 系统定义的原始默认设置; 如果单击 Cancel 按钮将废弃本次操作, 退出对话框; 单击 Help 按钮将显示本对话框的帮助信息. LINGO Generate 和 LINGO Picture 命令都是在模型窗口下才能使用, 它们的功能是按照 LINGO 模型的完整形式分别以代数表达式形式和矩阵图形形式显示目标函数和约束. LINGO Debug(Ctrl+D) 命令分析线性规划无解或无界的原因, 建议如何修改 LINGO Model Statistics(Ctrl+E) 命令显示当前模型的统计信息. LINGO Look(Ctrl+L) 命令显示当前模型的文本形式, 显示时对所有行按顺序编号.

2.3.2 简单的 LINGO 程序

在模型窗口中, 按 LINGO 语法格式, 输入一个完整的优化模型 (注意: 一个程序就是一个优化模型).

例 2.3.1 求解线性规划问题

$$
\begin{aligned}
\max\quad & z = 2x + 3y, \\
\text{s.t.}\quad & 4x + 3y \leqslant 10, \\
& 3x + 5y \leqslant 12, \\
& x, y \geqslant 0.
\end{aligned}
$$

输入程序:

```
max=2*x+3*y; %目标函数max=或min=,每个语句的结尾要
    有“;”
4*x+3*y<=10; %程序中的“<=”,“<”(“>=”,“>”)
    等同于原模型中的“≤”(“≥”)
3*x+5*y<=12; %自动默认各个变量均为大于等于零的实数
```

例 2.3.2 求解

$$
\begin{aligned}
\max \quad & 98x_1+277x_2-x_1^2-0.3x_1x_2-2x_2^2,\\
\text{s.t.} \quad & x_1+x_2\leqslant 100,\\
& x_1\leqslant 2x_2,\\
& x_1,x_2\geqslant 0,\ \text{且都是整数}.
\end{aligned}
$$

输入程序:

例2.3.2
程序运行-40

```
max=98*x1+277*x2-x1^2-0.3*x1*x2-2*x2^2;
%程序中，各个语句的先后次序无关
x1+x2<=100; x1<=2*x2; %不区分大写、小写
@gin(x1); @gin(x2); %限制x为整数(@free(x): 把x
放宽为任意实数; @bin(x) : 限制x只能取0或1; @bnd
(-6,x,18): 限制x为闭区间[-6,18]上的任意实数)
```

例 2.3.3 某学校游泳队要从 5 名队员中选 4 名参加 4×100 米混合泳接力赛 (表 2-12).

表 2-12 5 名队员 4 种泳姿的百米成绩 (单位: s)

	李	王	张	刘	赵
蝶泳	66.8	57.2	78	70	67.4
仰泳	75.6	66	67.8	74.2	71
蛙泳	87	66.4	84.6	69.6	83.8
自由泳	58.6	53	59.4	57.2	62.4

如何选拔? 请建立 “0-1 规划” 模型, 用 LINGO 求解.

解 若第 i 名队员参加第 j 种泳姿比赛, 则令 $x_{ij}=1$; 否则令 $x_{ij}=0$; 共有 20 个决策变量 x_{ij}. 第 i 名队员的第 j 种泳姿成绩记为 c_{ij}, 有 “0-1 规划” 模型:

$$
\begin{aligned}
\min \quad & \sum_{i=1}^{5}\sum_{j=1}^{4} c_{ij}x_{ij},\\
\text{s.t.} \quad & \sum_{j=1}^{4} x_{ij}\leqslant 1, \quad i=1,2,3,4,5,\\
& \sum_{i=1}^{5} x_{ij}=1, \quad j=1,2,3,4,\\
& x_{ij}=0\ \text{或}\ 1, \quad i=1,2,3,4,5, \quad j=1,2,3,4.
\end{aligned}
$$

LINGO 程序如下：

```
min=66.8*x11+57.2*x21+78*x31+70*x41+67.4*x51+75.6*x12
    +66*x22+67.8*x32+74.2*x42+71*x52+87*x13+66.4*x23
    +84.6*x33+69.6*x43+83.8*x53+58.6*x14+53*x24+59.4*
    x34+57.2*x44+62.4*x54;
        x11+x12+x13+x14<=1;x21+x22+x23+x24<=1;x31+x32+x33+x34<=1;
        x41+x42+x43+x44<=1;x51+x52+x53+x54<=1;x11+x21+x31+x41+x51
            =1;
        x12+x22+x32+x42+x52=1;x13+x23+x33+x43+x53=1;x14+x24+x34+
            x44+x54=1;
       @bin(x11); @bin(x21); @bin(x31); @bin(x41); @bin(x51);
       @bin(x12); @bin(x22); @bin(x32); @bin(x42); @bin(x52);
       @bin(x13); @bin(x23); @bin(x33); @bin(x43); @bin(x53);
       @bin(x14); @bin(x24); @bin(x34); @bin(x44); @bin(x54)
```

求解结果 $x_{21}, x_{32}, x_{43}, x_{14}$ 均等于 1, 即依次取第 2 个人王、第 3 个人张、第 4 个人刘、第 1 个人李参加蝶泳、仰泳、蛙泳、自由泳的成绩为 253.2s.

2.3.3 LINGO 中使用集合

前面例 2.3.3 中的 LINGO 程序, 其目标函数含有大规模的变量 (20 个), 约束条件也很烦琐. 现在, 利用集合的概念, 可使程序大大简化.

例 2.3.4 某帆船制造公司要决定下两年 8 个季度的帆船生产量. 8 个季度的帆船需求量分别是 40 条、60 条、75 条、25 条、30 条、65 条、50 条、20 条, 这些需求必须按时满足, 既不能提前也不能延后. 该公司每季度的正常生产能力是 40 条帆船, 每条帆船的生产费用为 400 美元. 如果是加班生产的, 则每条生产费用为 450 美元. 帆船跨季度库存的费用为每条 20 美元. 初始库存是 10 条帆船. 如何生产?

解 8 个季度的需求量数组记为 xq, 则 xq=[40,60,75,25,30,65,50,20]. 类似地, 用数组 zc, jb, kc 分别表示 8 个季度的正常生产量、加班生产量、季度末库存量.

目标函数是全部费用之和

$$\min \quad \sum_{i=1}^{8}(400zc(i)+450jb(i)+20kc(i)).$$

约束条件

生产能力 $\mathrm{zc}(i) \leqslant 40, \quad i=1,2,\cdots,8,$

数量平衡
$$\mathrm{kc}(1)=10+\mathrm{zc}(1)+\mathrm{jb}(1)-\mathrm{xq}(1),$$
$$\mathrm{kc}(i)=\mathrm{kc}(i-1)+\mathrm{zc}(i)+\mathrm{jb}(i)-\mathrm{xq}(i), \quad i=2,3,\cdots,8.$$

以上是模型. 怎样用 LINGO 编程呢? 把下标的范围当作集合, 本题的集合是 $\{1,2,3,4,5,6,7,8\}$; 定义在集合上的一个个数组, 都分别称为该集合的属性, 本题这个集合有四个属性, 分别是 xq, zc, jb, kc.

LINGO 程序及注解:

例2.3.4
程序运行-42

```
model: %一个完整的LINGO程序必然以“model:”开始, 以
        “end”结束
   sets: %定义集合及其属性, 命令格式为“ 集合名/集合
          的全部元素/:全体属性”
     jihe/1..8/:xq,zc,jb,kc;%这里的“1..8”等同于
        “1,2,3,4,5,6,7,8”
   endsets %集合定义部分(从“sets:”到“endsets”)
   data: %输入已知数据
      xq=40,60,75,25,30,65,50,20;
   enddata %数据输入部分(从“data:”到“enddata”)
   min=@sum(jihe:400*zc+450*jb+20*kc);    %求和函数
   @for(jihe:zc<=40);    %是循环函数, zc的所有分量都不大于40
   kc(1)=10+zc(1)+jb(1)-xq(1);
   @for(jihe(i)|i#gt#1:kc(i)=kc(i-1)+zc(i)+jb(i)-xq(i)); %对集合
       jihe中的所有大于1的i, 都满足该项约束
end
```

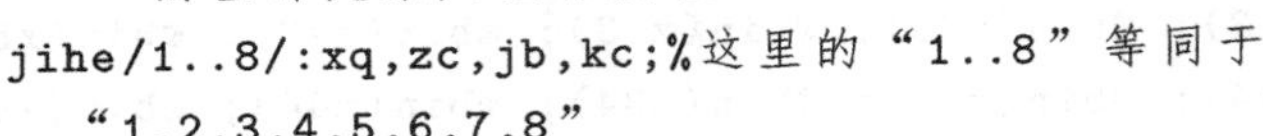

求解结果 8 个季度正常生产量 zc=[40,40,40,40,40,40,40,20]; 8 个季度加班生产量 jb=[0,10,35,0,0,0,10,0], 最小成本为 145750.0 美元.

2.3.4 LINGO 中的基本集合与派生集合

例 2.3.5(料场选址问题) 6 个建筑工地的位置 (用平面坐标 a, b 表示, 距离单位: km) 及其对水泥的日用量 (用 d 表示, 单位: t) 由表 2-13 给出.

表 2-13 工地的位置 (a, b) 及水泥日用量 d

工地编号	1	2	3	4	5	6
a	1.25	8.75	0.5	5.75	3	7.25
b	1.25	0.75	4.75	5	6.5	7.75
d	3	5	4	7	6	11

现有两个临时料场位于 $P(5,1)$, $Q(2,7)$, 每日提供水泥的最大能力分别为 20t. 假设从料场到各工地均有直线道路连接, 运输费用与距离、质量成正比.

(1) 请制订运输计划, 使总运费尽量低;

(2) 进一步调整这两个临时料场的位置, 使总运费最低.

解 第 i 号工地的位置为 (a_i, b_i), 水泥日用量为 d_i, $i=1,2,3,4,5,6$; 第 j 号料场的位置为 (x_j, y_j), 水泥日供应能力为 e_j, $j=1,2$; 从 j 号料场向 i 号工地的日运输水泥量记为 c_{ij}.

注 在问题 (1) 中, (x_j, y_j) 为已知数据, 故决策变量为 c_{ij}, 共 12 个; 在问题 (2) 中, (x_j, y_j) 待定, 故决策变量为 x_j, y_j, c_{ij}, 共 16 个.

从 j 号料场到 i 号工地, 距离为 $\sqrt{(x_j-a_i)^2+(y_j-b_i)^2}$, 送去质量为 c_{ij} 的水泥, 二者乘积即为运输费.

目标函数 $$\min \quad \sum_{j=1}^{2}\sum_{i=1}^{6} c_{ij}\sqrt{(x_j-a_i)^2+(y_j-b_i)^2},$$

约束条件 $$\sum_{j=1}^{2} c_{ij}=d_i,\ \ i=1,2,\cdots,6 \quad (\text{满足需求}),$$

$$\sum_{i=1}^{6} c_{ij}\leqslant e_j,\ j=1,2 \quad (\text{供应能力}),$$

$$c_{ij}\geqslant 0 \quad (\text{非负性}).$$

这就是本题的优化模型.

尝试用 LINGO 求解该模型时, 6 个建筑工地作为一个集合 gdjh, 两个料场作为一个集合 lcjh. 接下来就会遇到困难: 决策变量 c_{ij} 不仅是依赖于集合 gdjh 的属性, 而且是依赖于集合 lcjh 的属性, 这样的属性应该如何定义呢?

根据两个基本集合 gdjh 与 lcjh 构造一个派生集合 gdlcjh, 再把 c_{ij} 定义为这个集合的属性.

本题第 (1) 问的 LINGO 程序及注解:

```
model:
  sets:   %定义派生集合及其属性的命令格式为派生集合名(基本集合1,
          基本集合2): 属性
    gdjh/1..6/:a,b,d;
    lcjh/1,2/:x,y,e;
    gdlcjh(gdjh,lcjh):c;
```

```
endsets
data:
   a=1.25,8.75,0.5,5.75,3,7.25;
   b=1.25,0.75,4.75,5,6.5,7.75;
   d=3,5,4,7,6,11;
   x,y=5,1,2,7;e=20,20;   %赋值语句, 赋值顺序是“x(1)=5,y(1)=1,
                          x(2)=2,y(2)=7”,而不是“x(1),x(2),
                          y(1),y(2)”; 该语句可换成“x=5,2;
                          y=1,7”, 功能相同
enddata
min=@sum(gdlcjh(i,j):c(i,j)*((x(j)-a(i))^2+(y(j)-b(i))^2)^0.5);
@for(gdjh(i):@sum(lcjh(j):c(i,j))=d(i));
@for(lcjh(j):@sum(gdjh(i):c(i,j))<=e(j));    %当表达式中出现
   的下标符号多于1个时, 必须指明针对哪个符号做运算
end
```

求解结果 从 1 号料场分别向第 1, 2, 4, 6 号工地运输水泥 3, 5, 7, 1; 从 2 号料场分别向 3, 5, 6 号工地运输水泥 4, 6, 10; 可以使总运输量 (质量乘以距离) 达到最小 136.2275(t·km) .

再来解决本题问题 (2), 料场位置 (x_j, y_j) 也是需要优化的决策变量. LINGO 程序及注解如下:

例2.3.5
程序运行-43

```
model:
  sets:
        gdjh/1..6/:a,b,d;
        lcjh/1,2/:x,y,e;
        gdlcjh(gdjh,lcjh):c;
  endsets
  data:
        a=1.25,8.75,0.5,5.75,3,7.25;
        b=1.25,0.75,4.75,5,6.5,7.75;
        d=3,5,4,7,6,11;
        e=20,20;
enddata
init:     %初始值部分(从“init:”到“endinit”): 内容是给
           决策变量赋初值
  x,y=5,1,2,7; %本程序中,把原来的料场位置(5,1),(2,7)作为初值
```

```
Endinit      %编程时应尽可能地为决策变量提供初始值，这样可以节
               省机器工作量
min=@sum(gdlcjh(i,j):c(i,j)*((x(j)-a(i))^2+(y(j)-b(i))^2)^0.5);
  @for(gdjh(i):@sum(lcjh(j):c(i,j))=d(i));
  @for(lcjh(j):@sum(gdjh(i):c(i,j))<=e(j));
  @for(lcjh:@free(x);@free(y));
end
```

求解结果　料场位置为 (3.254883, 5.652332), (7.250000, 7.750000), 最小运量为 85.26604.

例 2.3.3 的另一程序如下：

```
model:
  sets:
       dyjh/1..5/;
       yzjh/1..4/;
       cjjh(dyjh,yzjh):c,x;
  endsets
  data:
    c=66.8,75.6,87,58.6,57.2,66,66.4,53,78,67.8,84.6,59.4,
    70,74.2,69.6,57.2,67.4,71,83.8,62.4;
enddata
min=@sum(cjjh:c*x);
@for(dyjh(i):@sum(yzjh(j):x(i,j))<=1);
@for(yzjh(j):@sum(dyjh(i):x(i,j))=1);
@for(cjjh:@bin(x));
end
```

2.3.5　稠密集合与稀疏集合

前面例 2.3.4 中, 由两个基本集合 gdjh 与 lcjh, 构造了一个派生集合 gdlcjh, 这里 gdlcjh 的元素定义为 gdjh 与 lcjh 的笛卡儿积, 即包含了两个基本集合构成的所有二元有序对, 这种派生集合称为**稠密集合** (简称**稠集**).

在实际应用中, 某些时候, 有的属性只在笛卡儿积的一个真子集上定义, 而不是在整个稠集上定义. LINGO 允许把一个派生集合定义为笛卡儿积上的真子集, 这种派生集合称为**稀疏集合** (简称**疏集**).

例 2.3.6 (最短路问题)　在纵横交错的公路网中, 货车司机希望找到一条从一个城市到另一个城市的最短路. 各城市之间的公路长为 S—A_1: 60km; S—A_2: 30km; S—A_3: 30km; A_1—B_1: 60km; A_1—B_2: 50km; A_2—B_1: 80km; A_2—B_2: 60km; A_3—B_1: 70km; A_3—B_2: 40km; B_1—C_1: 60km; B_1—C_2: 70km; B_2—C_1: 80km; B_2—C_2: 90km; C_1—T: 50km, C_2—T: 60km. 求从 S 到 T 的最短路. 图 2-18 标出 9 个城市.

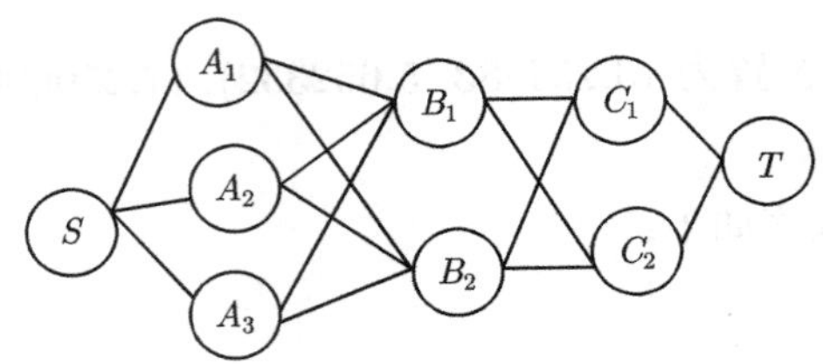

图 2-18　九城市公路网

定义一个集合 city, 其元素就是这 9 个城市, 从 S 到每个城市的最短距离定义为该集合的属性, 记为 l.

程序及注解如下：

```
model:
  sets:
       city/s,a1,a2,a3,b1,b2,c1,c2,t/:l;
       gljh(city,city)/s,a1 s,a2 s,a3 a1,b1 a1,b2 a2,b1 a2,
           b2 a3,b1 a3,b2 b1,c1 b1,c2 b2,c1 b2,c2 c1,t c2,t
           /:d;
%根据基本集合city生成一个派生集合gljh用来表示城市之间的一条条公
    路，因为并不是每两个城市之间都直接有公路相连(如：从A2到C1)，
    所以这个派生集合不能定义为稠密集．本程序中，用枚举法列出了稀
    疏集gljh的全部15条公路，d是其属性，代表每条公路的长度．
  endsets
  data:
       l=0,,,,,,,,;  %对l赋值时，第一个数是0，其余8个未知数
                                 必须用逗号给空出来．
       d=60,30,30,60,50,80,60,70,40,60,70,80,90,50,60;
enddata
@for(city(i)|i#gt#1:l(i)=@min(gljh(j,i):l(j)+d(j,i)));
                          % l(i)表示集合city中第i个元素的属性，即从S到第i个
```

```
    城市的最短距离,显然l(1)=0,而其余的l(i)正是本题所要求的,
    l(i)=min{l(j)+d(j,i)}.
          ∀j
end    % LINGO程序中, 允许没有目标函数
```

求解结果 从 S 到 T 的最优行驶路线的路长为 200, 可以得到从 S 到 T 的最优行驶路线为 $S \to A_3 \to B_2 \to C_1 \to T$.

此例中, 稀疏集的元素是用枚举法给出的, 若元素较多, 就太麻烦了. LINGO 提供了另一种方法: 元素过滤法, 能够从稠密集中系统地过滤出部分真正需要的元素构成稀疏集. 请看下面例子.

例 2.3.7 现要将 8 名同学分成 4 个调查队 (每组 2 人) 前往 4 个地区进行社会调查. 假设他们任意两人组成一队的工作效率为已知, 见表 2-14(由于对称性, 只需列出上三角部分).

表 2-14 任意两人组成一队的工作效率

学生	$S1$	$S2$	$S3$	$S4$	$S5$	$S6$	$S7$	$S8$
$S1$		9	3	4	2	1	5	6
$S2$			1	7	3	5	2	1
$S3$				4	4	2	9	2
$S4$					1	5	5	2
$S5$						8	7	6
$S6$							2	3
$S7$								4

问如何组队可以使总效率最高?

解 构造一个效率集合 xljh, 其属性 xl 就是表 2-14 中那 28 个数据, 如 xl($S1$, $S5$)=2, xl($S3$, $S7$)=9. 用 $y(Si,Sj)=1$ 表示 Si 与 Sj 组成一个队; 用 $y(Si,Sj)=0$ 表示 Si 与 Sj 不是一个队.

目标函数 $\max \sum\limits_{1\leqslant i<j\leqslant 8} \mathrm{xl}(Si,Sj)\cdot y(Si,Sj)$,

约束条件 每名学生必须且只能参加某一个队, 即对于第 k 名同学而言, 他与其他人所组成的队的个数必须等于 1, 故有

$$\sum_{\substack{i=k\text{ 或 }j=k\\ 1\leqslant i<j\leqslant 8}} y(Si,Sj)=1,\quad k=1,2,3,\cdots,8,$$

另外,

$$y(Si,Sj)=0 \text{ 或 } 1.$$

```
model:
  sets:
      xsjh/1..8/;
      xljh(xsjh,xsjh)|&2#gt#&1:xl,y;
% 根据基本集合xsjh构造效率集合xljh时，我们只需要二元对 (i,j)
  中那些当i<j时的元素对，即第2个下标j必须大于第1个下标i,
  相应的“元素过滤”命令为&2#gt#&1. 这里，若坚持不用元素过
  滤法而用枚举法，则命令为xljh(xsjh,xsjh)/1,2  1,3  1,4
  1,5 1,6  1,7  1,8  2,3  2,4 (太长了，得把28个下标对
  一一列出)
  7,8/:xl,y;
  endsets
  data:
      xl=9,3,4,2,1,5,6,1,7,3,5,2,1,4,4,2,9,2,1,5,5,2,8,7,6,2,3,4;
 enddata
 max=@sum(xljh(i,j):xl(i,j)*y(i,j));
 @for(xsjh(k):@sum(xljh(i,j)|(i#eq#k)#or#(j#eq#k):y(i,j))=1);%过滤命令
 (i#eq#k)#or#(j#eq#k)表示i=k或j=k
 @for(xljh(i,j):@bin(y(i,j)));
 end
```

例2.3.7
程序运行-45

求解结果 全局最优值为 30, 学生最佳组队方式是 (1,8), (2,4), (3,7), (5,6).

2.3.6 运算符和函数

1. 运算符及其优先级

算术运算符：(数与数之间的运算, 结果还是数)+ - * / ^.

逻辑运算符：LINGO 中的逻辑运算通常作为过滤条件来使用, 分两类.

第一类：(逻辑值与逻辑值之间的运算, 结果还是逻辑值) #and#(与), #or#(或), #not#(非).

第二类：(数与数之间的运算, 结果是逻辑值)#eq#(等于), #ne#(不等于), #gt#(大于), #ge#(大于等于), #lt#(小于), #le#(小于等于).

关系运算符：(LINGO 中的关系运算式通常作为约束条件来使用, 用来规定数与数之间的大小关系)<(小于等于), =(等于), >(大于等于).

优先级：

(第① 级)#not#, -(负号);

(第② 级)^;
(第③ 级)*, /;
(第④ 级)+, -;
(第⑤ 级) #eq#, #ne#, #gt#, #ge#, #lt#, #le#;
(第⑥ 级)#and#, #or#;
(第⑦ 级)<, =, >.

2. 基本的数学函数 (对于给定的数 x, 可以计算其函数值)

```
sin(x)    cos(x)    tan(x)    exp(x)    log(x)    sqrt(x)    abs(x)
```

3. 集合循环函数 (下面 5 个函数, 其括号中的格式为集合名：表达式)

```
@for( )    @sum( )    @max( )    @min( )    @prod( )(积)
```

4. 变量定界函数

@free(x)：把 x 放宽为任意实数.
@gin(x)：限制 x 为整数.
@bin(x)：限制 x 只能取 0 或 1.
@bnd(−6,x,18)：限制 x 为闭区间 [−6,18] 上的任意实数.

第3章

基础实验

基础实验是以微积分、线性代数及概率统计为平台，从宏观的角度去学习数学的基本概念，理解数学的基本原理，掌握用计算机软件进行直观作图和科学计算的方法，体验如何发现、总结和应用数学规律.

本章通过函数的简单函数表示、初等变换与初等方阵、频率与概率三个实验实例介绍基础实验的方法，让学生体会基础实验的过程尤其是如何产生实验思路，学会从实验结果去总结其中蕴涵的规律或结论.

应当说明，由学生完成基础实验，教师简要地提出问题，适当介绍问题的背景，讲解主要的实验原理和方法，在此基础上提出实验思路，然后就要由学生自己动手去做，自己去观察，通过观察总结结论.

3.1 函数的简单函数表示

3.1.1 实验目的

(1) 理解泰勒 (Taylor) 公式的意义.

(2) 认识泰勒公式的地位和作用.

(3) 了解较复杂函数的简单函数表示.

3.1课堂教学视频-47

3.1.2 实验的基本理论及方法

1. 泰勒公式

1) 带佩亚诺 (Peano) 余项的泰勒公式

设函数 $f(x)$ 在 x_0 处 n 阶可导，则

$$f(x)=\sum_{k=0}^{n}\frac{f^{(k)}(x_0)}{k!}(x-x_0)^k+o((x-x_0)^n).$$

特别地 $x_0=0$, 即得麦克劳林 (Maclaurin) 公式

$$f(x)=\sum_{k=0}^{n}\frac{f^{(k)}(0)}{k!}x^k+o(x^n).$$

2) 带拉格朗日 (Lagrange) 余项的泰勒公式

设函数 $f(x)\in C_{[a,b]}^{(n)}$, 且 $f(x)\in C_{(a,b)}^{(n+1)}, x, x_0\in[a,b]$, 则

$$f(x)=\sum_{k=0}^{n}\frac{f^{(k)}(x_0)}{k!}(x-x_0)^k+\frac{f^{(n+1)}(\xi)}{(n+1)!}(x-x_0)^{n+1},$$

其中 ξ 介于 x 与 x_0 之间.

特别地 $x_0=0$, 即得麦克劳林公式

$$f(x)=\sum_{k=0}^{n}\frac{f^{(k)}(0)}{k!}x^k+\frac{f^{(n+1)}(\xi)}{(n+1)!}x^{n+1},$$

其中 ξ 介于 x 与 0 之间.

2. 幂级数展开

给定函数 $f(x)$ 及任意一点 x_0 是否能找到一个幂级数 $\sum\limits_{n=0}^{\infty}a_n(x-x_0)^n$, 在其收敛区间内的和函数恰好就是给定的函数 $f(x)$ 呢? 如果能找到这样的幂级数, 就说 $f(x)$ 在 x_0 能展开成幂级数, 而该幂级数就称为 $f(x)$ 的在该点处的幂级数展开式.

3. 傅里叶 (Fourier) 级数展开

对波的研究在物理学和工程技术中显得非常重要, 它反映了物质作周期运动的运动规律, 常常用一个以 T 为周期的周期函数 $f(t)=f(t+T)$ 来描述它. 而简谐振动是最简单的一种周期运动, 其运动规律为 $y=A\sin(\omega t+\varphi)$, 其中 y 表示动点的位置, t 表示时间, A 表示振幅, φ 是初相, ω 为角频率. 那么其他的波能否用无穷多个简谐波的叠加来表示是傅里叶 (Fourier) 级数所要解决的问题.

若函数 $f(x)$ 是以 2π 为周期的周期函数, 且在区间 $[-\pi,\pi]$ 上连续或只有有限个第一类间断点, 而且只有有限个极值点 (上述条件称为狄利克雷 (Dirichlet) 充分条件), 则有

(1) 当 x 是 $f(x)$ 的连续点时,

$$f(x)=\frac{a_0}{2}+\sum_{n=1}^{\infty}(a_n\cos nx+b_n\sin nx), \tag{3.1.1}$$

其中的系数 a_n,b_n 由式 (3.1.2) 确定

$$\begin{cases} a_n=\dfrac{1}{\pi}\displaystyle\int_{-\pi}^{\pi}f(x)\cos nx\mathrm{d}x, & n=0,1,2,\cdots, \\ b_n=\dfrac{1}{\pi}\displaystyle\int_{-\pi}^{\pi}f(x)\sin nx\mathrm{d}x, & n=1,2,\cdots, \end{cases} \tag{3.1.2}$$

式 (3.1.1) 的右端称为函数 $f(x)$ 的傅里叶级数; 式 (3.1.2) 称为傅里叶系数公式.

(2) 当 x 是 $f(x)$ 的间断点时, 傅里叶级数收敛于 $\dfrac{1}{2}[f(x-0)+f(x+0)]$.

3.1.3 实验材料

1. 编写 Mathematica 程序, 从图像上观察多项式与函数的接近或逼近

在同一坐标系里分别作出各次多项式函数与函数 $y=\sin x$ 的图像. 观察这些多项式函数的图像向 $y=\sin x$ 的图像逼近的情况.

2. 构造多项式与函数逼近

设多项式函数 $p_n(x)=a_0+a_1x+\cdots+a_nx^n$ 与函数 $f(x)$ 逼近, 则

$$a_k=\frac{f^{(k)}(0)}{k!},\quad k=0,1,\cdots,n.$$

对 $f(x)$ 分别构造各阶 (如 1 阶, 2 阶, $\cdots$, 15 阶) 麦克劳林或泰勒多项式, 并从图像观察逼近程度与范围.

3. 傅里叶级数

分别取 $n=10,20$, 画出函数 $y=\sum\limits_{k=1}^{n}1/(2k-1)\sin(2k-1)x$ 在区间 $[-3\pi,3\pi]$ 上的图像, 观察正弦波的叠加.

主要的数学软件没有专门的命令将一个周期函数进行傅里叶级数展开，但可以依据公式 (3.1.2) 和公式 (3.1.1) 编写程序将一个以 2π 为周期的周期函数展开成有限项并且不带任何余项的“傅里叶级数”. 编写程序的第一步，定义函数并输入表达式；第二步，确定有限项数 n，并赋值；按公式 $\dfrac{1}{2\pi}\displaystyle\int_{-\pi}^{\pi} f(x)\mathrm{d}x$ 计算常数项 $\dfrac{a_0}{2}$，用求定积分的命令，并记为 L；第三步，第 $i+1$ 项按公式 $\left(\dfrac{1}{\pi}\displaystyle\int_{-\pi}^{\pi} f(x)\cos ix\mathrm{d}x\right)\cos ix + \left(\dfrac{1}{\pi}\displaystyle\int_{-\pi}^{\pi} f(x)\sin ix\mathrm{d}x\right)\sin ix$ 计算；第四步，注意利用循环语句.

程序-48

编辑一个程序从图形上演示傅里叶级数逐步逼近锯齿波、三角波的过程.

3.1.4 实验解读

本实验主要做两方面的工作：一是从使用多项式函数局部逼近函数到函数的幂级数展开，理解麦克劳林 (泰勒) 多项式函数局部逼近于函数，而麦克劳林 (泰勒) 级数并不整体等于函数；二是从若干个简谐波的叠加来观察一般波的构造从而理解傅里叶级数.

3.1.5 实验计划

1. 多项式函数的局部逼近

1) 编制程序

函数 $f(x)$, $g(x)=\sin x$ 在区间 $[a\ ,\ b]$ 上图像可编写程序画出. 先定义函数 $f(x)$，并给出表达式 (多项式)；再定义函数 $g(x)$，并给出表达式 ($\sin x$)；最后用作图命令在同一坐标系画出 $f(x)$ 和 $g(x)$ 的图像，注意用不同颜色区分.

程序-49

2) 实验思路

例 3.1.1 在同一坐标系里分别作出多项式函数和函数 $y=\sin x$ 的图像. 观察这些多项式函数的图像向 $y=\sin x$ 的图像逼近的情况.

思考 哪些多项式函数能与 $y=\sin x$ 逼近？在什么范围内逼近？一般地，观察一类多项式能与哪一个函数在什么范围内逼近. (1) 我们知道 $\lim_{x\to 0}\dfrac{\sin x}{x}=1$，即 $x\to 0$ 时，$\sin x$ 与 x 等价. 于是我们先用多项式函数 $f(x)=x$ 的图像来观察向 $y=\sin x$ 的图像逼近的情况. (2) 用二次多项式函数逼近 $y=\sin x$ 我们选择

$y=x+\frac{x^2}{2}$, $y=x^2$, $y=x-\frac{x^2}{3}$ 等分别运行程序. (3) 用为奇函数的三次多项式函数逼近 $y=\sin x$ 我们选择 $y=x+x^3$, $y=x-x^3$, $y=x-\frac{x^3}{2}$, $y=x-\frac{x^3}{3}$, $y=x-\frac{x^3}{4}$, $y=x-\frac{x^3}{5}$, $y=x-\frac{x^3}{6}$, $y=x-\frac{x^3}{7}$ 等分别运行程序. (4) 用为奇函数的五次多项式函数逼近 $y=\sin x$ 我们在 $y=x-\frac{x^3}{6}$ 上加上 cx^5, 选择 $c=1$, -1, 1/6, 1/7, 1/8, 1/60, 1/100, 1/120, 1/150 分别运行程序.

例 3.1.2 在同一坐标系里分别作出多项式函数和函数 $y=\mathrm{e}^x$ 的图像. 观察这些多项式函数的图像向 $y=\mathrm{e}^x$ 的图像逼近的情况.

思考 哪些多项式函数能与 $y=\mathrm{e}^x$ 逼近? 在什么范围内逼近? 一般地, 观察一类多项式能与哪一个函数在什么范围内逼近. (1) 我们知道 $\lim\limits_{x\to 0}\frac{\mathrm{e}^x-1}{x}=1$, 即 $x\to 0$ 时, e^x 与 $1+x$ 等价. 于是我们先用多项式函数 $1+x$ 的图像来观察向 $y=\mathrm{e}^x$ 的图像逼近的情况. (2) 用二次多项式函数逼近 $y=\mathrm{e}^x$ 选择 $y=1+x+x^2$, $y=1+x-x^2$, $y=1+x+\frac{x^2}{2}$, $y=1+x+\frac{x^2}{3}$, $y=1+x-\frac{x^2}{3}$ 分别运行程序. (3) 用三次多项式函数逼近 $y=\mathrm{e}^x$ 选择 $y=1+x+\frac{x^2}{2}+x^3$, $y=1+x+\frac{x^2}{2}-x^3$, $y=1+x+\frac{x^2}{2}+\frac{x^3}{3}$, $y=1+x+\frac{x^2}{2}+\frac{x^3}{4}$, $y=1+x+\frac{x^2}{2}+\frac{x^3}{6}$, $y=1+x+\frac{x^2}{2}+\frac{x^3}{8}$ 分别运行程序. (4) 用四次多项式函数逼近 $y=\mathrm{e}^x$ 我们在 $y=1+x+\frac{x^2}{2}+\frac{x^3}{6}$ 上加上 cx^4, $c=1$, 1/2, 1/6, 1/7, 1/8, 1/10, 1/12, 1/20, 1/24 分别运行程序.

2. 麦克劳林 (泰勒) 级数的整体表示

1) 程序

程序-50

函数 $f(x)$ 的 n 阶麦克劳林公式构造的程序可以这样编写: 第一步, 定义函数 $f(x)$ 并输入表达式; 第二步, 确定有限项数 n, 并赋值; 第三步, 用命令计算 $f(x)$ 在 $x=0$ 处的 k 阶导数; 第四步, 用求和命令定义麦克劳林多项式; 第五步, 用作图命令在同一坐标系下对比函数与其麦克劳林多项式的图像.

函数 $f(x)$ 的 n 阶泰勒公式构造的程序可以这样编写：第一步，定义函数 $f(x)$ 并输入表达式；第二步，确定有限项数 n，并赋值；第三步，用命令计算 $f(x)$ 在 $x=x_0$ 处的 k 阶导数；第四步，用求和命令定义泰勒多项式；第五步，用作图命令在同一坐标系下对比函数与其麦克劳林多项式的图像.

程序-51

2) 实验思路

例 3.1.3 构造函数 $\sin x$ 的 5, 7, 9, 11, 13, 15 阶麦克劳林公式，观察函数 $\sin x$ 的各阶麦克劳林公式与 $\sin x$ 的逼近程度；观察 n 阶麦克劳林公式当 $n\to\infty$ 时的近似函数；此近似函数与函数 $\sin x$ 的比较.

解 取 $x_0=1$ 对 $\sin x$ 分别构造 1 阶, 2 阶, $\cdots$, 15 阶泰勒多项式，并从图像观察逼近程度与范围；观察 n 阶泰勒公式当 $n\to\infty$ 时的近似函数；此近似函数与函数 $\sin x$ 的比较.

再取 $x_0=\pi/3$ 对 $\sin x$ 分别构造 1 阶, 2 阶, $\cdots$, 15 阶泰勒多项式，并从图像观察逼近程度与范围；观察 n 阶泰勒公式当 $n\to\infty$ 时的近似函数；此近似函数与函数 $\sin x$ 的比较.

例 3.1.4 对函数 e^x 同例 3.1.3 一样实验.

例 3.1.5 设 $f(x)=1+x+x^2+x^3+x^4+x^{13/3}$，构造麦克劳林公式；观察阶数；从图像观察逼近程度与范围.

例 3.1.6 设 $f(x)=1/(1-x)$，构造麦克劳林公式；观察阶数，从图像观察逼近程度与范围.

3. 周期函数的傅里叶级数

1) 程序

以 2π 为周期的周期函数展开成有限阶不带任何余项的傅里叶级数的程序扫二维码可获取.

程序-52

2) 实验思路

例 3.1.7 分别取 $n=5,10,20,50,100,500$，画出函数 $y=\sum\limits_{k=1}^{n}1/(2k-1)\sin(2k-1)x$ 在区间 $[-10\pi,10\pi]$ 上的图像. 当 $n\to\infty$ 时，这个函数趋向于什么函数?

Mathematica 程序是

```
f[x_,n_]:=Sum[Sin[k*x]/k,{k,1,n,2}]
```

```
Plot[f[x,10],{x,-2Pi,2Pi}]
```

例 3.1.8 编辑一个程序从图形上演示傅里叶级数逐步逼近锯齿波

$$f(x)=\begin{cases}x+\pi, & -\pi<x\leqslant 0,\\ x, & 0<x\leqslant \pi\end{cases}$$

的过程.

解 分别取 $n=5,10,20,50,100,500$, 观察各阶傅里叶和式及其函数本身的图形. 尤其观察函数不连续点处各阶傅里叶和式的数值变化趋势.

例 3.1.9 编辑一个程序从图形上演示傅里叶级数逐步逼近三角波

$$f(x)=\begin{cases}x+\pi, & -\pi<x\leqslant 0,\\ \pi-x, & 0<x\leqslant \pi\end{cases}$$

实验计划-53

的过程.

解 分别取 $n=5,10,20,50,100,500$, 观察各阶傅里叶和式及其函数本身的图形.

详细的实验解读与实验计划读者可扫二维码获取.

3.1.6 实验过程与结果

1. 多项式函数的局部逼近

具体的实验过程与结果扫下方左边二维码.

2. 麦克劳林 (泰勒) 级数的整体表示

具体的实验过程与结果扫下方中间二维码.

3. 周期函数的傅里叶级数

具体的实验过程与结果扫下方右边二维码.

实验过程与结果-54

实验过程与结果-55

实验过程与结果-56

3.1.7 实验报告

在实验解读、实验计划以及实验过程与结果的基础上作实验结果分析与总结就形成实验报告. 具体的实验报告扫二维码获取.

3.2 初等变换与初等方阵

3.2.1 实验目的

(1) 理解初等变换的定义与性质.

(2) 理解初等方阵的定义与性质.

(3) 理解初等变换的初等方阵表示.

3.2.2 实验的基本理论及方法

以下三种变换称为矩阵的**初等行 (或列) 变换**:

(1) 对调矩阵任意第 i 行 (或列) 与第 j 行 (或列) $(r_i \leftrightarrow r_j; c_i \leftrightarrow c_j)$;

(2) 以数 $k \neq 0$ 乘矩阵第 i 行 (或列) 中所有元素 $(r_i \times k, c_j \times k)$;

(3) 将矩阵的第 j 行 (或列) 乘以数 k 加到第 i 行 (或列) 上去 $(r_i + r_j \times k; c_i + c_j \times k)$ 且初等变换是可逆的, 其逆变换为同类的初等变换. 矩阵的初等行变换与初等列变换, 统称为**初等变换**.

由 n 阶单位矩阵 $\boldsymbol{E}_n$ 经过一次初等变换所得到的方阵称为**初等矩阵**. 由三类初等变换, 可得到如下三类初等矩阵:

(1) 对调单位矩阵 $\boldsymbol{E}_n$ 第 i 行 (或列) 与第 j 行 (或列): $\boldsymbol{E}_n(i,j)$;

(2) 以数 $k \neq 0$ 乘单位矩阵 $\boldsymbol{E}_n$ 第 i 行 (或列) 中所有元素: $\boldsymbol{E}_n(i(k))$;

(3) 将矩阵的第 i 行 (或列) 乘以数 k 加到第 j 行 (或列) 上去: $\boldsymbol{E}_n^r(i(k)+j)$, $\boldsymbol{E}_n^c(i(k)+j)$.

三种初等变换对应着三种初等矩阵.

定理 3.2.1 (1) 初等矩阵均可逆, 且其逆矩阵为同类的初等矩阵;

(2) 在 $\boldsymbol{A}_{m\times n}$ 的左 (或右) 边乘以一个 m(或 n) 阶的初等矩阵, 相当于对 $\boldsymbol{A}_{m\times n}$ 作相应的初等行 (或列) 变换.

定理 3.2.2 n 阶矩阵 $\boldsymbol{A}$ 可逆 $\Leftrightarrow$ $\boldsymbol{A}$ 可表示成有限个初等矩阵的乘积.

3.2.3 实验材料

(1) 对一个四阶单位矩阵施行初等行 (或列) 变换, 先计算其行列式, 再求它们的逆矩阵, 最后比较初等矩阵与初等矩阵的逆矩阵.

(2) 对一个矩阵 (例如, $\begin{pmatrix} 1 & 3 \\ 7 & 2 \end{pmatrix}$, $\begin{pmatrix} a_{11} & a_{12} & a_{13} \\ a_{21} & a_{22} & a_{23} \end{pmatrix}$) 施行一次初等行变换, 再用一个相应的初等矩阵左乘这个矩阵, 比较两次运算结果. 同样地, 对一个矩阵施行一次初等列变换, 再用一个相应的初等矩阵右乘这个矩阵, 比较两次运算结果.

(3) 对一个方阵 (例如, $\begin{pmatrix} 9 & 3 \\ 7 & 2 \end{pmatrix}$), 计算其行列式. 如果行列式不等于 0, 那么此方阵可逆. 利用初等行 (或列) 变换, 判断方阵的可逆性, 如可逆, 求出逆矩阵.

(4) 把一个可逆方阵 (例如, $\begin{pmatrix} 9 & 3 \\ 7 & 2 \end{pmatrix}$) 分解为若干初等矩阵的乘积.

(5) 对一个矩阵 (例如, $\begin{pmatrix} 1 & 3 & 5 & 7 & 9 \\ 2 & 4 & 6 & 8 & 10 \\ 3 & 5 & 7 & 9 & 11 \\ 2 & -1 & 5 & 8 & 4 \end{pmatrix}$)施行若干次初等行 (列) 变换而化为阶梯形矩阵, 并求出秩.

3.2.4 实验解读

本实验主要做两方面的工作：一是理解初等矩阵的性质；二是理解初等变换的初等矩阵表示, 掌握用初等变换求逆矩阵、初等矩阵分解、化阶梯形矩阵及求秩的方法.

3.2.5 实验计划

1. 初等矩阵的性质

1) 程序

对于矩阵 $\boldsymbol{A}$, Mathematica 计算矩阵 $\boldsymbol{A}$ 的行列式和逆矩阵的命令为 Det[A] 和 Inverse[A]; MATLAB 计算矩阵 $\boldsymbol{A}$ 的行列式和逆矩阵的命令则为 det(A) 和

inv(A).

2) 实验思路

例 3.2.1 对于四阶单位矩阵 $\boldsymbol{E}_4$, 写出经一次初等变换的初等矩阵, 分别计算各初等矩阵的行列式及逆矩阵, 并把初等矩阵和它的逆矩阵比较. 再对三阶单位矩阵、5 阶单位矩阵进行同样的实验.

2. 初等变换的初等矩阵表示及应用

1) 程序

对于矩阵 $\boldsymbol{A}$ 和 $\boldsymbol{B}$, 其乘积 $\boldsymbol{AB}$ 的 Mathematica 命令为 A · B, 而 MATLAB 命令为 A ∗ B.

2) 实验思路

例 3.2.2 对矩阵 $\begin{pmatrix} 1 & 3 \\ 7 & 2 \end{pmatrix}$, $\begin{pmatrix} a_{11} & a_{12} & a_{13} \\ a_{21} & a_{22} & a_{23} \end{pmatrix}$ 施行一次初等行变换, 再用一个相应的初等矩阵左乘这个矩阵, 比较两次运算结果. 同样地, 对一个矩阵施行一次初等列变换, 再用一个相应的初等矩阵右乘这个矩阵, 比较两次运算结果.

例 3.2.3 对于三阶矩阵 $\boldsymbol{B} = \begin{pmatrix} 1 & 2 & 0 \\ 3 & 4 & 0 \\ 5 & 6 & 1 \end{pmatrix}$, 求逆矩阵, 并对其进行初等分解.

考虑其他方阵.

例 3.2.4 对矩阵 $\boldsymbol{C} = \begin{pmatrix} 1 & 3 & 5 & 7 & 9 \\ 2 & 4 & 6 & 8 & 10 \\ 3 & 5 & 7 & 9 & 11 \\ 2 & -1 & 5 & 8 & 4 \end{pmatrix}$ 施行若干次初等行 (列) 变换而化为阶梯形矩阵, 并求出秩.

考虑其他矩阵.

3.3 频率与概率

3.3.1 实验目的

(1) 理解频率的定义与性质.

(2) 理解概率的古典定义.

(3) 理解频率的稳定性及概率的统计定义.

3.3.2 实验的基本理论及方法

定义 3.3.1 为了研究事件 A, 进行 n 次试验, 观察事件 A 发生的次数. 若在这 n 次试验中事件 A 发生了 m 次, 则称 $f_n(A) = m/n$ 是事件 A 在这 n 次试验中发生的**频率**.

定义 3.3.2 假设某一试验满足下面的条件:

(1) 它的全部可能结果只有有限个, 设此数为 N;

(2) 每个结果等可能出现, 则一个恰好包含 M 个结果的事件 A 的**概率**定义为

$$P(A) = \frac{M}{N}.$$

定理 3.3.1 (伯努利 (Bernoulli) 大数定律) 对几乎任何一组试验, 当试验次数 n 趋向无穷时, 事件 A 发生的频率 $f_n(A)$ 趋向于一个确定的数 $P(A)$.

由定理 3.3.1 就可以把在 n 次试验中事件 A 发生的频率 $f_n(A)$ 作为事件 A 发生的概率 $P(A)$ 的近似估计.

对于概率, 常采用随机模拟的方法观察频率的变化趋势.

3.3.3 实验材料

例 3.3.1 甲、乙两位棋手棋艺相当. 现他们在一项奖金为 1000 元的比赛中相遇, 比赛为五局三胜制. 已经进行了三局的比赛, 结果为甲二胜一负. 现因故要停止比赛, 问应该如何分配这 1000 元比赛奖金才算公平?

平均分对甲欠公平, 全归甲则对乙欠公平. 合理的分法是按一定的比例分配而甲拿大头. 一种看来合理的分法是按已胜局数分, 即甲拿 2/3, 乙拿 1/3. 这种分法合理吗?

例 3.3.2 在计算机上列举出同时抛掷三颗骰子的所有可能结果, 比较在一次试验中掷出的点数和为 9 与和为 10 这两个事件何者更容易发生.

例 3.3.3 利用概率的古典定义计算在抛掷一对骰子的试验中, 哪一种点数和出现的概率最大? 哪一种点数和出现的概率最小?

例 3.3.4 试计算下列两个事件的概率, 并比较它们的大小.

(1) 掷 4 次骰子, 至少有一次出现一点;

(2) 抛掷一对骰子 24 次, 至少有一次出现两个一点.

例 3.3.5 在平面上的区域 $[-1,1]\times[-1,1]$ 中随意地选取一点, 问“选取的点落在单位圆内”这个事件 A 的概率是多少?

例 3.3.6 设 p 是区间 [0, 1] 内任一实数. 在区间 [0, 1] 内取随机数 λ, 则 $\lambda \leqslant p$ 的概率应等于 p. 取 $n = 100$, 1000, 10000 个这样的随机数 λ, 计算 $\lambda \leqslant p$ 的次数 m, 看 m/n 是否接近于 p.

3.3.4 实验解读

本实验主要验证概率与频率的关系. 首先, 对随机事件 A 做理论上的研究, 得出随机事件 A 的概率; 其次, 利用计算机模拟随机事件发生的频率, 模拟过程主要是通过改变试验次数 n 的值, 得到不同的频率值, 进而将这些不同的频率值与概率值比较, 从而达到验证“频率稳定于概率”这一结论的目的.

3.3.5 实验计划

1. 古典概率与频率

1) 程序

例 3.3.1 至例 3.3.4 的程序扫右侧二维码获取.

程序-58

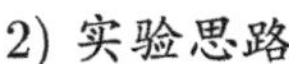

2) 实验思路

首先, 利用古典概率的定义计算概率, 其次, 利用计算机模拟随机事件发生的频率. 改变 n 的值, 得到了多个频率值, 将频率值与概率值比较, 随着 n 的增大, 频率值是否接近于概率值, 即频率依概率收敛于概率 (服从大数定律).

2. 几何概率与频率

1) 程序

例 3.3.5 的程序扫右侧二维码获取.

程序-59

2) 实验思路

平面上的正方形 $[-1,1]\times[-1,1]$ 中的每一点 (x,y) 都是一个可能的试验结果, 而这个正方形就是全部可能的结果之集. “在平面上的区域 $[-1,1]\times[-1,1]$ 中随意地选取一点”一语, 可以理解为这正方形内任一点都是等可能的. 按约定, 只有在点 (x,y) 落在单位圆内时, 事件 A 才发生. 因正方形内包含无限个点, 古典概率定义无法使用. 于是, 把“等可能性”这概念按本问题的特点引申一下: 正方形内同样的面积有同样的概率. 全正方形的面积为 $2\times2 = 4$, 而单位圆的面积为 π. 按上述引申了的原则, 算出事件 A 的概率 $P(A) = \pi/4$.

这样算出的概率被称为“几何概率”, 是因为它是基于几何图形的长度、面积、体积等而算出来的. 就本例而言, 重要之处在于将等可能性解释或引申为“等面积, 等概率”.

改变 n 的值, 得到了多个频率值, 将频率值与概率值比较, 看随着 n 的增大, 频率值是否接近于概率值, 即频率依概率收敛于概率 (服从大数定律).

3. 概率的统计定义

1) 程序

例 3.3.6 的程序扫右侧二维码获取.

程序-60

2) 实验思路

先固定 $p = 0.2$, 再改变 n 的值, 得到了多个频率值, 将频率值与 p 值比较, 看随着 n 的增大, 频率值是否接近于 p 值.

改变 p, 如 $p = 0.1, 0.37$ 或 $\pi/6$, 再改变 n 的值. 得到了多个频率值, 将频率值与 p 值比较, 看随着 n 的增大, 频率值是否接近于 p 值.

第4章

探索实验

探索实验是对所给定的问题，通过了解问题产生的背景，依据一定的实验原理和方法，在计算机上计算或作图，通过观察实验结果去发现和总结其中的规律. 即使总结不出来也没有关系，留待将来再学，有兴趣的学生可以自己去找参考书寻找答案. 本来实验结果一般都可以用理论推导出来，但这绝不是本课程的目的，教师不作这种理论推导，预先不告诉学生实验的结果，实验结果让学生自己去观察得出.

本章通过圆周率的数值计算、最速降线两个问题来介绍探索实验的方法，让同学们体会探索实验的过程尤其是如何从实验结果去发现和总结其中蕴涵的规律或结论.

应当说明，由学生完成探索实验，教师简要地提出问题，适当介绍问题的背景，讲解主要的实验原理和方法，然后就要由学生自己动手去做，自己去观察，通过观察得出结论.

4.1 π 的计算

4.1.1 实验背景与实验目的

同学们知道，圆周率 π 是平面上圆的周长与直径之比，它等于 $3.1415926\cdots$. 古人最初把 3 作为它的近似值，古希腊著名科学家阿基米德 (Archimedes) 得到 $223/71 < \pi < 22/7$. 中国古典数学理论的奠基人之一、魏晋期间伟大的数学家刘徽，创立了割圆术而计算得到圆周率的近似值为 3.14. 南北朝数学家祖冲之得到 π 的近似值位于 22/7 (约率) 和 355/113 (密率) 之间，后者化为小数后等于 $3.141592\cdots$，与 π 的准确值的误差在 10^{-6} 以下.

同学们是否知道怎样计算 π 的近似值? 是否尝试过利用所学数学知识来计算

π 的近似值, 自己当一回科学家或数学家? 我们建议用下面几种方法, 这些方法很简单, 一学就会, 同学们不妨在计算机上试一试, 体验一下自己得到 π 值时的喜悦. 相信同学们学会这些方法之后不会满足于只用来计算 π, 而会利用它们来做别的事情. 例如, 研究各种方法产生的误差. 同学们也可以自己想出其他方法来计算 π. 当然, 现在有更快更好的方法计算 π, 可以计算出 π 的十万位以上的近似值. 这些方法很复杂, 这里不再介绍. 同学们如果有兴趣, 可以查阅有关文献资料.

4.1.2 实验原理与实验方法

1. 数值积分法

由于定积分 $\int_0^1 [1/(1+x^2)]\mathrm{d}x=\pi/4$, 计算出这个积分的数值, 也就得到了 π 的值.

计算定积分 $\int_a^b f(x)\mathrm{d}x$, 可用梯形公式近似计算. 如果要准确些, 可用辛普森 (Simpson) 公式, 具体公式如下:

梯形公式 设分点 $x_1,\cdots,x_{n-1}$ 将积分区间 $[a,b]$ n 等分, 即 $x_i=a+i(b-a)/n$, $0\leqslant i\leqslant n$, 所有的曲边梯形的宽度都是 $h=(b-a)/n$. 记 $y_i=f(x_i)$, 则第 i 个曲边梯形的面积 A 近似地等于梯形面积 $(y_{i-1}+y_i)h/2$. 将所有这些梯形面积 A 加起来就得到

$$A\approx\frac{b-a}{n}\left[y_1+y_2+\cdots+y_{n-1}+\frac{y_0+y_n}{2}\right]$$

就是梯形公式.

辛普森公式 仍用分点 $x_i=a+i(b-a)/n, 0\leqslant i\leqslant n$, 将区间 $[a,b]$ n 等分, 直线 $x=x_i(1\leqslant i\leqslant n-1)$ 将曲边梯形分成 n 个小曲边梯形. 再作每个小区间 $[x_{i-1},x_i]$ 的中点 $x_{i-1/2}=a+(i-1/2)(b-a)/n(1\leqslant i\leqslant n)$. 将第 i 个小曲边梯形的上边界 $y=f(x)$, $x\in[x_{i-1},\ x_i]$ 近似地看作经过三点 $(x_{i-1},f(x_{i-1}))$, $(x_{i-1/2},f(x_{i-1/2}))$, $(x_i,\ f(x_i))$ 的抛物线段, 则求得面积 A_i 近似为

$$A_i\approx\frac{b-a}{6n}(y_{i-1}+4y_{i-1/2}+y_i),$$

其中 $y_{i-1/2}=f(x_{i-1/2})$, 于是得到

$$A\approx\frac{b-a}{6n}[(y_0+y_n)+2(y_1+y_2+\cdots+y_{n-1})+4(y_{1-1/2}+y_{2-1/2}+\cdots+y_{n-1/2})],$$

这就是辛普森公式.

2. 泰勒级数法

利用反正切函数的泰勒级数

$$\arctan x = x - \frac{x^3}{3} + \frac{x^5}{5} - \cdots + (-1)^{k-1}\frac{x^{2k-1}}{2k-1} + \cdots$$

计算 π, 即将 $x=1$ 代入上面的级数可以得到

$$\frac{\pi}{4} = 1 - \frac{1}{3} + \frac{1}{5} - \cdots + (-1)^{k-1}\frac{1}{2k-1} + \cdots.$$

这似乎可以用来计算 π, 但是, 这个无穷级数收敛太慢, 不实用. 要使泰勒级数收敛快, $|x|$ 应当比 1 小, 最好是远比 1 小. 比如, arctan 1/5 就收敛得较快. 由于 $\tan 4\alpha = 120/119 \approx 1$, $4\alpha \approx \pi/4$, 可以用 4α 作 $\pi/4$ 的近似值. 但这还不够准确. 用误差 $\beta = 4\alpha - \pi/4 = \arctan 1/239$ 对 4α 进行修正, 于是得

$$\pi = 16\arctan\frac{1}{5} - 4\arctan\frac{1}{239},$$

这称为 Maqin 公式. 利用 $\arctan x$ 的泰勒展开式求出 arctan 1/5, arctan 1/239 的近似值, 就可以由 Maqin 公式求出 π 的近似值了.

泰勒级数是无穷级数, 实际计算时只能取它的前 n 项, 导致截断误差

$$\varepsilon_n = \left|\arctan x - \left(x - \frac{x^3}{3} + \frac{x^5}{5} - \cdots + (-1)^{n-1}\frac{x^{2n-1}}{2n-1}\right)\right|,$$

由于是交错级数, 当 $|x| < 1$ 时, 可以简单地用 $\varepsilon_n < |x|^{2n-1}/(2n-1)$ 来估计截断误差.

3. 蒙特卡洛法

蒙特卡洛 (Monte Carlo) 法即用随机投点的方法来求单位圆面积 π 的近似值, 具体方法如下.

在平面直角坐标系中, 以 $O(0,0)$, $A(1,0)$, $C(1,1)$, $B(0,1)$ 为 4 个顶点作一个正方形, 其面积 $A=1$. 以原点 O 为圆心的单位圆在这个正方形内的部分是圆心角为直角的扇形, 面积为 $A_1 = \pi/4$. 在这个正方形内随机地投入 n 个点, 设其中有 m 个点落在单位扇形内, 则

$$\frac{m}{n} \approx \frac{S_1}{S} = \frac{\pi}{4}, \quad \pi \approx \frac{4m}{n}.$$

随机投点可以这样来实现：任意产生区间 $[0,1]$ 内的一组随机数 x ,y, 则 $(x\ ,y)$ 就代表一个随机点 P 的坐标. 这个点落在单位扇形内的充分必要条件是 $x^2+y^2\leqslant 1$.

4. 基于初等几何的迭代法

初等几何中与 π 有关的知识——圆周长公式 $C=2\pi R$, 圆面积公式 $S=\pi R^2$.

求 π 的近似值问题转化为求圆周长或圆面积的近似值问题, 并进一步利用圆内接和外切正多边形边数增加时的周长或面积来求 π 的近似值. 利用计算机计算, 发现其收敛速度太慢.

古代刘徽利用割圆术来求 π 的近似值, 利用计算机计算, 发现速度有所加快, 但仍然比较慢.

如果利用圆内接正 n 多边形, 则其内切圆的半径 r_n、面积 S_n、周长 C_n 随正多边形边数增加而增加; 如果利用圆外切正 n 多边形, 则其外接圆的半径 R_n、面积 S_n'、周长 C_n' 随正多边形边数增加而减少.

如果一开始考虑单位正方形, 依次作出等周正八边形, 正十六边形, 正三十二边形, 正六十四边形, $\cdots$, 正 $4\times 2^{n-1}$ 边形, $\cdots$, 那么在计算机上运行相应的 Mathematica 程序后可以看出数列 $r_n, R_n, r_{2n}, R_{2n},\cdots$ 的极限为 $2/\pi$; 而数列 S_n, S_n', S_{2n}, S_{2n}', $\cdots$ 和数列 C_n, C_n', C_{2n}, C_{2n}' 的极限都为 $\pi/2$.

结论 数列 $r_n, R_n, r_{2n}, R_{2n},\cdots$, 数列 $1/S_n, 1/S_n', 1/S_{2n}, 1/S_{2n}',\cdots$ 和数列 $1/C_n', 1/C_n, 1/C_{2n}', 1/C_{2n},\cdots$ 都收敛, 极限都为 $2/\pi$.

由此可得收敛速度加快的求 π 的近似值的迭代方法——等周法、面积法、周长法.

4.1.3 实验解读

本实验是利用数值积分法、泰勒级数法、蒙特卡洛法、基于初等几何的迭代法计算 π 的近似值, 比较各方法的优劣, 探索误差的规律.

4.1.4 实验计划

1. 数值积分法

1) 程序

程序-62

利用梯形公式计算积分 $\int_a^b f(x)\mathrm{d}x$, 可这样编写程序：第一步, 对积分下限 a、上限 b 赋值; 第二步, 对积分区间 n 等分及有效数

字 k 赋值; 第三步, 定义函数 $f(x)$; 第四步, 用求和命令, 依据梯形公式计算积分 $\int_a^b f(x)\mathrm{d}x$ 近似值; 第五步, 把不同计算结果列表显示.

利用辛普森公式计算积分 $\int_a^b f(x)\mathrm{d}x$, 可这样编写程序：第一步, 对积分下限 a、上限 b 赋值; 第二步, 对积分区间 n 等分及有效数字 k 赋值; 第三步, 定义函数 $f(x)$; 第四步, 用求和命令, 依据辛普森公式计算积分 $\int_a^b f(x)\mathrm{d}x$ 近似值; 第五步, 把不同计算结果列表显示.

程序-63

要分析 n 与误差 r_n 的关系, 需要作曲线拟合. 可以这样编写程序：第一步, 以 n 为变量定义误差函数 $r(n)$; 第二步, 用命令列表显示误差; 第三步, 用命令画散点图; 第四步, 用命令作拟合; 第五步, 作拟合曲线图形; 第六步, 显示比较.

程序-64

2) 实验思路

选取不同的 n, 对积分 $\int_0^1 [1/(1+x^2)]\mathrm{d}x$ 分别用梯形公式和辛普森公式计算 π 的近似值.

误差的实际观察：选取 $n=1000, 10000, 100000, \cdots$, 观察 n 值的增加所导致的 π 的近似值 $s(n)$ 的变化情况, 直到 n 的增加所导致的 $s(n)$ 的变化小于给定的误差界. 比较同一个 n 值下梯形公式和辛普森公式计算结果的差别, 对两个方法的精度差别获得一个感性认识.

画 n 与 r_n 的散点图, 并利用散点图寻找合适的模拟函数来拟合 n 与 r_n 的函数关系. 参考教科书或参考资料, 从理论上分析计算误差与 n 的关系, 与拟合结果相比较.

设计类似的方法计算 $\ln 2$.

2. 泰勒级数法

1) 程序

利用 Maqin 公式求出 π 近似值, 可这样编写程序：第一步, 对 n 及有效数字 k 赋值; 第二步, 定义函数 $f(x)=\arctan x$; 第三步, 用级数展开命令, 定义函数 $\arctan x$ 的 n 阶展开式 (注：也可以不定义函数, 直接写函数 $\arctan x$ 的 n 阶展开式); 第四步, 利用

程序-65

Maqin 公式定义函数求 π 的近似值.

程序-66

要分析 n 与误差 r_n 的关系, 需要作曲线拟合. 可以这样编写程序: 第一步, 以 n 为变量定义误差函数 $r(n)$; 第二步, 用命令列表显示误差; 第三步, 用命令画散点图; 第四步, 用命令作拟合; 第五步, 作拟合曲线图形; 第六步, 显示比较.

2) 实验思路

选取不同的 n, 利用 Maqin 公式, 计算 π 的近似值.

与 π 的准确值比较, 并与数值积分法得到的结果比较.

误差的实际观察: 选取 $n = 1000, 10000, 100000, \cdots$, 观察 n 值的增加所导致的 π 的近似值 $\mathrm{ms}(n)$ 的变化情况.

画 n 与 r_n 的散点图, 并利用散点图寻找合适的模拟函数来拟合 n 与 r_n 的函数关系. 参考教科书或参考资料, 从理论上分析计算误差与 n 的关系, 与拟合结果相比较.

如果要计算 π 的前 15 位数字, 计算 $\arctan 1/5$ 和 $\arctan 1/239$ 应当取到幂级数展开式的多少项? 取几千或几万项是否就能得到高精度的 π 值?

设计类似的方法计算 $\ln 2$.

3. 蒙特卡洛法

1) 程序

程序-67

蒙特卡洛法求 π 的近似值的基本原理, 使用随机生成数命令, 利用条件语句、循环语句可以编写程序.

2) 实验思路

取不同的 n 做上面的实验. 将所得的 π 的近似值记录下来, 与已知的 π 的值比较.

观察 n 的大小对所得结果的精度的影响. 可以看到: n 太小, 精度太差. 但如果 n 太大, 从计算机上所得的不是真正的随机数, 效果仍不理想. 总的说来, 这个方法的精度是差的.

3) 实验改进

另一种用蒙特卡洛法来计算 π 的方法是 1777 年法国数学家蒲丰 (Buffon) 提出的随机掷针实验. 其步骤如下:

(1) 取一张白纸, 在上面画许多间距为 d 的等距平行线;

(2) 取一根长度为 $l\ (l < d)$ 的均匀直针, 随机地向画有平行线的纸上掷去, 一共投掷 n 次 (n 是一个很大的整数), 观察针和直线相交的次数 m;

(3) 由分析知道针和直线相交的概率 $p = 2l/(\pi d)$, 取 m/n 为 p 的近似值, 则

$$\pi \approx \frac{2nl}{md},$$

特别取针的长度 $l = d/2$ 时, $\pi \approx n/m$.

真正去做大量掷针的实验是很费时间的. 请设计一个方案, 用计算机模拟蒲丰掷针实验, 得出 π 的近似值.

第三种用蒙特卡洛法来计算 π 的方法是利用随机整数互素的概率. 取一个大的整数 N, 在 1 到 N 之间随机地取一对整数 a , b, 找出它们的最大公约数 (a,b). 当 $(a,b)=1$ 时称 a, b **互素**. 做 n 次这样的实验, 记录其中 $(a,b)=1$ 的情况出现的次数 m, 算出 m/n 的值.

理论分析指出随机整数互素的概率

$$p = \frac{1}{\dfrac{1}{1^2}+\dfrac{1}{2^2}+\dfrac{1}{3^2}+\cdots} = \frac{6}{\pi^2},$$

因而

$$\pi \approx \sqrt{\frac{6n}{m}}.$$

请设计一个方案, 用计算机模拟随机整数互素实验, 得出 π 的近似值.

4. 基于初等几何的迭代法

1) 程序

依据等周法、面积法与周长法计算 π 的近似值的原理, 利用循环语句可以编写程序.

程序-68

2) 实验思路

基于等周法、面积法、周长法的 Mathematica 程序, 通过改变循环次数 (迭代次数) 而得到大量的数据结果. 然后分析实验数据, 发现一些规律并尝试理论证明.

计算用等周法、面积法、周长法求 π 的近似值的误差. 针对迭代次数, 从散点图来认识误差随迭代次数的增加而减少的依赖关系, 多次使用各类曲线与散点图对比, 借助于曲线拟合寻求到误差与迭代次数的函数关系. 对使用曲线拟合而得到的误差与迭代次数的函数关系进行理论推导和证明.

4.1.5 实验结果与探索结论

这里只给出基于初等几何的迭代法的部分实验结果与探索结论. 运行等周法 (对于面积法与周长法同样) 的 Mathematica 程序得到数据结果 (省略). 由实验结果, 有如下不等式.

定理 4.1.1 (1) $R_{2n}-r_{2n}<\dfrac{1}{4}(R_n-r_n)$;

(2) $S'_{2n}-S_{2n}<\dfrac{1}{4}(S'_n-S_n)$;

(3) $C'_{2n}-C_{2n}<\dfrac{1}{4}(C'_n-C_n)$.

对于精度 10^{-N}, 三种方法迭代次数的下界分别为 $[N+\ln(4-2\sqrt{2})]/\ln 4$, $(N+\ln 2)/\ln 4$, $[N+\ln(4\sqrt{2}-4)]/\ln 4$. 因此有

定理 4.1.2 在给定相同精度 (10^{-N}) 情况下, 周长法、等周法、面积法的收敛速度一致.

对面积法的迭代次数 n 与 ε_n 之间的关系, 通过散点图, 曲线拟合而实现 (等周法、周长法同理).

由 Mathematica 程序 (实际上要寻找大量的拟合函数) 得到面积法 (n,ε_n) 的关系式为 $\varepsilon_n=-5.78674\times10^{-11}+31.0063n^{-2}$.

由 $\varepsilon_n=\pi-2S'_{4\cdot2^n}\approx2(S'_{4\cdot2^n}-S_{4\cdot2^n})$ 及定理 4.1.2 有 $\varepsilon_n\approx32/n^2$. 理论结果与实验结果基本吻合.

4.2 最 速 降 线

4.2.1 实验问题与实验目的

意大利科学家伽利略 (Galileo) 在 1630 年提出了一个分析学问题: A, B 是重力场中给定的两点, A 点高于 B 点. 一个在 A 点静止的质点在重力作用下沿着怎样的路线 C 无摩擦地从 A 点滑到 B 点, 才能使所花费的时间 T 最短? 使 T 最短的曲线 C 称为**最速降线**.

显然, 直线不是最速降线, 伽利略认为是圆弧, 可是这是一个错误的答案. 1696 年瑞士数学家约翰 · 伯努利 (Johann Bernoulli) 再次提出最速降线问题, 向当时的著名科学家挑战. 1697 年, 牛顿 (Newton)、莱布尼茨 (Leibniz)、洛必达 (L'Hospital) 等 5 位数学家独立地得出正确的解答：最速降线是连接两个点上凹的一段旋轮线.

下面设计实验, 确定精确的最速降线到底是什么样的曲线.

4.2.2　实验原理与实验方法

1. 时间的计算

不妨以 A 为原点, 以向下的方向为 y 轴的正方向, 在 A, B 与 y 轴所在的平面内建立平面直角坐标系, 使 B 点的 x 坐标 a 和 y 坐标 h 都是正实数. 对从 A 到 B 的任一条曲线 $y=f(x)$, $x\in[0,a]$, 来计算质点沿此曲线由 A 到 B 所花的时间 T.

由 A 到 B 的最短路径是直线段 $y=(h/a)x$, 质点沿直线段 AB 的运动是匀加速运动. 质点在 A, B 两点的速度 (实际上是速度的大小, 下同.) 分别是 $v_A=0$, $v_B=\sqrt{2gh}$, 质点在整个直线段 AB 的平均速度 $\bar{v}=(v_A+v_B)/2=\sqrt{2gh}/2$, 总时间 $T=|AB|/\bar{v}=\sqrt{2(a^2+h^2)/(gh)}$.

质点沿着曲线 L: $y=f(x)$ 从 A 到 B 所花的时间 T 依赖于 L 的选取. 质点在曲线上坐标为 (x,y) 的点 P 的速度为 $v_P=\sqrt{2gy}$.

为了计算总时间 T, 可在 x 的取值区间 $[0,a]$ 内插入 $n-1$ 个分点 x_k, $k=1,2,\cdots,n-1$ 使 $0=x_0<x_1<x_2<\cdots<x_{n-1}<x_n=a$, 这样就将 $[0,a]$ 分成 n 个小段 $[x_{k-1},x_k]$, 每小段长度 $d_k=x_k-x_{k-1}$. 通常可设 $x_1,x_2,\cdots,x_{n-1}$ 将区间 $[0,a]$ 分成 n 等份, 即所有 d_k 相等, 等于 a/n, 而 $x_k=ka/n$, $k=0,1,2,\cdots,n$. 如果曲线用参数方程

$$x=x(u),\quad y=y(u),\quad u\in[u_0,U]$$

给出, 并且 x 是 u 的增函数, 则可在 u 的变化区间 $[u_0,U]$ 中插入 $n-1$ 个分点 $u_k=u_0+k(U-u_0)/n$, $k=1,2,\cdots,n-1$ 将这个区间分成 n 等份, 则在 x 变化区间 $[0,a]$ 得到相应的 $n-1$ 个点 $x_k=x(u_k)$, $k=1,2,\cdots,n-1$ 将 $[0,a]$ 分成 n 小段.

将 x 的变化区间 $[0,a]$ 分成 n 个小区间之后, 曲线 L 相应地被分成 n 小段 L_k: $y=f(x)$, $x\in[x_{k-1},x_k]$, $k=1,2,\cdots,n$. 对每个 k, $k=0,1,2,\cdots,n$,

记 $y_k = f(x_k)$, 记 A_k 的坐标为 (x_k, y_k). 注意 $y_0 = 0$ 和 $y_n = h$ 不能改变, $A_0 = A$, $A_n = B$ 是固定点, 而其余 A_k 及其纵坐标 y_k 随着曲线 L 的不同选取而改变. 曲线 L 被分成的每小段 L_k 的起点和终点分别是 A_{k-1} 和 A_k. 如果 n 比较大, 并且每个 d_k 都比较小, 则 L_k 可近似地看成从 A_{k-1} 到 A_k 的直线段, 质点在 A_{k-1}, A_k 两点的速度分别是 $\sqrt{2gy_{k-1}}$, $\sqrt{2gy_k}$, 在直线段 $A_{k-1}A_k$ 内的平均速度为 $\left(\sqrt{2gy_{k-1}} + \sqrt{2gy_k}\right)/2$, 质点经过这条直线段的时间是 $\tilde{T}_k = 2\sqrt{d_k^2 + (y_k - y_{k-1})^2}/(\sqrt{2gy_{k-1}} + \sqrt{2gy_k})$, 总时间 T 近似地等于 $\tilde{T} = \sum\limits_{k=1}^{n} \tilde{T}_k$, 而准确的总时间 $T = \lim\limits_{n\to\infty} \tilde{T} = \displaystyle\int_0^a \sqrt{(1+y'^2)/(2gy)}\mathrm{d}x$. 可用求原函数的方法或数值方法 (如梯形公式或辛普森公式) 求出 T 的值.

如果曲线 L 由参数方程 $x=x(u), y=y(u), u \in [u_0, U]$ 给出, 且 $x=x(u)$ 是区间 $[u_0, U]$ 上的单调递增可微函数, 则 $T=\displaystyle\int_{u_0}^{U} \sqrt{[(x'(u))^2 + (y'(u))^2]/[2gy(u)]}\mathrm{d}u$.

2. 寻找最速降线

总时间 T 依赖于曲线 L 的选取. 取定一个 n, 在区间 $[0,a]$ 中插入 $n-1$ 等分点 $x_k = ka/n$, $k = 1, 2, \cdots, n-1$, 从而在曲线上得到相应的 $n-1$ 个分点 $A_k(x_k, y_k)$, $k = 1, 2, \cdots, n-1$, 则 L 可近似地看作折线 $AA_1A_2\cdots A_{n-1}B$, 而 T 可近似地看作各分点的纵坐标 y_k, $k = 1, 2, \cdots, n-1$ 的函数

$$T = T(y_1, y_2, \cdots, y_{n-1}) = \sum_{k=1}^{n} \frac{2\sqrt{d^2 + (y_k - y_{k-1})^2}}{\sqrt{2gy_{k-1}} + \sqrt{2gy_k}},$$

其中 $d = x_k - x_{k-1} = a/n$. 问题就变成求这个 $n-1$ 元函数的最小值.

3. 最速降线的形状

前面用求多元函数极值的数值方法求得了最速降线的近似形状, 但希望知道: 精确的最速降线到底是什么曲线? 它的曲线方程是什么?

光总是走最省时间的路线. 由此想到, 可以让质点模仿光的行为, 按照光的折射定律运行, 这样走出的就应当是最速降线.

模拟过程实际上是产生点列 $A_k(x_k, y_k)(k = 1, 2, \cdots, n-1)$ 的过程. 建立平面直角坐标系, 设 A 为原点, B 为 (a, h), 将带状区域 $0 < y < h$ 用平行于 x 轴的直线 $y = y_k = kh/n = kd$ $(d = h/n)$, 把这区域分成 n 个带状小区域, 在带状域

$y_{k-1} < y < y_k$ 速度可近似为 $v_k = \sqrt{2gy_k}$. 而曲线段 i 近似认为是直线段, 其长度为 $\sqrt{(x_i - x_{i-1})^2 + d^2}$, 于是质点从 A 到 B 所需时间近似为 $(x_0 = 0, x_n = a)$

$$T = \sum_{i=1}^{n} \frac{\sqrt{(x_i - x_{i-1})^2 + d^2}}{\sqrt{2gy_i}}.$$

要使 T 最小, 相当于求多元函数的极值, 因此令

$$\frac{\partial T}{\partial x_i} = 0, \quad i = 1, 2, \cdots, n-1,$$

即

$$-\frac{x_{i+1} - x_i}{v_{i+1}[(x_{i+1} - x_i)^2 + d^2]^{1/2}} + \frac{x_i - x_{i-1}}{v_i[(x_i - x_{i-1})^2 + d^2]^{1/2}} = 0, \quad i = 1, 2, \cdots, n-1.$$

令

$$\begin{aligned}\frac{x_1 - x_0}{v_1[(x_1 - x_0)^2 + d^2]^{\frac{1}{2}}} &= \frac{x_2 - x_1}{v_2[(x_2 - x_1)^2 + d^2]^{\frac{1}{2}}} = \cdots \\ &= \frac{x_i - x_{i-1}}{v_i[(x_i - x_{i-1})^2 + d^2]^{\frac{1}{2}}} = \frac{x_{i+1} - x_i}{v_{i+1}[(x_{i+1} - x_i)^2 + d^2]^{\frac{1}{2}}} \\ &= \cdots = \frac{x_n - x_{n-1}}{v_n[(x_n - x_{n-1})^2 + d^2]^{\frac{1}{2}}} = c,\end{aligned}$$

于是有

$$x_i = x_{i-1} + \frac{cv_i d}{\sqrt{1 - c^2 v_i^2}}, \quad i = 1, 2, \cdots, n, \tag{4.2.1}$$

由此得到

$$a = cd \sum_{i=1}^{n} \left(\frac{v_i}{\sqrt{1 - c^2 v_i^2}} \right).$$

用二分法求出 c 值, 再将 c 代入式 (4.2.1) 即得 $x_i (i = 1, \cdots, n-1)$, 将 $(x_i, y_i)(i = 0, 1, \cdots, n)$ 用曲线连接即得拟合最速降线, 再求出时间 T.

4.2.3 实验分析

要解决最速降线的形状问题. 可以先猜测最速降线的形状：直线、圆弧、抛物线.

可以用折线来推知最速降线不是直线、圆弧、抛物线. 从而可知最速降线是形状不一般的曲线.

受折线的启发, 从微分的角度看, 最速降线近似于多段折线. 对于多段 (例如, n 段) 折线, 如果能确定除端点外的其余 $n-1$ 个点的话, 则此折线也就确定了. 这 $n-1$ 个点可以这样来确定: 在区间 $[0,a]$ 中插入 $n-1$ 等分点 $x_k = ka/n, k=1,2,\cdots,n-1$, 从而在曲线上得到相应的 $n-1$ 个分点 $A_k(x_k,y_k),k=1,2,\cdots,n-1$, 则 L 可近似地看作折线 $AA_1A_2\cdots A_{n-1}B$, 而 T 可近似地看作各分点的纵坐标 y_k, $k=1,2,\cdots,n-1$ 的函数

$$T=T(y_1,y_2,\cdots,y_{n-1})=\sum_{k=1}^{n}\frac{2\sqrt{d_k^2+(y_k-y_{k-1})^2}}{\sqrt{2gy_{k-1}}+\sqrt{2gy_k}},$$

其中 $d_k=x_k-x_{k-1}=a/n$. 问题就变成求这个 $n-1$ 元函数的最小值.

应当注意, 上述方法在 n 较大时会受到软件用户使用功能的限制; 即使得到较大 n 的结果, 但终究是近似结果, 无法得到精确的最速降线结果.

光总是走最省时间的路线, 让质点模仿光的行为, 按照光的折射定律运行, 这样走出的就应当是最速降线.

先将这个问题离散化, 取一个很小的正实数 d, 若干个不同高度 $h_k = kd$, $k=0,1,2,\cdots$, 用一组平行于 x 轴的直线 $y=h_k$, $k=0,1,2,\cdots$ 将质点所要通过的空间分成很多层, 相邻平行线 $y=h_{k-1}$, $y=h_k$ 之间所夹的部分是第 k 层 $(k=1,2,\cdots)$. 当 d 很小的时候, 可以认为质点在每一层内部的速度不变, 以第 k 层内的平均速度 $\left(\sqrt{2gh_{k-1}}+\sqrt{2gh_k}\right)/2$ 作为质点在这一层中的速度. 质点从第 k 层进入第 $k+1$ 层时速度由 v_k 变为 v_{k+1} 发生折射, 满足折射定律

$$\frac{\sin\alpha_k}{v_k}=\frac{\sin\alpha_{k+1}}{v_{k+1}},\quad k=1,2,\cdots, \tag{4.2.2}$$

其中入射角 α_k 与折射角 α_{k+1} 分别是质点在第 k 层、第 $k+1$ 层中的运行路线与 y 轴方向所夹的锐角. 于是 $\sin\alpha_k/v_k$, $k=1,2,\cdots$ 是一个与 k 无关的常数 c. 令 d 趋于 0, 折线趋于最速降线 L, α_k 成为曲线上一点 $P(x,y)$ 处的切线方向与 y 轴的夹角 α, v_k 是质点在该点的速度 v, 显然 $\sin\alpha/v=c$.

于是有 $v=\sqrt{2gy}$, 再来计算 $\sin\alpha$. 光所走的曲线 L 在点 $P(x,y)$ 的切线方向与 x 轴的夹角为 $\pi/2-\alpha$. 设曲线 L 的方程为 $y=f(x)$, 则 $\cot\alpha=\tan(\pi/2-\alpha)=f'(x)=y'$, 其中 $f'(x)=y'$ 是函数 $y=f(x)$ 在点 $P(x,y)$ 处的导

数值, 于是 $\sin\alpha=(1+y'^2)^{-\frac{1}{2}}$. 这样就得到曲线 L 所满足的微分方程

$$(2gy(1+y'^2))^{-\frac{1}{2}}=c,$$

或化为

$$y(1+y'^2)=c_1,$$

其中 $c_1=2g/c^2$ 是正常数.

引入参数 θ, 记 $c_1/2=R$, 解得曲线 L 的参数方程是

$$x=R(\theta-\sin\theta),\quad y=R(1-\cos\theta),$$

这是半径为 R 的圆沿着 x 轴作无滑动的滚动时, 圆周上一固定点画出的曲线, 称为**旋轮线**.

按上述参数方程作出的旋轮线总是经过原点. 为了让它也经过点 $B(a,h)$, 需要解方程组 $R(\theta-\sin\theta)=a$, $R(1-\cos\theta)=h$ 求出适当的 R 与 θ. 先消去 R, 再整理得 θ 的一元方程, 可用 Mathematica 求这个方程在 $(0,2\pi)$ 范围内的解, 由 $R(1-\cos\theta)=h$ 求出 R 的值, 从而求出 c_1 及 c.

求出了 c, 让质点模仿光的行为来寻找最速降线. 对于正整数 n, 曲线上 $n-1$ 个分点 $A_k(x_k,y_k)$, $k=1,2,\cdots,n-1$, 取 $d=h/n$, 令 $y_k=kd$, $k=1,2,\cdots,n-1$, 记 $A_0(x_0,y_0)=A(0,0)$, $A_k(x_k,y_k)=B(a_0,h)$.

由 $\sin\alpha_k/v_k=c$, $v_k=\sqrt{2gkd}$, $\sin\alpha_k=(x_k-x_{k-1})/\sqrt{d^2+(x_k-x_{k-1})^2}$, $k=1,2,\cdots,n$ 立即确定 x_k, $k=1,2,\cdots,n-1$ (这与实验原理与实验方法中的结果一致).

4.2.4 实验解读

通过以上分析可知, 本实验首先从折线通过积分法计算时间排除最速降线为常见曲线——直线、圆弧、抛物线, 其次从固定均分 x 轴坐标再利用多元函数极值的方法寻找多段折线作为最速降线的近似而感性认识最速降线的形状, 最后按照光的折射定律让质点模仿光的行为来确定最速降线的形状.

4.2.5 实验计划

1. 初步认识

1) 程序

设直线段 AB: $y=(h/a)x$, $x\in[0,a]$; 圆弧: $\begin{cases}x=r\cos\theta+r,\\ y=r\sin\theta,\end{cases}\ \theta\in\left[\pi,\dfrac{3}{2}\pi\right]$,

其中圆心坐标为 $(r,0), r=(h^2+a^2)/2a$; 抛物线段: $y=-(h/a^2)x^2+(2h/a)x, x\in[0,a]$, 其中 $B(a,h)$ 点为最低点, 开口方向与 y 轴方向相反.

要计算质点沿直线段、圆弧、抛物线的时间并画出图形, 首先对常数赋值, 接下来使用数值积分命令分别计算质点沿直线段、圆弧、抛物线的时间, 最后用作图命令画图.

程序-69

设点 $P(a/2, \bar{y})$, 要求沿折线 APB 使 T 最小的适当的值 y^*, 可以这样编写程序: 第一步, 常数赋值; 第二步, 写出沿折线 APB 的时间计算表达式; 第三步, 用求最小值的命令求出 y^*.

2) 实验思路

(1) 对从 A 到 B 的以下曲线 C: ① 直线段; ② 圆弧; ③ 抛物线段, 计算时间 T 的近似值. 通过比较, 看质点沿着上述哪一种曲线 C 从 A 到 B 所花的时间更少. 注意从 A 到 B 的圆弧和抛物线段都不是唯一的, 可任选一条. 可以尝试不同的选择方案, 看哪一种圆弧和抛物线段更好.

程序-70

能否猜出另一种曲线, 使时间进一步减少?

(2) 直线段 AB 的中点 M 的坐标为 $(a/2, h/2)$. 保持 M 的横坐标不变, 将它的纵坐标改变为某个值 $\bar{y}(\bar{y}>h/2)$, 得到点 $P(a/2,\bar{y})$. 分别取曲线 C 为① 折线 APB; ② 从 A 经过 P 到 B 的抛物线段. 计算质点经 C 从 A 到 B 所花的时间 T. 按照优化方法, 选择 y 的适当的值 y^*, 使 T 最小.

由此确定最速降线不是直线段、圆弧、抛物线段.

2. 从多段折线出发寻找最速降线

1) 程序

写出多段折线的时间计算表达式, 用多元函数求最小值的命令可以编写计算程序.

程序-71

2) 实验思路

取定一组 a,h 值, 选定一个 n 值, 比如选 $n=16$, 利用 Mathematica 求得最小值点 $Y^*=(y_1^*, y_2^*, \cdots, y_{15}^*)$.

依次将点 $A(0,0)$, $A_1(d, y_1^*)$, $A_2(2d, y_2^*), \cdots, A_{15}(15d, y_{15}^*)$, $B(a,h)$ 连成折线或光滑曲线, 就得到从 A 到 B 的最速降线的近似形状.

取不同的 a, h 值, 观察所得的结果. 特别取一组比值 h/a 很小的 a, h, 观察最速降线先下降后上升的情形.

3) 实验改进

如果不用 Mathematica, 按最速下降法 (沿负梯度的方向趋向最小值点) 编程求最小值点. 根据本问题的特点, 相邻变量取值应当很接近, 可考虑采用下面的对各变量轮流优化的方法.

仍以 $n=16$ 为例. 以直线段 AB 作为最速降线的初始的近似解 C_0, 逐步改进, 寻找更好的近似解.

取点 $A_8(a/2, y_8)$, 其横坐标 $a/2$ 为 A, B 横坐标的平均值, 纵坐标 y_8 可以变动, 则质点沿折线 AA_8B 运行的时间 T 是 y_8 的一元函数. 可用求一元函数极值点的方法求 y_8 的最好值使质点沿折线 C_1: AA_8B 运行的时间最少. C_1 是比 C_0 更好的最速降线近似解.

固定 A, A_8, B 点, 在 A, A_8 之间取点 $A_4(a/4, y_4)$, 求 y_4 的最好值 h_4 使质点沿折线 AA_4A_8 运行的时间最少; 在 A_8 与 B 之间取点 $A_{12}(3a/4, y_{12})$, 求 y_{12} 的最好值 h_{12} 使质点沿折线 $A_8A_{12}B$ 运行的时间最少. 折线 C_2: $AA_4A_8A_{12}B$ 是比 C_1 更好的解.

重复刚才的过程: 对组成折线 C_2 的每一条直线段 $A_{4k-4}A_{4k}$ $(k=1,2,3,4)$, 约定 $A_0=A$, $A_{16}=B$, 在它的两个端点之间插入一点 $A_{4k-2}((4k-2)a/16, y_{4k-2})$, 选择 y_{4k-2} 的最好值使质点沿折线 $A_{4k-4}A_{4k-2}A_{4k}$ 运行的时间最少, 用这条折线代替直线段 $A_{4k-4}A_{4k}$, 就得到从 A 依次经过点 $A_{2k}(k=1,2,\cdots,7)$ 到 B 点的折线 C_3 来代替 C_2, 它是比 C_2 更好的解. 然后再在构成 C_3 的每一条直线段 $A_{2k-2}A_{2k}(k=1,2,\cdots,8)$ 的两个端点之间插入一点 $A_{2k-1}((2k-1)a/16, y_{2k-1})$, 选择其纵坐标 y_{2k-1} 使质点沿折线 $A_{2k-2}A_{2k-1}A_{2k}$ 运行的时间最少, 用这条折线代替直线段 $A_{2k-2}A_{2k}$, 这样得到从 A 依次经过点 $A_k(k=1,2,\cdots,15)$ 再到 B 的新的折线 C_4 来代替 C_3, 它比 C_3 更好.

如果还希望增加精度, 当然还可以在构成折线 C_4 的每一条直线段的两个端点之间再插入新的点. 假如不再插入新的点, 则在 A, B 之间插入的 15 个点的位置仍有调整的余地. 注意奇数点 $A_{2k-1}(k=1,2,\cdots,8)$ 的纵坐标是在固定偶数点 $A_{2k}(k=1,2,\cdots,7)$ 的情况下的最好值. 现在反过来固定奇数点 $A_{2k-1}(k=1,2,\cdots,8)$ 的位置, 重新调整偶数点 $A_{2k}(k=1,2,\cdots,7)$ 的纵坐标 $y_{2k}(k=1,2,\cdots,7)$ 的值分别使质点经过折线 $A_1A_2A_3$, $A_2A_3A_4, \cdots, A_{13}A_{14}A_{15}$ 的时间最少. 再固定偶数点位置而调整所有的奇数点纵坐标. 重复这个过程, 轮流调整奇数点和偶数点的纵坐标, 每调整一次都使质点经过所得的折线的时间缩短一些, 得到最速降线的更好的解, 直到在所需的精度下时间不再能缩短为止, 就得到了在插入 15 个点的情况下的最优解.

以上方法还可作这样的改进：每次在两个已有的点 A_i, A_j 之间插入点 A_k 之后, 用从 A_i 经过点 A_k 到 A_j 的抛物线段来代替原先从 A_i 到 A_j 的曲线段, 并选择 A_k 纵坐标 y_k 的值使质点经过这条抛物线段的时间最短, 这样, 最后得到的就是由抛物线段组成的曲线作为最速降线的近似解.

3. 模拟最速降线的形状

1) 程序

程序-72

让质点模仿光的行为的程序编写困难, 同学们直接扫二维码获取.

2) 实验思路

取定 h 值, 比如, 选 $h = 10$, 选定一个 n 值, 比如, 选 $n = 100, 200, 300, \cdots, 1000$, 画出从 A 到 B 的最速降线的近似形状.

取不同的 h 值, 观察所得的结果.

4.2.6 实验结果与探索结论

取 $a = h = 10$, 质点由 A 滑向 B 所经的曲线是旋轮线时花的时间为 1.84422. 使用极值法, $n = 16$ 时质点由 A 滑向 B 所花的时间为 1.85125, 使用模拟法, 取 $n = 100$ 时的时间为 1.84429; $n = 300$ 时的时间为 1.84423.

取 $a = h = 10$, 图 4-1、图 4-2、图 4-3 分别是由极值法、模拟法以及理论推导得出的最速降线的图形.

无论从时间, 还是从图形, 模拟法的结果更接近于最速降线.

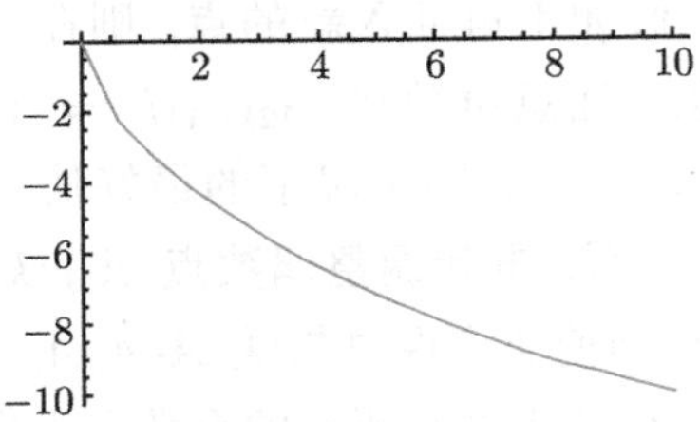

图 4-1　$n = 16$ 时, 极值法得出的最速降线的图形

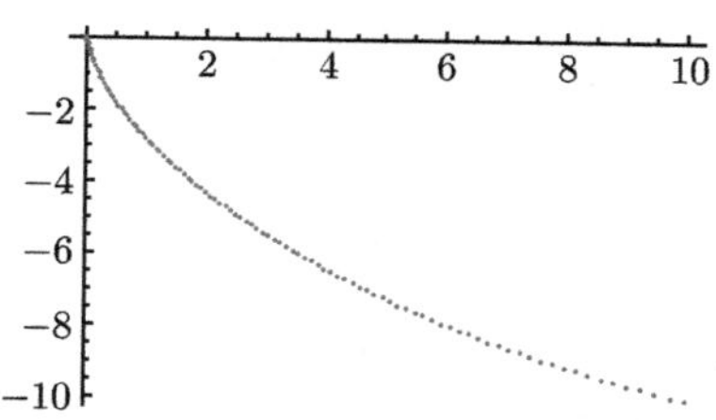

图 4-2 $n = 100$ 时, 模拟法得出的最速降线图形

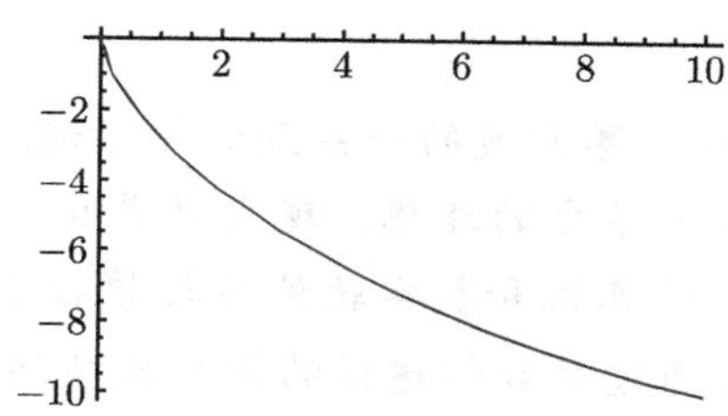

图 4-3 理论推导出的最速降线 (旋轮线)

第 5 章

数学建模实验

围绕大学生数学建模竞赛开展的一系列教学活动, 将数学方法、知识和一些真实问题联系起来, 将大学生的理想、现实世界和数学联系起来. 正是数学建模活动的开展, 促进了计算机和数学软件在数学教学中的使用, 推动了数学实验课的广泛开展. 这里通过对数学建模的两个典型问题的介绍引出数学建模实验.

5.1 蠓虫分类问题

生物学家试图对两类蠓虫 (Af 与 Apf) 进行鉴别, 依据的资料是蠓虫的触角和翅膀的长度, 已经测得 9 只 Af 和 6 只 Apf 的数据 (触角长度用 x 表示, 翅膀长度用 y 表示), 如表 5-1 和表 5-2 所示.

表 5-1 Af 数据

x	1.24	1.36	1.38	1.38	1.38	1.40	1.48	1.54	1.56
y	1.27	1.74	1.64	1.82	1.90	1.70	1.82	1.82	2.08

表 5-2 Apf 数据

x	1.14	1.18	1.20	1.26	1.28	1.30
y	1.78	1.96	1.86	2.00	2.00	1.96

现需要解决三个问题：① 如何凭借原始资料 (Af 和 Apf 的已知数据被称为学习样本) 制定一种方法, 正确区分两类蠓虫; ② 依据确立的方法, 对三个样本: (1.24, 1.80), (1.28, 1.84), (1.40, 2.04) 加以识别; ③ 设 Af 是宝贵的传粉益虫, Apf 是某种疾病的载体, 是否应该修改分类方法.

5.1.1 问题分析与数学模型

这是一个判别问题, 建模的目标是寻找一种方法对题目提供的三个样本进行判别. 首先根据学习样本的 15 对数据画出散点图, 如图 5-1 所示. Af 用 * 标记, Apf 用 × 标记. 观察图形, 可以发现 Af 的点集中在图中右侧, 而 Apf 的点集中在图中左侧. 客观上存在一条直线 L 将两类点分开, 如果确定了直线 L 并将它作为 Af 和 Apf 的分界线, 就有了判别的方法. 确定直线 L 应依据问题所给的数据, 即学习样本. 设直线的方程为

$$w_1x + w_2y + w_3 = 0.$$

对于平面上任意一点 $P(x,y)$, 如果该点在直线上, 将其坐标代入直线方程则使方程成为恒等式, 即使方程左端恒为零; 如果 $P(x,y)$ 点不在直线上, 将其坐标代入直线方程, 则方程左端不为零. 由于 Af 和 Apf 的散点都不在所求的直线上, 故将问题所提供的数据代入直线方程左端应该得到表达式的值大于零或者小于零两种不同的结果.

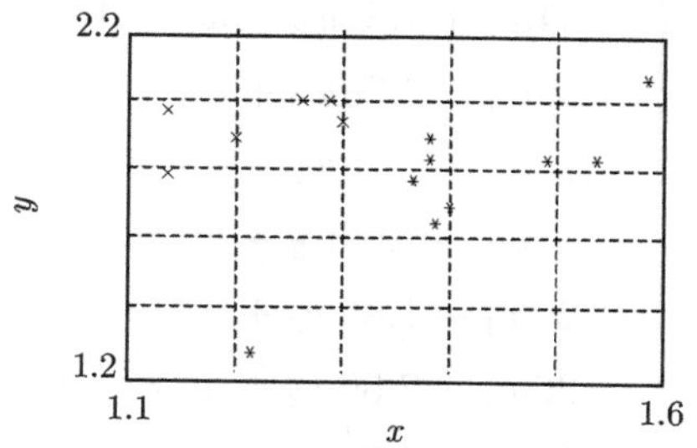

图 5-1 学习样本的散点图

为了建立判别系统, 引入判别函数 $g(P)$, 当 $P(x,y)$ 属于 Af 类时, 有 $g(P) > 0$, 否则 $g(P) < 0$.

为了对判别系统引入学习机制, 在学习过程中将两种不同的状态, 以 "1" 和 "-1" 表示. 当 $P(x,y)$ 属于 Af 类时, $g(P) = 1$; 否则, $g(P) = -1$. 取

$$g(P) = w_1x + w_2y + w_3, \tag{5.1.1}$$

于是由所给数据形成约束条件, 这是关于判别函数中的三个待定系数 w_1, w_2, w_3 的线性方程组

$$\begin{cases} w_1x_j+w_2y_j+w_3=1, & j=1,2,\cdots,9, \\ w_1x_j+w_2y_j+w_3=-1, & j=10,\cdots,15. \end{cases}$$

这是包括三个未知数 w_1,w_2,w_3 共 15 个方程的超定方程组. 可以求出方程组一种广义解, 即最小二乘解.

5.1.2 问题求解与数据结果

根据上面分析写出超定方程组

$$\begin{cases} 1.24w_1+1.27w_2+w_3=1, \\ 1.36w_1+1.74w_2+w_3=1, \\ 1.38w_1+1.64w_2+w_3=1, \\ 1.38w_1+1.82w_2+w_3=1, \\ 1.38w_1+1.90w_2+w_3=1, \\ 1.40w_1+1.70w_2+w_3=1, \\ 1.48w_1+1.82w_2+w_3=1, \\ 1.54w_1+1.82w_2+w_3=1, \\ 1.56w_1+2.08w_2+w_3=1, \\ 1.14w_1+1.78w_2+w_3=-1, \\ 1.18w_1+1.96w_2+w_3=-1, \\ 1.20w_1+1.86w_2+w_3=-1, \\ 1.26w_1+2.00w_2+w_3=-1, \\ 1.28w_1+2.00w_2+w_3=-1, \\ 1.30w_1+1.96w_2+w_3=-1. \end{cases}$$

在 MATLAB 程序中输入有关数据, 绘制出散点图, 求出超定方程组的最小二乘解, 最后在散点图 (图 5-2) 中画出分类直线.

程序执行后, 从图形窗口将得到上面的学习样本散点和判别直线图 (图 5-2), 从命令窗口得到超定方程组的最小二乘解

$$w=(6.6455,-2.9128,-3.3851),$$

所以直线方程

$$w_1x+w_2y+w_3=0$$

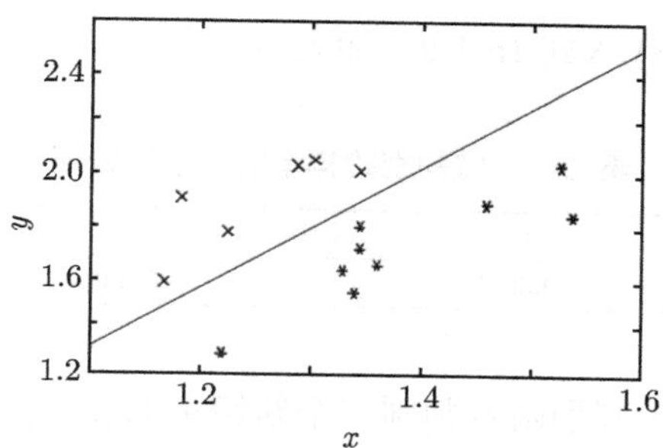

图 5-2 学习样本散点和判别直线图

中的三个待定系数分别为

$$w_1 = 6.6455, \quad w_2 = -2.9128, \quad w_3 = -3.3851,$$

所以判别直线方程为

$$6.6455x - 2.9128y - 3.3851 = 0.$$

判别函数为

$$g(P) = 6.6455x - 2.9128y - 3.3851. \tag{5.1.2}$$

将 15 个学习样本的所有数据依次代入式 (5.1.2), 如表 5-3 所示.

表 5-3 学习样本的判别函数值

k	1	2	3	4	5	6	7	8	9
$g(P)$	1.1561	0.5845	1.0087	0.4844	0.2514	0.9668	1.1489	1.5477	0.9233

k	10	11	12	13	14	15
$g(P)$	−0.9940	−1.2525	−0.8283	−0.8374	−0.7045	−0.4550

因为前 9 个 $g(P)$ 的值为正数, 后 6 个 $g(P)$ 的值为负数. 根据判别函数 $g(P)$ 定义知, 前 9 个学习样本为 Af 类, 后 6 个学习样本为 Apf 类. 这与学习样本本身是一致的.

题目提供了三个样本供判别, 它们的数据列入表 5-4 中.

表 5-4 供判别的样本数据

编号	1	2	3
触角长度 x	1.24	1.28	1.40
翅膀长度 y	1.80	1.84	2.04

将这三组数据分别代入式 (5.1.2), 如表 5-5 所示.

表 5-5　供判别的样本的判别函数值

编号	1	2	3
$g(P)$	−0.3877	−0.2384	−0.0235

所以, 由所给数据用判别函数判别三个新蠓虫的类属, 均判为 Apf 类.

5.1.3　进一步的讨论

以上是 MCM89 问题 A 的简化, 原问题可用神经网络的方法建模求解, 有兴趣的读者可参阅有关建模书籍资料.

5.2　追击曲线

一敌舰在某海域内沿正北方向航行时, 我方战舰恰好位于敌舰的西方向 1.00 n mile(海里①) 处. 我舰向敌舰发射制导鱼雷, 敌舰速度为 0.42 n mile/min, 鱼雷速度为敌舰速度的两倍. 试问敌舰航行多远时将被击中?

5.2.1　用计算机模拟鱼雷追击敌舰的过程

先介绍什么是计算机模拟. 用计算机模仿实物系统, 对实物系统的结构和行为进行动态演示, 评价或预测系统的行为效果, 为决策提供信息. 这一实验技术称为**计算机模拟** (又称**仿真**). 在对真实系统做实验时, 可能时间太长、费用太高、危险太大, 甚至很难进行. 采用计算机模拟技术, 常常能获得满意的结果. 根据模拟对象的不同特点, 计算机模拟分为确定性模拟和随机性模拟两大类, 求解本问题的模拟属于确定性模拟. 问题的解虽然可以用解析的方法获得, 但分析和计算的过程都较复杂. 计算机模拟的方法简单可行, 能在短时间内观察到鱼雷追击敌舰的全过程, 并且可以估计鱼雷 (或舰艇) 的速度变化对追击过程的影响, 采用时间步长法, 按照时间流逝的顺序一步一步对敌舰和鱼雷的活动进行模拟. 在整个模拟过程中, 时间步长是固定不变的.

建立直角坐标系 (图 5-3), 设敌舰为动点 Q, 鱼雷为动点 P. Q 点的初始位置为 $Q_0(1,0)$, P 点的初始位置为 $P_0(0,0)$. 为了计算出追击过程中每一时刻 P 点和 Q 点的具体位置, 需分别描述 P, Q 两点运动的方向、速度及位置变化规律. 由

① 1 海里 ≈1852 米.

于 Q 点从初始点出发沿 y 轴方向运动且速度为常数 v_0, 故 Q 点在 $t=t_k$ 时刻的位置为 $Q_k(1, v_0 t_k)$.

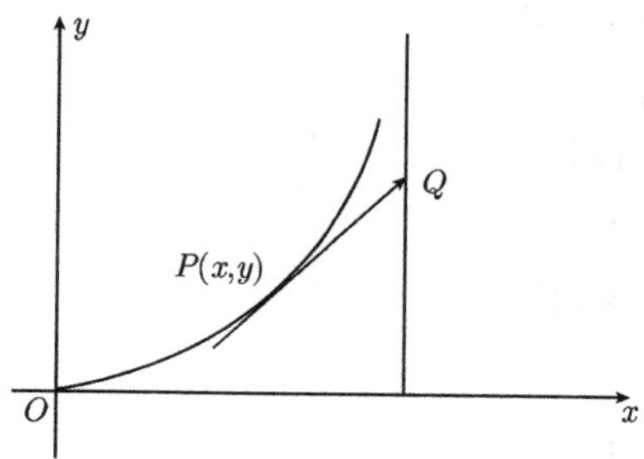

图 5-3　敌舰与鱼雷的坐标图

由于 P 点的运动方向始终指向 Q, 设在 $t=t_k$ 时刻 P 的位置是 $P(x_k, y_k)$, 则向量 $\overrightarrow{P_kQ_k}=(1-x_k, v_0t_k-y_k)$, 此时 P 点的运动方向可由下面单位向量 (方向余弦) 表示

$$\boldsymbol{e}^{(k)}=\left(e_1^{(k)}, e_2^{(k)}\right)=\frac{\overrightarrow{P_kQ_k}}{\left\|\overrightarrow{P_kQ_k}\right\|}, \tag{5.2.1}$$

$$\begin{cases} e_1^{(k)}=\dfrac{1-x_k}{\sqrt{(1-x_k)^2+(v_0t_k-y_k)^2}}, \\ e_2^{(k)}=\dfrac{v_0t_k-y_k}{\sqrt{(1-x_k)^2+(v_0t_k-y_k)^2}}. \end{cases} \tag{5.2.2}$$

P 点运动速度为常数 $v_1=2v_0$, 取时间步长 $\Delta t=2\mathrm{s}$, 设在 $t=t_{k+1}$ 时刻 P 点的位置为 $P_{k+1}(x_{k+1}, y_{k+1})$, 于是 P 点位置变化规律为

$$\begin{cases} x_{k+1}=x_k+v_1\Delta t e_1^{(k)}, \\ y_{k+1}=y_k+v_1\Delta t e_2^{(k)}. \end{cases} \tag{5.2.3}$$

现对追击过程进行模拟, 当两个动点的距离小于 0.02n mile 时, 则认为 P 点已经追上 Q 点. 模拟过程实际上是产生平面上两个点列: P_k, $Q_k\ (k=1,2,\cdots)$ 的过程. 利用循环语句、条件语句可以编写计算机模拟 P 点追赶 Q 点过程的程序.

例如运行 Mathematica 程序后所得数据结果如下:

```
96 {0.999 967, 0.672 559} {1, 0.672}
```

使用 Mathematica 的绘图命令

```
ListPlot[P]
ListPlot [Q]
Show[%,%,%]
```

可得如图 5-4 所示的图形.

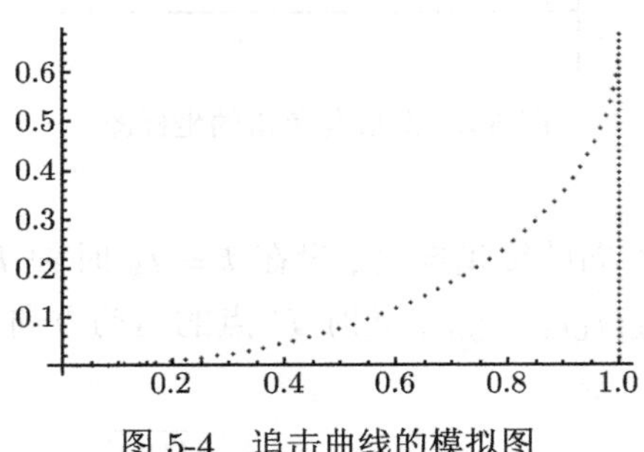

图 5-4 追击曲线的模拟图

程序中用动点 P, Q 在各个时刻的坐标构成了两个二维的表, 在 Mathematica 中运行上面的程序可以得到追击曲线的图形 (图 5-4). 从程序运行的结果可以看出, 96 s 以后鱼雷的位置为 (0.999967, 0.672559); 而敌舰的纵坐标为 0.672. 由于此时鱼雷和敌舰的距离不超过 0.02 n mile, 可以认为当敌舰航行至 0.672 n mile 处时将被击中.

5.2.2 微分方程模型的建立和求解

设敌舰的速度为常数 v_0, 追击曲线为 $y=y(x)$, 即在时刻 t, 鱼雷的位置在点 $P(x,y)$ 处, 这时敌舰的位置在点 $Q(1,v_0t)$ 处 (图 5-3). 由于鱼雷在追击过程中始终指向敌舰, 而鱼雷运动方向是沿曲线的切线方向, 所以有

$$\frac{\mathrm{d}y}{\mathrm{d}x}=\frac{v_0t-y}{1-x} \quad 或 \quad v_0t-y=(1-x)\frac{\mathrm{d}y}{\mathrm{d}x},$$

两边对 x 求导, 得

$$v_0\frac{\mathrm{d}t}{\mathrm{d}x}-\frac{\mathrm{d}y}{\mathrm{d}x}=(1-x)\frac{\mathrm{d}^2y}{\mathrm{d}x^2}-\frac{\mathrm{d}y}{\mathrm{d}x},$$

即

$$v_0\frac{\mathrm{d}t}{\mathrm{d}x}=(1-x)\frac{\mathrm{d}^2y}{\mathrm{d}x^2}. \tag{5.2.4}$$

由已知鱼雷的速度为 $2v_0$, 有 $\sqrt{(\mathrm{d}x/\mathrm{d}t)^2+(\mathrm{d}y/\mathrm{d}t)^2}=2v_0$. 因为 $\mathrm{d}x/\mathrm{d}t>0$, 所以

$$\frac{\mathrm{d}t}{\mathrm{d}x}=\frac{1}{2v_0}\sqrt{1+\left(\frac{\mathrm{d}y}{\mathrm{d}x}\right)^2},$$

代入式 (5.2.4), 得曲线 $y=y(x)$ 满足的微分方程模型

$$\begin{cases}\dfrac{\mathrm{d}^2y}{\mathrm{d}x^2}=\dfrac{\sqrt{1+\left(\dfrac{\mathrm{d}y}{\mathrm{d}x}\right)^2}}{2(1-x)}, \quad 0<x<1,\\ y(0)=0, \quad y'(0)=0.\end{cases} \tag{5.2.5}$$

令 $y'=p$, $y''=\mathrm{d}p/\mathrm{d}x$, 方程化为

$$\begin{cases}\dfrac{\mathrm{d}p}{\mathrm{d}x}=\dfrac{\sqrt{1+p^2}}{2(1-x)},\\ p(0)=0.\end{cases} \tag{5.2.6}$$

分离变量, 积分并代入初始条件计算得

$$\ln\left(p+\sqrt{1+p^2}\right)=-\frac{1}{2}\ln(1-x), \tag{5.2.7}$$

即

$$p+\sqrt{1+p^2}=(1-x)^{-\frac{1}{2}}.$$

而

$$-p+\sqrt{1+p^2}=\frac{1}{p+\sqrt{1+p^2}}=(1-x)^{\frac{1}{2}}.$$

上两式相减得

$$\begin{cases}\dfrac{\mathrm{d}y}{\mathrm{d}x}=p=\dfrac{1}{2}[(1-x)^{-\frac{1}{2}}-(1-x)^{\frac{1}{2}}],\\ y(0)=0.\end{cases} \tag{5.2.8}$$

直接积分并代入初始条件得

$$y=\frac{1}{3}(1-x)^{\frac{3}{2}}-(1-x)^{\frac{1}{2}}+\frac{2}{3}. \tag{5.2.9}$$

这就是鱼雷追击曲线的方程. 因鱼雷击中敌舰时, 它的横坐标 $x=1$, 代入曲线方程得 $y=2/3$, 即敌舰航行至 (2/3) n mile 处将被击中, 这段航程所需时间是 95.23815 s.

5.2.3 用 Mathematica 求解的计算过程

为了利用 Mathematica 求解常微分方程功能求解方程式 (5.2.5), 输入命令

```
DSolve[y''[x]==Sqrt[{1+(y'[x])^2]/(2*(1-x)),y[0]==0&&y'[0]==0},
    y[x],x]
```

由于数学软件的局限性, 上面用 Mathematica 求解常微分方程初值问题时出现两个解, 第一个解是错误的, 只有第二个解正确, 它与用解析解求出的答案式 (5.2.9) 一致, 即

$$y=\frac{2}{3}+\left(1+\frac{x-1}{3}\right)\sqrt{1-x}.$$

为了绘出解曲线图形并计算微分方程解在自变量 $x=1$ 时的函数值, 输入下面命令:

```
y[x_]:=2/3+(1+(x-1)/3)*Sqrt[1-x]
Plot[y[x],{x,0,1}]
y[1]
```

得计算结果如下 (包括如图 5-5 所示的图形):

Out[3]=-Graphics-

Out[4]= $\frac{2}{3}$

数据结果说明, 当敌舰航行至 $\frac{2}{3}\approx 0.6667$ n mile 处时将被击中.

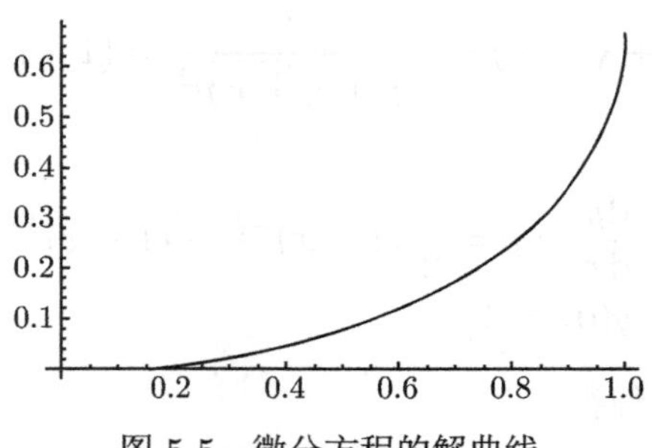

图 5-5　微分方程的解曲线

5.2.4 结果分析

上面我们用数学软件求得的符号解与由人工推算出的解析解结果完全相等. 用计算机模拟所得结果为 0.672 n mile, 引起这一误差的原因是在模拟时, 当鱼雷与敌舰距离不超过 0.02 n mile 时, 即认为鱼雷击中了敌舰. 如果修改假设与时间步长, 误差会减小.

在解决问题中, 除了使用人工解析解法和计算机数值解法外, 还使用了计算机模拟方法. 这是一种求近似解的方法, 它比较简单、直观, 有利于帮助人们思考如何解决实际问题. 模拟方法的近似程度与步长有关. 在很多问题无法求精确解的情况下, 这种方法为求近似解提供了一种思维方法. 以后学习计算数学, 这种思维方法显得很重要.

根据有关资料, 军舰航速的单位是节 (即 n mile/h), 用 kn 表示, 敌舰航速为 0.42 n mile/min, 相当于航速 25.2 kn. 目前世界上最先进的 MU90 反潜鱼雷速度为 $38\sim55$ kn, 射程 $7\sim11$ km, 由此可以进一步分析鱼雷的航速和射程对追击结果的影响.

第二篇　数 学 建 模

第 6 章 数学建模绪论

随着社会的发展和科技的进步，特别是近年来电子计算机技术的发展，数学越来越向其他科技领域渗透，数学模型这个词越来越多地出现在现代人的生产、工作和社会活动中. 数学模型也逐步成为一门独立的课程在世界各地的大学中开设.

课堂教学视频-76

本章首先理解数学建模，其次介绍数学建模的内容与方法，最后提及数学建模的意义.

6.1 数学建模的理解

1946 年以来，随着计算机等信息技术的迅速发展，数学的应用不仅在工程技术、自然科学等领域发挥着越来越重要的作用，而且以空前的广度和深度向经济、金融、生物、医学、环境、地质、人口、交通、社会科学等领域渗透. 所谓数学技术已经成为当代高新技术的重要组成部分.

社会对数学的需求并不只是需要数学家和专门从事数学研究的人才，更主要的是需要大量在各部门中从事实际工作的，能善于运用数学知识及数学的思维方法来解决大量实际问题的人. 要对复杂的实际问题进行分析，发现其中的可以用数学语言来描述的关系或规律，把这个实际问题化成一个数学问题；然后对这个问题进行分析和计算；最后将所求得的解答回归实际，看能否有效地回答原先的实际问题. 这个全过程，特别是其中的第一步，就称为**数学建模**，即为所考察的实际问题建立**数学模型**.

以解决某个现实问题为目的，从该问题中抽象、归结出来的数学问题就称为数学模型. 较著名的数学模型的定义是本德 (Bender) 给出的. 他认为，数学模型是关于部分现实世界为一定目的而作的抽象、简化的数学结构. 数学结构有三种：

解析式、几何形式和图. 更简洁地, 也可以认为数学模型是用数学术语对部分现实世界的描述.

应用数学去解决各类实际问题时, 建立数学模型是十分关键的一步, 同时也是十分困难的一步. 建立数学模型的过程, 是把错综复杂的实际问题简化、抽象为合理的数学结构的过程. 要通过调查、收集数据资料, 观察和研究实际对象的固有特征和内在规律, 抓住问题的主要矛盾, 建立起反映实际问题的数量关系, 然后利用数学的理论和方法去分析和解决问题. 这就需要深厚扎实的数学基础、敏锐的洞察力和丰富想象力, 对实际问题的浓厚兴趣和广博的知识面.

数学建模是联系数学与实际问题的桥梁, 是数学在各个领域广泛应用的媒介, 是数学科学技术转化的主要途径. 数学建模在科学技术发展中的重要作用越来越受到数学界和工程界的普遍重视, 它已成为现代科技工作者必备的重要能力. 为了适应科学技术发展和培养高质量、高层次科技人才的需要, 数学建模已经在大学教育中逐步开展, 国内外越来越多的大学正在进行数学建模课程的学习并参加开放性的数学建模竞赛, 数学建模教学和竞赛成为高等学校的教学改革和培养高层次的科技人才的一个重要教学环节. 现在许多高等学校正在将数学建模与教学改革相结合, 努力探索更有效的数学建模教学法和培养建设社会主义现代化强国的创新人才的新思路.

6.2 数学建模的一般过程与教学模式

人们面临的需要建立数学模型的现实问题是丰富多彩的, 所以不能指望用一种一成不变的方法来建立它们的数学模型, 因此数学建模的方法也是多种多样的. 然而, 各种数学建模的过程也有其共性, 掌握这些共同的规律, 对建立具体问题的数学模型是有帮助的. 本节中首先介绍数学建模的一般过程, 其次介绍数学建模的方法.

6.2.1 数学建模的一般过程

1. 模型准备

了解问题的实际背景, 明确其实际意义, 掌握问题涉及对象的各种信息, 形成一个比较清晰的“问题”. 通常, 遇到的某个实际问题, 在开始阶段问题是比较模糊的, 又往往与一些相关的问题交织在一起. 所以, 需要查阅有关文献, 与熟悉具体情况的人讨论, 并深入现场调查研究. 只有掌握有关的数据资料, 明确问题的

背景, 确切地了解建立数学模型究竟主要应达到什么目的, 才能形成一个比较清晰的"问题".

2. 模型假设

根据实际对象的特征和建模的目的, 抓住问题的本质, 忽略次要因素, 作出必要的、合理的简化假设. 这对于建模的成败是非常重要和困难的一步. 假设作得不合理或太简单, 会导致错误的或无用的模型; 假设作得过分详细, 试图把复杂对象的众多因素都考虑进去, 会使模型很难或无法继续下一步的工作. 常常需要在合理与简化之间作出恰当的折中. 通常作假设的依据, 一是出于对问题内在规律的认识; 二是来自对现象、数据的分析, 以及二者的综合. 想象力、洞察力、判断力以及经验在模型假设中起着重要作用.

3. 模型建立

现实问题的关键因素经过量化后成为数学实体或数学对象, 如变量、几何体等. 将这些实体或对象之间的内在关系或服从的规律用数学语言加以刻画, 就建立了问题的数学结构, 如此就得到了现实问题的数学模型.

4. 模型求解

利用获取的数据资料, 对模型的所有参数做出计算 (估计). 可以采用解方程、画图形、优化方法、数值计算、统计分析等各种数学方法, 特别是数学软件和计算机技术.

5. 模型分析

对所得的结果进行数学上的分析, 如结果的误差分析、统计分析、模型对参数的灵敏度分析、对假设的强健性分析等.

6. 模型检验

将模型分析结果与实际情形进行比较, 以此来验证模型的准确性、合理性和适用性. 如果模型与实际较吻合, 则要对计算结果给出其实际含义并进行解释. 如果模型与实际吻合较差, 则应该修改假设, 再次重复建模过程.

7. 模型应用

应用方式因问题的性质和建模的目的而异.

6.2.2 数学建模的教学模式

与我国高校的其他数学类课程相比, 数学建模具有难度大、涉及面广、形式灵活、对教师和学生要求高等特点. 数学建模的教学本身是一个不断探索、不断创新、不断完善和提高的过程.

数学建模课程教学模式是以实验为基础, 以学生为中心, 以问题为主线, 以培养能力为目标来组织教学工作. 同学们要学会利用数学理论和方法分析问题和解决问题, 培养学习数学的兴趣, 增强利用计算机软件及数学建模方法解决实际问题乃至高新科技问题的意识. 同学们应积极展开小组合作、小组问题讨论与辩论, 培养大胆质疑、主动探索、努力进取、团结协作的科学精神和学习作风.

6.3 数学建模的意义

数学是在实际应用的需求中产生的, 要解决实际问题就必须建立数学模型, 从这个意义上讲数学模型和数学有同样古老的历史. 两千多年前创立的欧几里得几何, 17 世纪发现的牛顿万有引力定律, 都是科学发展史上数学建模的成功范例.

在科技迅猛发展的当今世界, 数学应用范围的扩大几乎涉及自然科学、社会科学、管理工程、生物工程、军工技术等所有领域. 特别是随着计算机的迅速发展, 数学在它应用领域中的作用发生了革命性的变化, 数学已经向一切领域渗透. 各行各业也日益依赖于数学, 从而数学模型对科技发展的作用就更加直接和更为明显了, 研究数学模型和数学建模就被赋予更为重要的意义.

(1) 在一般工程技术领域, 数学建模仍然大有用武之地. 在以声、光、热、力、电这些以物理为基础的诸如机械、电机、土木、水利等工程技术领域中, 数学建模的普遍性和重要性不言而喻. 虽然这里的基本模型是已有的, 但是新技术、新工艺的不断涌现, 提出了许多需要用数学方法解决的新问题; 高速、大型计算机的飞速发展, 使得过去即便有了数学模型也无法求解的课题 (如大型水坝的应力计算, 中长期天气预报等) 迎刃而解; 建立在数学模型和计算机仿真基础上的计算机辅助设计技术, 以其快速、经济、方便等优势, 大量地替代了传统工程设计中的现场试验、物理模拟等手段.

(2) 在高新技术领域, 数学建模几乎是必不可少的工具. 无论是发展通信、航天、微电子、自动化等高新技术本身, 还是将高新技术用于传统工业去创造新工艺、开发新产品, 计算机技术支持下的数学建模和计算机仿真都是经常使用的有效手段. 数学建模、数值计算和计算机图形学等相结合形成的计算机软件, 已经被

固化于产品中, 在许多高新技术领域起着核心作用, 被认为是高新技术的特征之一. 在这个意义上, 数学不再仅仅作为一门科学, 不仅仅是许多技术的基础, 而且直接走向了技术的前台. 中国科学院姜伯驹院士指出, 高技术和信息化、数学化是联系在一起的. 今天, 为了突破美国等西方国家对我国的关键技术封锁, 必须掌握好数学建模这一有用工具, 利用数学技术加快核心技术开发.

(3) 数学迅速进入一些新领域, 为数学建模开拓了许多处女地. 随着数学向诸如经济、人口、生态、地质等所谓非物理领域的渗透, 一些交叉学科如计量经济学、人口控制论、数学生态学、数学地质学等应运而生. 这些领域一般来说不存在作为支配关系的物理定律, 当用数学方法研究这些领域中的定量关系时, 数学建模就成为首要的、关键的步骤和这些学科发展与应用的基础. 在这些领域里建立不同类型、不同方法、不同深浅程度的数学模型的余地相当大, 为数学建模提供了广阔的新天地. 马克思 (Marx) 说过: "一门科学只有成功地运用数学时, 才算达到了完善的地步." 展望科学技术发展的趋势, 数学必将与其他学科协同发展, 数学建模将迎来广泛应用的新时期.

今天, 在国民经济和社会活动的以下诸多方面, 数学建模都有着非常具体的应用.

分析与设计. 例如, 描述药物浓度在人体内的变化规律以分析药物的疗效; 建立跨音速流和激波的数学模型, 用数值模拟设计新的飞机翼型.

预报与决策. 生产过程中产品质量指标的预报、气象预报、人口预报、经济增长预报等, 都要有预报模型; 使经济效益最大的价格策略、使费用最少的设备维修方案, 是决策模型的例子.

控制与优化. 电力、化工生产过程的最优控制、零件设计中的参数优化, 要以数学模型为前提. 建立大系统控制与优化的数学模型, 是迫切需要和十分棘手的课题.

规划与管理. 生产计划、资源配置、运输网络规划、水库优化调度以及排队策略、物资管理等, 都可以用数学规划模型解决.

数学建模与计算机技术的关系密不可分. 一方面, 像新型飞机设计、石油勘探数据处理中数学模型的求解离不开巨型计算机, 微型计算机的普及更使数学建模逐步进入人们的日常活动. 比如, 当一位公司经理根据客户提出的产品数量、质量、交货期等要求, 用计算机与客户进行价格谈判时, 他的计算机中储存了用公司的各种资源、产品工艺流程及客户需求等数据研制的数学模型——快速报价系统和生产计划系统. 另一方面, 以数字化为特征的信息正以爆炸之势涌入计算机, 这

需要去伪存真、归纳整理、分析现象、显示结果 …… 计算机也需要人们给它以思维的能力, 这些当然要求助于数学模型. 所以把计算机技术与数学建模在知识经济中的作用比喻为如虎添翼, 是恰如其分的.

美国科学院一位院士总结了将数学科学转化为生产力的成功和失败, 得出了"数学是一种关键的、普遍的、可以应用的技术"的结论, 认为数学"由研究到工业领域的技术转化, 对加强经济竞争力具有重要意义", 而"计算和建模重新成为中心课题, 它们是数学科学技术转化的主要途径".

数学建模是数学学习的一种新的方式, 它为学生提供了自主学习的空间, 有助于学生体验数学在解决实际问题中的价值和作用, 体验数学与日常生活和其他学科的联系, 体验综合运用知识和方法解决实际问题的过程, 增强其自身的应用数学的意识; 有助于激发学生学习数学的兴趣, 培养学生的创新意识和实践能力.

第 7 章

初 等 模 型

如果研究的问题或对象的机理比较简单，通常用静态、线性、确定性模型描述就能达到建模目的时，基本上就可以用初等数学的方法构造和求解模型.

本章通过椅子放稳、学生会代表名额分配、汽车的安全刹车距离、生猪体重的估计、核军备竞赛、使用新材料与新方法的房屋节能效果等问题，介绍用初等数学构造和求解模型的方法与技巧.

需要说明的是，一个数学模型的好差在于其应用效果，不在于其使用了多么高深的数学方法与技巧. 也就是说，一个问题可用初等数学构造和求解模型，也可用高等数学构造和求解模型，如果应用效果差不多，那么前者是好的.

7.1 椅子能在不平的地面上放稳吗

7.1.1 问题的提出

这个问题来自日常生活中一件普通的事实：把椅子往不平的地面一放，通常只有三只脚着地，放不稳. 然而，只要稍微挪动几次，就可以使 4 只脚同时着地，放稳了.

请用数学模型证明为什么能放稳.

7.1.2 问题分析

此问题与数学有关吗？

由常识知道，椅子是不能在台阶上放稳的. 同样地，如果地面某处凹凸太厉害，以至于凹凸的幅度超过椅腿的长度，椅子也不能放稳. 所以，椅子能在地面上放稳是指在相对平坦的连续地面上放稳.

通常椅子有四条一样长的腿, 四脚共圆; 椅脚一般加工成较小的“面”, 椅子在地面上放稳是四脚同时着地, 而椅脚着地只要椅脚面上有一点与地面上一点接触就可以了.

移动椅子有三种方法：旋转、平移、平移加旋转, 其中旋转要设一个变量, 平移要两个, 平移加旋转要三个. 为了简单起见采用旋转法. 如何旋转？由于四脚共圆, 绕这个圆心旋转.

7.1.3 假设

(1) 4 条腿一样长, 椅脚与地面点接触, 4 脚共圆.

(2) 地面高度连续变化, 可视为数学上的连续曲面.

(3) 地面相对平坦, 使椅子在任意位置至少三只脚同时着地.

7.1.4 建立模型

以椅子移动前四脚所在的平面建立平面直角坐标系 (图 7-1), 使得四脚 A, B, C, D 共圆的圆心与坐标原点重合.

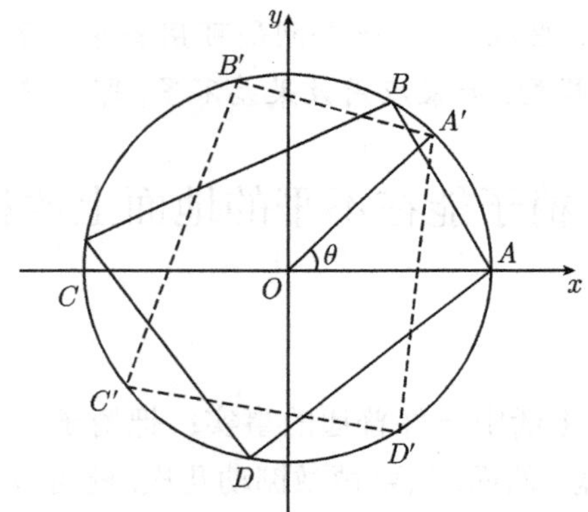

图 7-1　椅子四脚坐标图

用 θ 表示旋转角度, 则四脚与地面的距离随 θ 的变化而变化, 即四脚与地面的距离都是关于 θ 的一元函数, 分别用 $h_A(\theta)$, $h_B(\theta)$, $h_C(\theta)$, $h_D(\theta)$ 表示旋转 θ 后脚 A, 脚 B, 脚 C, 脚 D 与地面的距离. 由假设 (2) 可知, $h_A(\theta)$, $h_B(\theta)$, $h_C(\theta)$, $h_D(\theta)$ 均为 θ 的连续函数. 这时问题转化为求 θ_0, 使 $h_A(\theta_0)=h_B(\theta_0)=h_C(\theta_0)=h_D(\theta_0)=0$.

这是一个数学问题, 如何解决？很容易让我们想到用连续函数的基本性质解

决, 但面对 4 个函数不好直接证明, 只能寻求转化. 把 4 个函数变成 2 个函数, 可以通过两对角线分别组合; 对边分别组合; 也可以一脚成一个函数, 另三脚组合成一个函数.

因此一般模型这样建立: 对于四脚与地面距离有 4 个函数, 旋转前不着地的一脚与地面的距离记为 $f(\theta)$, 其他脚与地面距离之和记为 $g(\theta)$. 显然, $f(\theta)$, $g(\theta)$ 是连续函数; 对任意 θ, $f(\theta)g(\theta)=0$, 且 $g(0)=0$, $f(0)>0$. 证明: 存在 θ_0, 使 $f(\theta_0)=g(\theta_0)=0$.

7.1.5 模型求解

将椅子旋转 α, 使 $f(\alpha)=0$. 令 $h(\theta)=f(\theta)-g(\theta)$, 由 $f(\theta),g(\theta)$ 的连续性知 $h(\theta)$ 连续, 而且 $h(0)>0$ 和 $h(\alpha)\leqslant 0$.

如果 $h(\alpha)=0$, 那么 $f(\alpha)=g(\alpha)=0$, 即椅子旋转 α 后四脚同时着地.

如果 $h(\alpha)<0$, 那么 $h(0)h(\alpha)<0$. 据连续函数的基本性质, 必存在 $0<\theta_0<\alpha$, 使 $h(\theta_0)=0$, 即使 $f(\theta_0)=g(\theta_0)$. 因为对任意 θ, 有 $f(\theta)g(\theta)=0$, 所以 $f(\theta_0)=g(\theta_0)=0$, 即椅子从初始位置旋转 θ_0 后四脚同时着地.

7.1.6 评注

如果四脚呈正方形, 通过两对角线分别组合构造 $f(\theta)$, $g(\theta)$; 将椅子旋转 $\alpha=\pi/2$ 而证明. 如果四脚呈矩形, 通过两对边分别组合构造 $f(\theta)$, $g(\theta)$; 将椅子旋转 $\alpha=\pi$ 而证明.

7.2 学生会代表名额分配

课堂教学视频-77

7.2.1 问题的提出

某高校一学院有三个系共 1000 名学生, 其中甲系有 500 名, 乙系 300 名, 丙系 200 名. 若学生代表会议设 20 个席位, 公平而又简单的方法是按学生人数的比例分配. 显然, 甲、乙、丙三系分别应占有 10, 6, 4 个席位.

丙系 30 名学生提出转系, 经批准各有 15 名学生分别转到甲系和乙系. 按学生人数的比例分配, 三系分别应占有 10.3, 6.3, 3.4 个席位. 但席位数只能是自然数. 于是, 有比例加惯例的分配方法: 将取得整数的 19 席以 10, 6, 3 分配完毕后, 三系同意剩下的一席分给比例中小数最大的丙系, 于是三系分别占有 10, 6, 4 席. 因为有 20 席的代表会议在表决提案时可能出现 10:10 的局面, 会议决定下一届增加一席. 他们按照比例加惯例的分配方法重新分配席位, 三系分别占有 11, 7, 3 席. 显然, 这个对丙系太不公平了, 总席位增加一席, 而丙系却由 4 席减为 3 席.

上述例子说明要找到衡量公平分配席位的指标, 并由此建立新的分配方法.

7.2.2 问题分析

先讨论 A, B 两方席位公平的情况. 设两方人数分别为 p_1 和 p_2, 占有席位分别是 n_1 和 n_2, 则两方每个席位代表的人数分别为 p_1/n_1 和 p_2/n_2, 而且知道显然仅当 $p_1/n_1 = p_2/n_2$ 时席位的分配才是公平的, 但是因为人数和席位都是整数, 所以通常是 p_1/n_1 和 p_2/n_2 并不相等, 这时的席位分配不公平, 并且 $p_i/n_i(i = 1, 2)$ 数值较大的一方吃亏或者说对这方不公平.

7.2.3 建立公平分配席位的指标

不妨假设 $p_1/n_1 > p_2/n_2$, 则不公平程度可用数值 $p_1/n_1 - p_2/n_2$ 描述不公平, 它衡量的是不公平的绝对程度, 常常无法区分两种程度明显不同的不公平情况. 为了改进上述绝对标准, 自然想到用相对标准, 即把 $(p_1/n_1 - p_2/n_2)/(p_2/n_2)$ 定义为对 A 的相对不公平度 $r_{\mathrm{A}}(n_1, n_2)$. 同样可定义为对 B 的相对不公平度 $r_{\mathrm{B}}(n_1, n_2) = (p_2/n_2 - p_1/n_1)/(p_1/n_1)$.

建立了衡量不公平程度的数量指标后, 制定席位分配方案的原则是使它们尽可能小.

7.2.4 公平分配席位的方法

假设 A, B 两方已占有 n_1 和 n_2 席, 利用相对不公平度 r_{A} 和 r_{B} 讨论, 当总席位增加一席时, 应该分配给 A 还是 B.

不失一般性可设 $p_1/n_1 > p_2/n_2$, 当再分配一席时, 关于 $p_i/n_i(i = 1, 2)$ 的不等式可能有以下三种情况:

(1) $p_1/(n_1 + 1) > p_2/n_2$, 这说明即使 A 方增加一席, 仍然对 A 不公平, 所以这一席显然应该分给 A 方;

(2) $p_1/(n_1 + 1) < p_2/n_2$, 说明当 A 方增加一席时将变得对 B 不公平, 这时我们可计算出对 B 的相对不公平度为

$$r_{\mathrm{B}}(n_1 + 1, n_2) = \frac{p_2/n_2 - p_1/(n_1 + 1)}{p_1/(n_1 + 1)} = \frac{p_2(n_1 + 1)}{p_1 n_2} - 1;$$

(3) $p_1/n_1 > p_2/(n_2+1)$, 即当 B 方增加一席时对 A 不公平, 这时我们可以计算出对 A 的相对不公平度为

$$r_{\mathrm{A}}(n_1, n_2+1) = \frac{p_1/n_1 - p_2/(n_2+1)}{p_2/(n_2+1)} = \frac{p_1(n_2+1)}{p_2 n_1} - 1.$$

由于公平席位的原则是使得相对不公平度尽量地小, 如果 $r_{\mathrm{A}}(n_1, n_2+1) < r_{\mathrm{B}}(n_1+1, n_2)$, 即 $p_1^2/[n_1(n_1+1)] < p_2^2/[n_2(n_2+1)]$, 那么这 1 席分给 B 方; 如果 $r_{\mathrm{A}}(n_1, n_2+1) > r_{\mathrm{B}}(n_1+1, n_2)$, 即 $p_2^2/[n_2(n_2+1)] < p_1^2/[n_1(n_1+1)]$, 那么这 1 席分给 A 方.

记 $Q_i = p_i^2/[n_i(n_i+1)](i=1,2)$, 则增加的一席应分给 Q 值较大的一方.

此方法可以推广到有 m 方分配席位的情况：设第 i 方人数为 p_i, 已占有 n_i 个席位, $i=1,2,\cdots,m$. 当总席位增加一席时, 计算 $Q_i = p_i^2/[n_i(n_i+1)]$, $i=1,2,\cdots,m$, 应将这一席分给 Q 值最大的一方. 如果计算到两个或两个以上的 Q 值同时达到最大值时该怎么办呢？这时只能用抽签的方法解决.

7.2.5 问题的解决

回到某高校一学院学生代表会议 21 个席位的分配问题, 前 19 个席位应是 10, 6, 3 的分配方案, 接下来的工作就是用 Q 值法分配第 20, 21 席了.

对于第 20 席, 由 $Q_1 = 2411.1$, $Q_2 = 2362.5$, $Q_3 = 2408.3$ 知这一席应该分给甲系.

对于第 21 席, 由 $Q_1 = 2009.3$, $Q_2 = 2362.5$, $Q_3 = 2408.3$ 知这一席应该分给丙系.

注 用 Q 值法从第一个席位一直算到第 21 个席位后, 分配结果仍是甲、乙、丙三系的席位分别为 11, 6, 4.

这样, 21 个席位的分配结果是三系分别占有 11, 6, 4 席, 丙系保住了险些丧失的一席.

7.2.6 评注

Q 值方法比“比例加惯例”方法更公平吗？

m 方人数分别为 $p_1, p_2, \cdots, p_m$, 记总人数为 $P = \sum\limits_{i=1}^{m} p_i$, 待分配的总席位为 N. 设理想情况下 m 方分配的席位分别为 $n_1, n_2, \cdots, n_m$(自然应有 $N = \sum\limits_{i=1}^{m} n_i$, 并

且 $n_i = n_i(p_1, p_2, \cdots, p_m, N))$, 记 $q_i = p_i N/P$, $i = 1, 2, \cdots, m$, 则席位分配的理想化准则为

(1) $[q_i] \leqslant n_i \leqslant [q_i] + 1$, $i = 1, 2, \cdots, m$;

(2) $n_i(p_1, p_2, \cdots, p_m, N) \leqslant n_i(p_1, p_2, \cdots, p_m, N+1)$, $i = 1, 2, \cdots, m$.

比例加惯例方法满足准则 (1) 而不满足准则 (2); Q 值法满足准则 (2) 而不满足准则 (1).

那么到底有没有一种方法能同时满足两个准则呢？令人遗憾的是, 没有找到能同时满足这两个准则的分配方法. 由此可知, 没有绝对公平的选举方法, 更不存在全世界统一的选举方法. 因此, 一个国家的选举制度安排应根据本国国情确定.

7.2.7 问题

设席位数分别为 $1, 2, \cdots$, 计算各方一名代表代表的人数, 从每一方一名代表代表的人数尽可能接近来分配代表席位. 请用这种称为 D'Hondt 法的方法对本节开始的某高校一学院学生代表会议的席位进行分配, 并说明这种方法满足准则 (1) 而不满足准则 (2).

如果你学习了概率论, 能否从数学期望和方差的角度提出一种分配方法？你能给出相对不公平度的其他定义？用新的定义能推导出 Q 值法吗？

7.3 汽车的安全刹车距离

7.3.1 问题的提出

某些汽车司机培训课程中的驾驶规则: 在正常驾驶条件下, 车速每增加 10 mile/h, 后车与前车的距离应增加一个车身长度. 我们称其为 "车身规则".

实现这个规则的简便方法是 "2 秒法则": 后车司机从前车经过某一标志开始默数 2 秒钟后到达同一标志, 而不管车速如何.

需要解决的问题: "2 秒法则" 与 "车身规则" 是否一样; 通过建立数学模型, 寻求更好的驾驶规则.

7.3.2 问题分析

常识：刹车距离与车速有关.

"10 mile/h($\approx$16 km/h) 车速下 2 s 行驶 29 ft($\approx$ 9m)" 大于 "车身的平均长度 15 ft(4.6 m)". 由此可见, "2 秒准则" 与 "10 mile/h 加一车身" 规则不同.

刹车距离由反应距离和制动距离构成. 而反应距离受司机的反应时间及汽车速度影响. 每个司机的大脑反应状况不同, 不同汽车的制动系统灵活性有差异, 为了确定反应距离, 需要在汽车制动系统灵活的条件下假定司机的反应时间为常数(可以通过若干司机反应时间的平均值表示).

制动距离由汽车制动器作用力、车重、车速、道路、气候等确定, 最大制动力与车质量成正比, 使汽车做匀减速运动. 由于各汽车的车重、车速不尽相同, 汽车行驶的道路以及气候也有差异, 为了确定制动距离, 需要假定道路、气候对制动距离没有影响.

7.3.3 假设

(1) 刹车距离 d 等于反应距离 d_1 与制动距离 d_2 之和;

(2) 道路、气候对制动距离没有影响, 汽车制动系统灵活, 汽车最大制动力 F 与汽车质量 m 成正比 (比例系数为正常数 c), 使汽车做匀减速运动;

(3) 司机的反应时间 t_1 为常数, 反应距离与汽车速度成正比.

7.3.4 建立模型

用 v 表示刹车前的汽车速度 (大小).

由假设 (3), 有

$$d_1 = vt_1, \tag{7.3.1}$$

刹车时使用最大制动力 F, F 做功等于汽车动能的改变, 即

$$Fd_2 = \frac{mv^2}{2}. \tag{7.3.2}$$

由假设 (2) 有

$$F = cm. \tag{7.3.3}$$

把式 (7.3.3) 代入式 (7.3.2), 并记 $(2c)^{-1} = k$, 有

$$d_2 = kv^2, \tag{7.3.4}$$

结合式 (7.3.1) 与式 (7.3.4), 有

$$d = vt_1 + kv^2. \tag{7.3.5}$$

式 (7.3.5) 即是所建立的模型, 反映了刹车距离与汽车速度的关系.

7.3.5 参数的估计

反应时间 t_1 的经验估计值为 0.75 s, 利用交通部门提供的一组实际数据 (表 7-1 前三列, 第三列括号内的数字为最大实际刹车距离) 拟合 k.

表 7-1 实际数据与拟合后的计算数据

车速		实际刹车距离	计算刹车距离	制动刹车时间
/(mile/h)	/(ft/s)	/ft	/ft	/s
20	29.3	42(44)	45.94	1.6
30	44.0	73.5(78)	87.04	2.5
40	58.7	116(124)	140.21	3.3
50	73.3	173(186)	204.95	4.1
60	88.0	248(268)	282.16	4.9
70	102.7	343(372)	371.44	5.7
80	117.3	464(506)	472.04	6.6

回忆一下, 要确定定积分数值计算的误差与 n 的关系, 使用最小二乘法编写了拟合程序. 把程序修改一下就可以拟合 k.

程序-78

运行程序后, 有 $k \approx 0.025146(0.027913)$. 把 $k \approx 0.027913$ 代入式 (7.3.5), 计算刹车距离 (表 7-1 第 4 列). 依据最大实际刹车距离可得制动刹车时间 (表 7-1 最后一列).

7.3.6 问题的解决

"2 秒准则" 应作修正, 修正的准则称为 "t 秒准则"(表 7-2).

表 7-2 t 秒准则

车速/(mile/h)	0~12	12~24	24~36	36~48	48~61	61~73	73~80
t/s	1	2	3	4	5	6	7

7.3.7 评注

修正的 "t 秒准则" 能在实际中应用吗? 实际上应考虑车辆型号与载重量, 还要考虑路况与天气. 请有兴趣的同学组成小组与汽车生产企业或交通安全部门合作研究.

7.4 生猪体重的估计

7.4.1 问题的提出

猪肉是我国人民的主要副食品, 因此生猪的生产、收购和屠宰对猪肉的市场供应起着重要的作用. 自然产生问题：生猪养殖者、生猪收购者乃至屠宰者需要对生猪体重作出估计.

7.4.2 问题分析

对生猪体重估计通常通过体形来估计, 但生猪体形与多个几何指标、生理指标和物理指标有关.

注意到建模目的是用简单的方法对生猪体重作出估计, 那么考虑动物的复杂生理结构而用复杂的生物模型就没有实际使用价值.

对于每个生猪, 很容易看到体长与肥瘦, 这样问题转化为：在区分肥瘦的情况下, 能否通过生猪体长来估计生猪体重.

7.4.3 假设与符号

(1) 生猪的躯干是圆柱体, 长为 l、直径为 d. 这样我们把生猪体长规定为躯干的长度, 不考虑头和尾巴的长度;

(2) 将躯干类比为弹性梁, 弹性梁的断面面积、下垂度分别为 s, b;

(3) 生猪的体重 f 与躯干的体积成正比, 比例常数为 c_1;

(4) 躯干的相对下垂度 b/l 是与生猪的尺寸、肥瘦无关的常数 c_2, 这可以看为生猪长期进化的结果.

7.4.4 建立模型

弹性梁的弹性规律

$$b = k\frac{fl^3}{sd^2}, \tag{7.4.1}$$

其中 k 为下垂度系数, 为常数.

由假设 (2), 有

$$f = c_1 sl. \tag{7.4.2}$$

由式 (7.4.1) 和式 (7.4.2) 有

$$\frac{b}{l} = c_1 k \frac{l^3}{d^2}. \tag{7.4.3}$$

但由假设 (4) 知 $b/l = c_2$, 把它代入式 (7.4.3) 有

$$d^2 = \frac{c_1 k}{c_2} l^3. \tag{7.4.4}$$

注意到 $s = \pi d^2/4$, 把式 (7.4.4) 代入式 (7.4.2) 有

$$f = \frac{\pi k c_1^2}{4c_2} l^4 = cl^4, \tag{7.4.5}$$

其中 $c = \pi k c_1^2/(4c_2)$. 于是所建立的模型为

$$f = cl^4. \tag{7.4.6}$$

7.4.5 模型求解

模型 $f = cl^4$ 中的比例系数 c 可依据不同年龄、不同类型的生猪的实际测量数据利用最小二乘法确定.

7.4.6 评注

类比法是数学建模中常用的一种方法. 把动物的躯体类比为弹性梁一个是大胆的假设, 其可信程度需要实际检验. 但这种充分发挥想象力, 把动物躯干长度与体重的关系类比为弹性梁的挠曲问题是值得借鉴的.

7.4.7 问题

某地区有 $n(n \geqslant 2)$ 个商品粮生产基地, 各基地的粮食重量分别为 m_1, $m_2, \cdots, m_n$(单位: t), 每吨粮食一距离单位运费为 c, 为使各基地到仓库的总运费最小, 问仓库如何选址?

作如下假设:

(1) 各商品粮生产基地的粮食集中于一处;

(2) 各商品粮生产基地及仓库看作点;

(3) 各商品粮生产基地与仓库之间道路按直线段考虑.

建立平面直角坐标系 xOy, 各商品粮生产基地的坐标分别为 (x_i, y_i), $i =$

$1, 2, \cdots, n$; 仓库的坐标为 (x, y), 则各商品粮生产基地到仓库的总运费为 $f(x,y) = \sum_{i=1}^{n} cm_i \times \sqrt{(x-x_i)^2+(y-y_i)^2}$, 于是模型为

$$\min_{x,y} f(x,y) = \sum_{i=1}^{n} cm_i \sqrt{(x-x_i)^2+(y-y_i)^2}.$$

由 $\partial f(x,y)/\partial x = 0$, $\partial f(x,y)/\partial y = 0$, 即

$$\begin{cases} \displaystyle\sum_{i=1}^{n} \frac{m_i(x-x_i)}{\sqrt{(x-x_i)^2+(y-y_i)^2}} = 0, \\ \displaystyle\sum_{i=1}^{n} \frac{m_i(y-y_i)}{\sqrt{(x-x_i)^2+(y-y_i)^2}} = 0. \end{cases}$$

难以求解模型. 请用类比法建立数学模型来解决仓库选址问题.

7.4.8 思考题

到水产市场调查, 考察鱼的类型, 利用鱼的几何指标建立数学模型估计鱼的体重.

7.5 核军备竞赛

7.5.1 问题的提出

冷战时期美苏声称为了保卫自己的安全, 实行 "核威慑战略", 核军备竞赛不断升级. 随着苏联的解体和冷战的结束, 双方通过了一系列的核裁军协议. 2019 年 8 月 2 日美国全面退出《美苏消除两国中程和中短程导弹条约》(简称《中导条约》), 并将核武器部署在欧洲地区后, 与俄罗斯之间的核武器军备竞赛就似乎处于重启状态. 今天美国逐步增加核力量, 逐渐加大对俄罗斯和中国的核威慑力度, 破坏了全球核安全.

在什么情况下双方的核军备竞赛不会无限扩张, 而存在暂时的平衡状态? 估计平衡状态下双方拥有的最少的核武器数量, 这个数量受哪些因素影响? 当一方采取加强防御, 提高武器精度, 发展多弹头导弹等措施时, 平衡状态会发生什么变化?

7.5.2 假设

以双方 (战略) 核导弹数量描述核军备的大小.

(1) 假定双方采取如下同样的核威慑战略：认为对方可能发起所谓第一次核打击, 即倾其全部核导弹攻击己方的核导弹基地; 己方在经受第一次核打击后, 应保存足够的核导弹, 给对方重要目标以毁灭性的打击.

(2) 在任一方实施第一次核打击时, 假定一枚核导弹只能攻击对方的一个核导弹基地.

(3) 摧毁这个基地的可能性是常数, 它由一方的攻击精度和另一方的防御能力决定.

7.5.3 问题分析

甲方有 x 枚导弹, 乙方所需的最少导弹数为 y, 则 $y=f(x)$. 下证曲线 $y=f(x)$ 是一条上凸的曲线.

当 $x=0$ 时 $y=y_0$. y_0 为乙方的威慑值, 表示甲方实行第一次打击后已经没有导弹, 乙方为毁灭甲方工业、交通中心等目标所需导弹数.

用 s 表示乙方导弹的残存率 (甲方一枚导弹攻击乙方一个基地, 基地未被摧毁的概率).

$x<y$ 时, 甲方以 x 枚导弹攻击乙方 y 个基地中的 x 个基地, sx 个基地未摧毁, $y-x$ 个基地未攻击. 于是 $y_0=sx+y-x$ 或 $y=y_0+(1-s)x$.

而 $x=y$ 时, $y_0=sx=sy$ 或 $y=y_0/s$.

$y<x<2y$ 时, 甲方以 x 枚导弹攻击乙方 y 个基地, 其中 $x-y$ 个基地被攻击两次, $s^2(x-y)$ 个基地未摧毁; 另外, $y-(x-y)=2y-x$ 个基地被攻击一次, $s(2y-x)$ 个基地未摧毁. 于是 $y_0=s^2(x-y)+s(2y-x)$ 或 $y=y_0/[s(2-s)]+[(1-s)/(2-s)]x$.

而 $x=2y$ 时, $y_0=s^2x/2=s^2y$ 或 $y=y_0/s^2$.

类似讨论 $ky<x<(k+1)y$, $x=(k+1)y$, $k=2,3,\cdots$. 甲乙导弹数量比称为交换比, 用 a 表示. 当 $x=ay$ 时, $y=y_0/s^a$.

综合以上分析, 曲线 $y=f(x)$ 是一条上凸的曲线.

显然, y_0 变大, 曲线上移、变陡; s 变大, y 减小, 曲线变平; a 变大, y 增加, 曲线变陡.

曲线 $y=f(x)$ 称为乙方安全线, 这是因为甲方有 x 枚导弹时乙方所需的导弹数 $y\geqslant f(x)$, 见图 7-2.

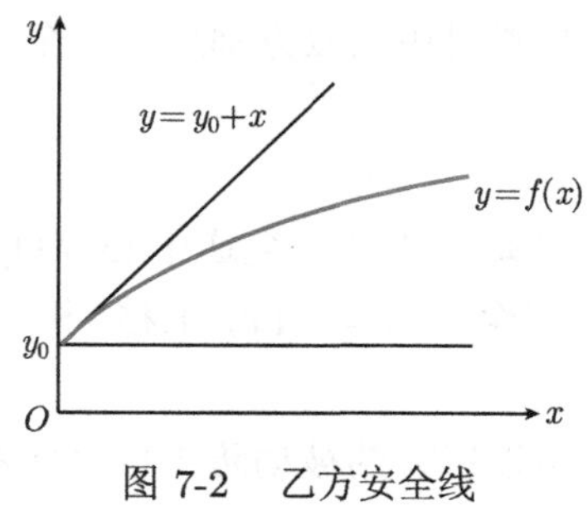

图 7-2 乙方安全线

乙方有 y 枚导弹, 甲方所需的最少导弹数为 x, 则 $x = g(y)$. 同理可证曲线 $x = g(y)$ 是一条上凹的曲线, 是甲方安全线.

7.5.4 建立模型

在同一坐标系中分别作甲方安全线、乙方安全线, 见图 7-3. 曲线 $y = f(x)$ 和曲线 $x = g(y)$ 把第一象限分成 4 个区域: 曲线 $y = f(x)$ 上方并在曲线 $x = g(y)$ 左边的为乙方安全区; 曲线 $y = f(x)$ 上方并在曲线 $x = g(y)$ 右边的为双方安全区; 曲线 $x = g(y)$ 右边并在曲线 $y = f(x)$ 下方的为甲方安全区.

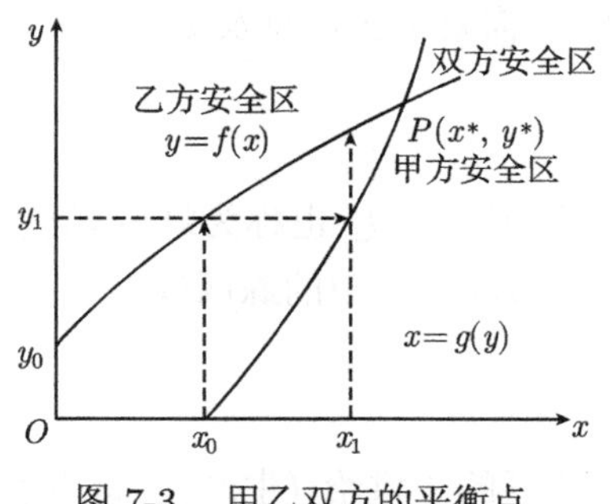

图 7-3 甲乙双方的平衡点

对于乙方的威慑值 y_0, 甲方拥有 x_0 枚导弹. 如果 $f(x_0) > y_0$, 则乙方的威慑值由 y_0 提高到 $f(x_0) = y_1$; 甲方为了安全, 被动地增加导弹到 $g(y_1) = x_1$. 显然, $x_1 > x_0$, $f(x_1) > y_1$, 则乙方的威慑值由 y_1 提高到 $f(x_1) = y_2$; 甲方为了安全, 被动地增加导弹到 $g(y_2) = x_2$. 如此竞争下去, 直到甲方至少拥有 x^* 枚导弹、乙方至少拥有 y^* 枚导弹时甲乙双方都达到安全, 也才停止核竞争.

(x^*, y^*) 是曲线 $y = f(x)$ 和 $x = g(y)$ 交点 P 的坐标, 当甲方至少拥有 x^* 枚

导弹、乙方至少拥有 y^* 枚导弹时甲乙双方都达到安全, 所以点 P 称为平衡点.

7.5.5 模型解释

(1) 甲方增加经费保护及疏散工业、交通中心等目标时, 导致乙方威慑值 y_0 变大 (其他因素不变), 乙方安全线 $y = f(x)$ 上移, 相应平衡点 $P(x^*, y^*)$ 向右上方移动到点 $P'(x', y')$.

由于 $x' > x^*, y' > y^*$, 所以甲方的被动防御也会使双方军备竞赛升级.

(2) 甲方将固定核导弹基地改进为可移动发射架. 此时乙方安全线 $y = f(x)$ 不变, 但甲方残存率变大. 当威慑值 x_0 和交换比不变时, x 减小, 甲安全线 $x = g(y)$ 向 y 轴靠近, 相应平衡点 $P(x^*, y^*)$ 向左下方移动到点 $P''(x'', y'')$.

由于 $x'' < x^*, y'' < y^*$, 所以甲方这种单独行为, 会使双方的核导弹减少.

(3) 双方发展多弹头导弹, 每个弹头可以独立地摧毁目标. 此时双方威慑值减小, 残存率不变, 交换比增加.

对于乙方安全线, y_0 减小使曲线 $y = f(x)$ 下移且变平; a 变大使 $y = f(x)$ 增加且变陡. 而对于甲方安全线, x_0 减小使曲线 $x = g(y)$ 左移且变竖; a 变大使 $x = g(y)$ 增加且变陡. 平衡点 $P(x^*, y^*)$ 可能向右上方移动到点 $P'(x', y')$, 也可能向左下方移动到点 $P''(x'', y'')$.

双方导弹增加还是减少, 需要更多信息及更详细的分析.

7.5.6 评注

以上所建立的模型是几何图模型, 也称为蛛网模型. 蛛网模型在经济学中有重要的应用, 在 10.3 节介绍市场经济中的蛛网模型.

7.5.7 问题

如果假设一个国家或地区的总供给 (生产)、总需求 (消费) 只与就业人数有关, 请利用几何图模型解释扩大出口, 增加内需能提高就业.

7.6 使用新材料与新方法的房屋节能效果

7.6.1 背景和问题的提出

2005 年 11 月 10 日, 建设部颁布了《民用建筑节能管理规定》, 要求新建民用建筑严格执行建筑节能 50%的标准.

就住宅节能而言, 包括水、电、气、热等能耗的节约以及各类建材、制品的节约, 进一步分析还有新技术、新工艺、新材料、新能源的应用. 因此, 住宅节能涉及许多领域, 是一个复杂的系统工程.

为了讨论问题方便, 这里只研究住宅建设中使用新材料、新方法 (技术、工艺) 的节能效果.

7.6.2 问题分析

住宅建设中使用新材料、新方法 (技术、工艺) 使住房节能大致从以下几个方面进行：一是朝向, 节能型住宅坐北朝南, 偏东或偏西不能超过 30°; 二是通风, 在厨房、卫生间等相对封闭的环境中要安装机械排放装置; 三是窗户, 节能住宅窗户采用隔热的双层中空玻璃, 窗户不宜太大, 大窗户外要有遮阳设施; 四是墙面, 墙面一般采用外墙外保温; 五是顶楼, 顶楼应有隔热保温层或进行绿化节能.

在硬件上主要是屋面保温隔热和节能门窗等节能技术, 对外墙进行外保温, 墙体使用新型保温材料, 窗户多采用塑钢真空玻璃和塑钢双层玻璃, 屋顶进行保温隔热处理, “平改坡” 和加隔热层, 如采用绿色植物种植屋面、蓄水屋面、平层面与坡层面相结合等方式.

住房的朝向和通风影响能源消耗, 但需要一段时间才能显现. 因此研究住宅建设中使用新材料、新方法 (技术、工艺) 的节能效果这一问题只从屋面、门、窗、外墙 4 个住宅建筑结构部件研究, 也就是比较节能门窗与非节能门窗、墙体使用新型保温材料与墙体不使用新型保温材料、屋面保温隔热与屋面不保温隔热的差异. 这种差异通过单位时间、单位面积的屋面 (门、窗、外墙) 的热量流失的比较来描述.

7.6.3 假设

(1) 住房外形成长方体, 不考虑房内结构部件, 屋面面积为 S_1、外墙面积为 S_2、(朝外) 门面积为 S_3、(朝外) 窗面积为 S_4;

(2) 设室内热量的流失是热传导引起的, 不存在户内外的空气对流;

(3) 室内温度 T_1 与户外温度 T_2 均为常数;

(4) 住宅建设中使用的材料乃至构件 (例如, 玻璃、木板、保温材料、墙体) 是均匀的, 热传导系数为常数;

(5) 使用新材料、新方法 (技术、工艺) 的屋面、门、窗、外墙 4 个住宅建筑结构部件由内层建筑材料、干燥空气夹层或保温材料夹层、外层建筑材料三层构成, 未使用新材料、新方法 (技术、工艺) 的屋面、门、窗、外墙 4 个住宅建筑结构部件仅由一层建筑材料构成.

7.6.4 建立模型

为了建模的需要, 有必要介绍热传导定律.

设材料均匀, 材料厚度为 d, 热传导系数为常数 k, 材料内侧和外侧的温差为 ΔT(图 7-4), 单位时间单位面积传导的热量 Q 为

$$Q=k\frac{\Delta T}{d}. \tag{7.6.1}$$

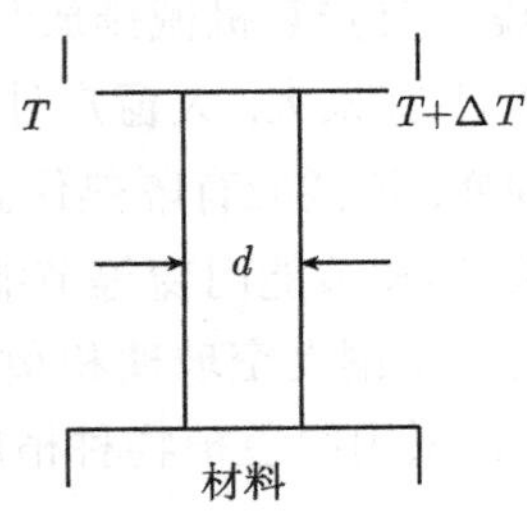

图 7-4 热传导定律

设使用新材料、新方法 (技术、工艺) 的某一住宅建筑结构部件的内层建筑材料厚度、热传导系数分别为 d_1, k_1, 干燥空气夹层或保温材料夹层厚度、热传导系数分别为 l, k_0, 外层建筑材料厚度、热传导系数分别为 d_2, k_2. 设内层建筑材料的外侧温度为 T_a, 外层建筑材料的内侧温度为 T_b(图 7-5), 则单位时间单位面积传导的热量 Q_1 为

$$Q_1=k_1\frac{T_1-T_a}{d_1}=k_0\frac{T_a-T_b}{l}=k_2\frac{T_b-T_2}{d_2}. \tag{7.6.2}$$

在式 (7.6.2) 中消去 T_a, T_b, 有

$$Q_1=\frac{T_1-T_2}{\dfrac{d_1}{k_1}+\dfrac{d_2}{k_2}+\dfrac{l}{k_0}}. \tag{7.6.3}$$

设未使用新材料、新方法 (技术、工艺) 的某一住宅建筑结构部件的建筑材料厚度、热传导系数分别为 d, k, 则单位时间单位面积传导的热量 Q_2 为

$$Q_2=k\frac{T_1-T_2}{d}. \tag{7.6.4}$$

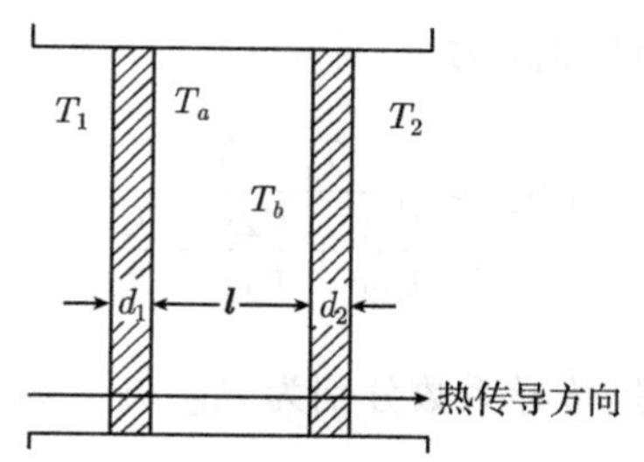

图 7-5 三层建筑结构部件的热传导

由于 $k_0 \ll k_1$, $k_0 \ll k_2$, 在使用新材料、新方法 (技术、工艺) 的某一住宅建筑结构部件的内层建筑材料和未使用新材料、新方法 (技术、工艺) 的某一住宅建筑结构部件的建筑材料一致并且厚度相同时, 即 $d = d_1$, $k = k_1$ 时, 由式 (7.6.3) 和式 (7.6.4), 有

$$Q_1 \ll Q_2, \tag{7.6.5}$$

这表明住宅建设中使用新材料、新方法 (技术、工艺) 使住房明显节能.

7.6.5 模型应用

1. 屋面传导的热量

设屋面底层建筑材料厚度、热传导系数分别为 d_{11}, k_{11}, 干燥空气夹层厚度、热传导系数分别为 l_1, k_0, 上层建筑材料厚度、热传导系数分别为 d_{21}, k_{21}, 由式 (7.6.3) 知单位时间单位面积传导的热量 Q_{11} 为

$$Q_{11} = \frac{T_1 - T_2}{\dfrac{d_{11}}{k_{11}} + \dfrac{d_{21}}{k_{21}} + \dfrac{l_1}{k_0}}. \tag{7.6.6}$$

未使用新材料、新方法 (技术、工艺) 的屋面建筑材料厚度、热传导系数分别为 d_{01}, k_{01}, 则单位时间单位面积传导的热量 Q_{21} 为

$$Q_{21} = k_{01}\frac{T_1 - T_2}{d_{01}}. \tag{7.6.7}$$

2. 门传导的热量

设门内层材料厚度、热传导系数分别为 d_{12}, k_{12}, 干燥空气夹层厚度、热传导系数分别为 l_2, k_0, 外层材料厚度、热传导系数分别为 d_{22}, k_{22}. 由式 (7.6.3) 知单

位时间单位面积传导的热量 Q_{12} 为

$$Q_{12}=\frac{T_1-T_2}{\dfrac{d_{12}}{k_{12}}+\dfrac{d_{22}}{k_{22}}+\dfrac{l_2}{k_0}}. \tag{7.6.8}$$

单层门的材料厚度、热传导系数分别为 d_{02}, k_{02}, 则单位时间单位面积传导的热量 Q_{22} 为

$$Q_{22}=k_{02}\frac{T_1-T_2}{d_{02}}. \tag{7.6.9}$$

3. 窗传导的热量

设双层窗的内层和外层玻璃相同, 厚度、热传导系数分别为 d_{13}, k_{13}, 干燥空气夹层厚度、热传导系数分别为 l_3, k_0. 由式 (7.6.3) 知单位时间单位面积传导的热量 Q_{13} 为

$$Q_{13}=\frac{T_1-T_2}{\dfrac{2d_{13}}{k_{13}}+\dfrac{l_3}{k_0}}. \tag{7.6.10}$$

单层玻璃窗的玻璃厚度、热传导系数分别为 d_{03}, k_{03}, 则单位时间单位面积传导的热量 Q_{23} 为

$$Q_{23}=k_{03}\frac{T_1-T_2}{d_{03}}. \tag{7.6.11}$$

4. 外墙传导的热量

设使用新材料、新方法 (技术、工艺) 的外墙的内层建筑材料厚度、热传导系数分别为 d_{14}, k_{14}, 保温材料夹层厚度、热传导系数分别为 l_4, k_{01}, 外层建筑材料厚度、热传导系数分别为 d_{24}, k_{24}. 由式 (7.6.3) 知单位时间单位面积传导的热量 Q_{14} 为

$$Q_{14}=\frac{T_1-T_2}{\dfrac{d_{14}}{k_{14}}+\dfrac{d_{24}}{k_{24}}+\dfrac{l_4}{k_{01}}}. \tag{7.6.12}$$

设未使用新材料、新方法 (技术、工艺) 的外墙的建筑材料厚度、热传导系数分别为 d_{04}, k_{04}, 则单位时间单位面积传导的热量 Q_{24} 为

$$Q_{24}=k_{04}\frac{T_1-T_2}{d_{04}}. \tag{7.6.13}$$

5. 住宅传导的热量

于是由式 (7.6.6), 式 (7.6.8), 式 (7.6.10), 式 (7.6.12) 可知, 使用新材料、新方法 (技术、工艺) 的住宅在单位时间内单位面积传导的热量为 $Q=\sum\limits_{i=1}^{4}S_iQ_{1i}\Big/\sum\limits_{j=1}^{4}S_j$; 而由式 (7.6.7)、(7.6.9)、(7.6.11) 和 (7.6.13) 可知, 未使用新材料、新方法 (技术、工艺) 的住宅在单位时间内单位面积传导的热量为 $Q'=\sum\limits_{i=1}^{4}S_iQ_{2i}\Big/\sum\limits_{j=1}^{4}S_j$.

通常 $d_{0i}=d_{1i}$, $k_{0i}=k_{1i}$, $i=1,2,3,4$, 又 $l_i/k_0(i=1,2,3)$ 和 l_4/k_{01} 比较大, 于是 $Q\ll Q'$.

7.6.6 评注

可通过有关资料查得各种建筑材料、干燥空气、保温材料的热传导系数, 实际测量屋面、门、窗、外墙的建筑材料厚度和干燥空气夹层或保温材料厚度, 分别计算屋面、外墙、(朝外) 门、(朝外) 窗的面积. 在此基础上得到住宅在单位时间内单位面积传导的热量, 从而确定节能效果.

第8章 代数模型

现实世界中有些对象本身是离散的，也有些对象本身是连续的，但从建模目的来考虑，把连续变量离散化更好. 处理离散变量一种比较简单的方法是以代数学为工具，即建立代数模型来研究某些现实对象.

本章首先介绍用初等代数方法解决住房贷款利率与还本付息方案问题；其次，利用矩阵给出单循环比赛的赛程安排；再次，对植物基因的分布问题，用代数方程表达上一代的基因型分布产生的下一代的基因型分布的递推公式，再用矩阵对角化方法得到任一基因型分布由最初一代的基因型分布的表达式；最后，用代数方程组描述交通网络中各路口等候车辆长度的状态转移规律.

8.1 住房贷款还本付息方案

课堂教学视频-79

8.1.1 问题的提出

小王夫妇打算贷款购房，通过向银行房贷工作人员了解，知道目前银行政策的还款方式有两种：等额本息和等额本金.

银行工作人员解释：等额本息就是每个月还的本金和利息之和不变；等额本金就是每个月还的本金不变，利息会逐渐减少，因为总欠款每月在减少，所以利息每个月递减.

小王夫妇询问银行工作人员如果打算提前还款，应该选择哪种还款方式？银行工作人员建议选等额本金，因为等额本金还款法在整个还款期内每期还款额中的本金都相同，偿还的利息逐月减少，本息合计逐月递减. 这种还款方式前期还款压力较大，适合收入较高或想提前还款人群.

至于为什么不选等额本息还款法，银行工作人员给小王夫妇分析：每期还款额中的本金都不相同，前期还款金额较少，本息合计每月相等. 这种还款方式由于

本金归还速度相对较慢, 占用资金时间较长, 还款总利息较相同期限的等额本金还款法高.

如果小王夫妇向银行房贷部商业贷款或公积金贷款 180 万元, 贷款期限 15 年, 请给小王夫妇解决以下问题:

(1) 采用等额本息还款方式, 每月还款多少元;

(2) 采用等额本金还款方式, 各个月分别还款多少元;

(3) 对等额本息和等额本金两种还款方式定量分析差异.

8.1.2 问题分析

在中学学习数学时我们利用幂或指数解决了问题：某人有 a 元人民币存入银行, 存期 n 年, 如果年利率为 r, 问到期存款本息为多少？答案是 $a(1+r)^n$ 元.

现有问题：某企业向银行贷款 a 元人民币, 贷期 n 年, 如果年利率为 r, 问到期贷款本息为多少？答案也是 $a(1+r)^n$ 元.

由此可见, 计算贷款本息和计算存款本息是一样的.

如果是分月还贷, 需把年利率换算成月利率.

对于每月等额本息偿还法 (先还息后还本原则), 第一月还款额必须超过总贷款一月产生的利息, 否则, 无法还本. 由此知道每月等额还款额大于总贷款一月产生的利息, 在每月等额本息偿还的前提下需计算贷款减去还本后产生的利息, 以此确定各月还本额.

对于每月等额本息偿还法 (先还本后还息原则), 第一月还款额必须超过总贷款除以还款月数的份额, 否则, 无法还息. 由此知道每月等额还款额大于总贷款除以还款月数的份额, 在每月等额本息偿还的前提下需计算贷款减去还本后产生的利息, 以此确定各月还本额.

问题 (2) 的等额本金还款法也称为利随本清的等本不等息递减还款法，中国人民银行给出了计算公式：每月还款额 =(贷款本金 ÷ 贷款期月数)+(本金 − 已还本金累计额)× 月利率, 只要知道月利率, 就可计算每月还款额.

问题 (1) 和问题 (2) 解决后就可以通过总还款额来定量分析这两种还款法的差异.

8.1.3 假设

假设小王向银行贷款 180 万元, 分 15 年还清, 公积金贷款和商业性贷款年利率分别为 3.25%和 4.9%, 相应地月利率分别为 0.271%和 0.408%.

8.1.4 每月等额本息偿还法

1. 先还息后还本原则

设有 D 元贷款, 月利率为 r, 每月等额还款分别为 x 元, 第 i 月还本 a_i 元, $i=1,2,\cdots,180$. 由于 D 元贷款第一月产生利息 Dr, 于是为了能分月还清贷款, 必须 $x>Dr$.

第一月还本 $a_1=x-Dr$ 元, 第一月末剩余贷款为

$$D-a_1=D-(x-Dr)=D(1+r)-x.$$

第一月末剩余贷款 $D(1+r)-x$ 在第二月产生利息 $D(1+r)r-xr$, 则第二月还本

$$a_2=x-[D(1+r)r-xr]=x(1+r)-D(1+r)r.$$

第二月末剩余贷款为

$$D-a_1-a_2=D(1+r)^2-x-x(1+r)=D(1+r)^2-x\sum_{k=1}^{2}(1+r)^{k-1}.$$

一般地, 第 $i-1$ 月末剩余贷款 $D(1+r)^{i-1}-x\sum\limits_{k=1}^{i-1}(1+r)^{k-1}$ 在第 i 月产生利息 $D(1+r)^{i-1}r-x\sum\limits_{k=1}^{i-1}(1+r)^{k-1}r$, 则第 i 月还本

$$a_i=x(1+r)^{i-1}-D(1+r)^{i-1}r,\quad i=1,2,\cdots,180. \tag{8.1.1}$$

第 i 月末剩余贷款为

$$D-\sum_{k=1}^{i}a_k=D(1+r)^i-x\sum_{k=1}^{i}(1+r)^{k-1},\quad i=1,2,\cdots,180. \tag{8.1.2}$$

由于第 180 月末剩余贷款为 0, 于是第 180 月还款额 x 等于第 179 月末剩余贷款及其一个月产生的利息, 即 $x=\left(D-\sum\limits_{k=1}^{179}a_k\right)(1+r)$, 由式 (8.1.1), 有

$$x=D(1+r)^{180}-x\sum_{k=1}^{179}(1+r)^k,$$

即

$$x = \frac{Dr(1+r)^{180}}{(1+r)^{180}-1}. \tag{8.1.3}$$

取 $D = 1800000$, $r = 0.0027083$, 由式 (8.1.3) 得 $x = 12648.00$ 元; 取 $D = 1800000$, $r = 0.0040833$, 由式 (8.1.3) 得 $x = 14140.70$ 元. 商业性贷款比公积金贷款每个月多还款 1492.70 元.

2. 先还本后还息原则

设有 D 元贷款, 月利率为 r, 每月等额还款分别为 y 元, 而贷款每月等额还款后第 i 月剩余本息为 b_i 元, $i = 1, 2, \cdots, 180$. 由于贷款产生利息, 于是为了能分月还清贷款, 必须 $y > D/180$.

由于 D 元贷款第一月产生利息 Dr, 则等额还款 y 元后第一月末剩余贷款本息为

$$b_1 = D(1+r) - y.$$

第一月末剩余贷款本息到第二月末产生利息为 $b_1 r = D(1+r)r - yr$, 则等额还款 y 元后第二月末剩余贷款本息为

$$b_2 = b_1(1+r) - y = D(1+r)^2 - y\sum_{k=1}^{2}(1+r)^{k-1}.$$

一般地, 第 $i-1$ 月末剩余贷款本息 $b_{i-1} = D(1+r)^{i-1} - y\sum\limits_{k=1}^{i-1}(1+r)^{k-1}$ 在第 i 月产生利息

$$b_{i-1}r = Dr(1+r)^{i-1} - y\sum_{k=1}^{i-1} r(1+r)^{k-1}, \tag{8.1.4}$$

则第 i 月等额还款 y 元后第 i 月末剩余贷款本息为

$$b_i = D(1+r)^i - y\sum_{k=1}^{i}(1+r)^{k-1}. \tag{8.1.5}$$

由于第 180 月等额还款 y 元后第 180 月末剩余贷款本息为 0 元, 即

$$b_{180} = D(1+r)^{180} - y\sum_{k=1}^{180}(1+r)^{k-1} = 0,$$

所以

$$y = \frac{Dr(1+r)^{180}}{(1+r)^{180}-1}. \tag{8.1.6}$$

比较式 (8.1.6) 和式 (8.1.3) 后发现：等额本息偿还法无论是采用先还息后还本原则还是采用先还本后还息原则, 每月等额还款数额一致.

8.1.5 每月等额本金偿还法

每月不等额本息偿还法是指利随本清的等本不等息递减还款法, 其计算公式：每月还款额 =(贷款本金 ÷ 贷款期月数)+(本金 − 已还本金累计额)× 月利率.

设有 D 元贷款, 月利率为 r, 第 i 月利随本清的等本不等息递减还款额为 u_i 元, $i = 1, 2, \cdots, 180$, 则

$$u_i = \frac{D}{180} + \left[D - \frac{(i-1)D}{180}\right] r, \quad i = 1, 2, \cdots, 180. \tag{8.1.7}$$

取 $D = 1800000$, $r = 0.00270083$, 由式 (8.1.7), 公积金贷款从第一月还款 $u_1 = 14875.00$ 元, 逐月减少还款 27. 08 元, 到第 180 月还款 $u_{180} = 10027.08$ 元.

取 $D = 1800000$, $r = 0.00408333$, 由式 (8.1.7), 商业性贷款从第一月还款 $u_1 = 17350.00$ 元, 逐月减少还款 40.83 元, 到第 180 月还款 $u_{180} = 10040.83$ 元.

8.1.6 两种还款方式差异定量分析

对于 D 元月利率为 r 的 15 年期贷款, 由式 (8.1.3) 知先还息后还本的等额还款法每月等额还款 $x = Dr(1+r)^{180}/[(1+r)^{180}-1]$, 180 个月总还款额为 $180Dr(1+r)^{180}/[(1+r)^{180}-1]$. 由式 (8.1.7) 知第 i 月利随本清的等本不等息递减还款额为 $u_i = D/180 + [D-(i-1)D/180]r, i = 1, 2, \cdots, 180$, 180 个月总还款额为 $[(2+181r)/2]D$. 显然前者总还款额大于后者总还款额. 由此可知, 对于 180 万元 15 年的住房贷款, 如果使用公积金贷款, 等额本息还款总额为 227.655 万元, 等额本金还款总额为 224.119 万元, 前者比后者多还款 35459.30 元; 如果使用商业贷款, 等额本息还款总额为 254.33 万元, 等额本金还款总额为 246.518 万元, 前者比后者多还款 80150.30 元.

下面从存款的角度来分析.

$u_i = D/180 + [D-(i-1)D/180]r$ 元的存款, 以月利率 r 分别存 $180-i$ 个月, $i = 1, 2, \cdots, 180$, 这 180 笔存款到期本息为 $U = D(1+r)^{180}$.

有 180 笔 $x = Dr(1+r)^{180}/[(1+r)^{180}-1]$ 元的存款, 以月利率 r 分别存 $0,1,2,\cdots,179$ 个月, 则到期本息为 $X = D(1+r)^{180}$, 明显等于 $U = D(1+r)^{180}$, 从而等额本息还款法和等额本金还款法对贷款人没有差别, 考虑到通货膨胀, 对于贷款人而言采用等额本息还款法贷款好于等额本金还款法贷款.

8.2 体育竞赛赛程安排

8.2.1 问题的提出

许多体育比赛都要安排比赛日程, 抛开宣传、商业等方面的考虑, 对各参赛队的公平性应该成为赛程安排是否妥当最重要的标准之一. 例如, 一个随意安排的由 5 个队 (A, B, C, D, E) 参加的单循环赛的一种赛程表如下 (表 8-1). 易见这个赛程安排的公平性得不到保证, 对 A, E 有利, 而对 D 不公平.

表 8-1 5 队单循环赛程表一

	A	B	C	D	E	每两场比赛间相隔场次数	总相隔场次数
A	—	1	9	3	6	1, 2, 2	5
B	1	—	2	5	8	0, 2, 2	4
C	9	2	—	7	10	4, 1, 0	5
D	3	5	7	—	4	0, 0, 1	1
E	6	8	10	4	—	1, 1, 1	3

又例如, 一个精心安排的 5 个队 (A, B, C, D, E) 参加的单循环赛的一种赛程表如下 (表 8-2), 易见这个赛程安排的公平性得到提高.

表 8-2 5 队单循环赛程表二

	A	B	C	D	E	每两场比赛间相隔场次数	总相隔场次数
A	—	1	6	9	3	1, 2, 2	5
B	1	—	4	7	10	2, 2, 2	6
C	6	4	—	2	8	1, 1, 1	3
D	9	7	2	—	5	2, 1, 1	4
E	3	10	8	5	—	1, 2, 1	4

请建立数学模型就 $n(n \geqslant 5)$ 支队在同一块场地上进行的单循环赛的公平性和如何安排赛程问题进行探讨.

8.2.2 模型的假设

(1) 每个参赛队伍按赛程准时参加比赛, 无中途调整情况;

(2) 赛程不考虑种子队因素;

(3) 在比赛过程中不会出现意外的停赛事故;

(4) 给每支球队都编上队号 (实际比赛是赛程安排后通过抽签确定各个参赛队的队号), 依次为 1, 2, 3, $\cdots$, n.

8.2.3 模型的分析

注意到衡量公平的标准为各队每两场比赛中间相隔场次应尽量相等, 由此应对各队每两场比赛的最小间隔场次 r 进行讨论. 设赛程中某场比赛是 i, j 两队, i 队参加的下一场比赛将是 i, k 两队比赛 ($k \neq j$), 要使各队每两场比赛最小相隔场次为 r, 则上述两场比赛之间必须有除 i, j, k 以外的 $2r$ 支球队参加比赛, 于是, $n \geqslant 2r + 3$. 注意到 r 是整数, 则 $r \leqslant [(n-3)/2]$($[x]$ 表示不超过 x 的最大整数), 即 r 的上界是 $[(n-3)/2]$. 为了问题研究具有意义, 必须要求 $[(n-3)/2] > 0$, 即考虑至少 5 个队的公平赛程安排.

容易知道, 当某个赛程的各队每两场比赛的最小间隔场次能达到上界即 $[(n-3)/2]$ 时, 则是一个公平的赛程安排.

8.2.4 模型的建立和求解

设参赛队数为 $n(n \geqslant 5)$, 则整个赛程的比赛场次数为 C_n^2. 记顶点集 $V = \{v_1, v_2, \cdots, v_n\}$, 其中的顶点 v_i 表示第 i 个球队, 记权集为 $W = \{1, 2, \cdots, \mathrm{C}_n^2\}$, 记边集 $E = \{(v_i, v_j)\,|i, j = 1\,, 2, \cdots, n;\ i \neq j\}$, 边 (v_i, v_j) 上的权数 w 表示第 i 队和第 j 队在总赛程中的第 w 场相遇 ($w \in W$). 这样, 由 n 个球队参赛的单循环赛赛程安排的问题可以转化为顶点数为 n 的完全图 K_n 上赋权的问题, 即把权集 W 中不同的数赋给 E 中不同的边, 就是赛程的一种安排. 显然, 总共有 $(\mathrm{C}_n^2)!$ 种不同的赛程安排, 而一个公平的赛程安排必须各队每两场比赛的最小间隔场次能达到上界 $[(n-3)/2]$.

下面就 n 为奇数和偶数分别基于抽屉原理利用构造法说明存在一种安排法使得 r 达到其上界 $[(n-3)/2]$.

抽屉原理 在 $2k$ 个抽屉中, 放 $2k+1$ 个球, 则必有一个抽屉内放 2 个以上球.

当 $n=2k$ 时, 用如下方法制定赛程. 设以 k 场比赛为 1 轮, 总比赛场数为 $\mathrm{C}_n^2=k(2k-1)$, 因此共有 $n-1=2k-1$ 轮比赛. 记第 1 轮赛程表为

$$\boldsymbol{A}_1=\begin{pmatrix} 1 & 2 & \cdots & k-1 & k \\ 2k & 2k-1 & \cdots & k+2 & k+1 \end{pmatrix},$$

其中矩阵中每列的两个元素表示该轮中比赛的两支队伍的队号.

第 $i+1$ 轮是在第 i 轮的基础上, 左下角元素 $2k$ 始终不动 (事实上可固定矩阵中的任一元素), 其余 $2k-1$ 个元素按逆时针方向旋转, 每个元素移动 1 位 $(i=1,2,\cdots,2k-1)$.

当 $n=2k+1$ 时, 用如下方法制定赛程. 总比赛场数为 $\mathrm{C}_n^2=k(2k+1)$, 可以分为 k 轮, 每一轮有 $2k+1$ 场比赛, 每个队出场两次. 记第 1 轮赛程表为

$$\boldsymbol{B}_1=\begin{pmatrix} 1 & 2 & \cdots & k & k+1 & 2k+1 & 2k & \cdots & k+2 \\ 2k+1 & 2k & \cdots & k+2 & 1 & 2 & 3 & \cdots & k+1 \end{pmatrix},$$

其中矩阵分为左右两部分, 左侧 $k+1$ 列是左部分, 右侧 k 列是右部分.

第 $i+1$ 轮是在第 i 轮的基础上, 左部分的左上角和右下角的元素 1 始终不动, 其余元素按顺时针方向旋转, 每个元素移动 1 位; 右部分的元素按逆时针方向旋转 $(i=1,2,\cdots,k-1)$.

可以验证用上述方法安排的赛程, 任意两队之间有比赛, 并且无重复, 各队每两场比赛的最小间隔场次能达到上界即 $[(n-3)/2]$.

下面分别列出 n =8, 9 时按上述构造法编成的赛程表, 分别见表 8-3、表 8-4.

表 8-3 8 个参赛队的赛程表

	A	B	C	D	E	F	G	H	每两场比赛间相隔场次数	总相隔场次数
A	—	1	5	9	13	17	21	25	3, 3, 3, 3, 3, 3	18
B	1	—	20	6	23	11	26	16	4, 4, 4, 3, 2, 2	19
C	5	20	—	24	10	27	15	2	2, 4, 4, 4, 3, 2	19
D	9	6	24	—	28	14	3	19	2, 2, 4, 4, 4, 3	19
E	13	23	10	28	—	4	18	7	2, 2, 2, 4, 4, 4	18
F	17	11	27	14	4	—	8	22	3, 2, 2, 2, 4, 4	17
G	21	26	15	3	18	8	—	12	4, 3, 2, 2, 2, 4	17
H	25	16	2	19	7	22	12	—	4, 4, 3, 2, 2, 2	17

从表 8-3、表 8-4 的中部可以看到 $n=8$ 时每两场比赛相隔场次数只有 2, 3, 4; $n=9$ 时每两场比赛相隔场次数只有 3, 4. 可以推广：n 为偶数时, 每两场比赛相隔场次数只有 $n/2-2, n/2-1$ 和 $n/2$; n 为奇数时, 每两场比赛相隔场次数只有 $(n-3)/2$ 和 $(n-1)/2$.

表 8-4　9 个参赛队的赛程表

	A	B	C	D	E	F	G	H	I	每两场比赛间相隔场次数	总相隔场次数
A	—	36	6	31	11	26	16	21	1	4, 4, 4, 4, 4, 4, 4	28
B	36	—	2	27	7	22	12	17	32	4, 4, 4, 4, 4, 4, 3	27
C	6	2	—	35	15	30	20	25	10	3, 3, 4, 4, 4, 4, 4	26
D	31	27	35	—	3	18	8	13	23	4, 4, 4, 4, 3, 3, 3	25
E	11	7	15	3	—	34	24	29	19	3, 3, 3, 3, 4, 4, 4	24
F	26	22	30	18	34	—	4	9	14	4, 4, 3, 3, 3, 3, 3	23
G	16	12	20	8	24	4	—	33	28	3, 3, 3, 3, 3, 3, 4	22
H	21	17	25	13	29	9	33	—	5	3, 3, 3, 3, 3, 3, 3	21
I	1	32	10	23	19	14	28	5	—	3, 4, 3, 4, 3, 4, 3	24

8.2.5 评注

除了用各队每两场比赛最小相隔场次的上界作为公平性指标外, 还可以用其他一些指标来衡量赛程的优劣, 如平均相隔场次及平均相隔场次的上界、相隔场次的最大偏差等.

8.2.6 进一步的问题

对于单循环赛, 如果有多块比赛场地 (或同时可举行多场比赛), 如何安排公平赛程？

而对于双循环赛, 即两队主客场各赛一次, 安排赛程时除间隔场次外, 要考虑主客场因素, 如何安排公平赛程？

另外, 像桥牌双人比赛那样, 不仅对手要轮换, 牌局也要轮换, 赛程安排就更复杂一些, 如何安排公平赛程？

8.3 植物基因的分布

8.3.1 问题的提出

假定一个农场有数亩作物, 它由三种可能基因型 AA、Aa 及 aa 的某种分布所组成. 农场育种技术人员要采用的育种方案是作物总体中的每种作物总是用基

因型 AA 的作物来授粉. 要解决的问题为导出在任何一个后代总体中三种可能基因型的分布表达式.

8.3.2 假设

假定所考虑的遗传特性由两个基因 A 和 a 来支配. 例如, 人类的眼睛染色体是通过常染色体遗传来控制, AA 及 Aa 型产生棕色眼睛, aa 型的是蓝色眼睛.

8.3.3 问题分析

在常染色体遗传中, 一个个体从它的亲本的每一基因对中遗传一个基因, 以形成它自己特殊的基因对: AA, Aa, aa. 亲本的两个基因中的哪一个传给后代纯属机会问题, 如果一个亲本是 Aa 型, 后代从这个亲本遗传获得 A 基因或 a 基因的机会是等可能的. 例如, 一个亲本是 aa 型, 另一个亲本是 Aa 型, 后代总是从 aa 亲本接受一个 a 基因, 再从 Aa 亲本以等概率或是接受一个 A 基因或是接受一个 a 基因, 结果后代为 aa 型或者 Aa 型的概率是相同的. 对于各种亲本基因型, 后代的可能基因型的概率列入表 8-5 中.

表 8-5 对于各种亲本基因型, 后代的可能基因型的概率

后代	亲本					
	AA-AA	AA-Aa	AA-aa	Aa-Aa	Aa-aa	aa-aa
AA	1	0.5	0	0.25	0	0
Aa	0	0.5	1	0.5	0.5	0
aa	0	0	0	0.25	0.5	1

8.3.4 建立模型

记 $a_n(n=0,1,2,\cdots)$ 为在第 n 代中 AA 基因型作物所占的分数, b_n 为在第 n 代中 Aa 基因型作物所占的分数, c_n 为在第 n 代中 aa 基因型作物所占的分数. a_0,b_0,c_0 表示基因型的原始分布, 且 $a_0+b_0+c_0=1$.

由于用基因型 AA 的作物来授粉, 通过分析表 8-5(前三列数据) 可知, 从上一代的基因型分布产生的下一代的基因型分布可用下列递推公式求出

$$\begin{cases} a_n = a_{n-1}+0.5b_{n-1}, \\ b_n = 0.5b_{n-1}+c_{n-1}, \\ c_n = 0, \end{cases} \tag{8.3.1}$$

其中式 (8.3.1) 中第一式表明, 基因型 AA 的所有后代都是 AA 型基因; 基因型 Aa 的后代, 有一半是 AA 型. 这一递推公式的矩阵表示为

$$\boldsymbol{X}^{(n)} = \boldsymbol{M}\boldsymbol{X}^{(n-1)}, \quad n = 1, 2, \cdots, \tag{8.3.2}$$

其中 $\boldsymbol{X}^{(n)} = \begin{pmatrix} a_n \\ b_n \\ c_n \end{pmatrix}$, $\boldsymbol{X}^{(n-1)} = \begin{pmatrix} a_{n-1} \\ b_{n-1} \\ c_{n-1} \end{pmatrix}$, $\boldsymbol{M} = \begin{pmatrix} 1 & 0.5 & 0 \\ 0 & 0.5 & 1 \\ 0 & 0 & 0 \end{pmatrix}$.

记 $\boldsymbol{X}^{(0)} = \begin{pmatrix} a_0 \\ b_0 \\ c_0 \end{pmatrix}$, 由递推公式 (8.3.2) 可得

$$\boldsymbol{X}^{(n)} = \boldsymbol{M}\boldsymbol{X}^{(n-1)} = \boldsymbol{M}^2\boldsymbol{X}^{(n-2)} = \cdots = \boldsymbol{M}^n\boldsymbol{X}^{(0)},$$

于是有模型

$$\boldsymbol{X}^{(n)} = \boldsymbol{M}^n\boldsymbol{X}^{(0)}, \quad n = 1, 2, \cdots, \tag{8.3.3}$$

其中 $\boldsymbol{X}^{(0)} = \begin{pmatrix} a_0 \\ b_0 \\ c_0 \end{pmatrix}$, $\boldsymbol{M} = \begin{pmatrix} 1 & 0.5 & 0 \\ 0 & 0.5 & 1 \\ 0 & 0 & 0 \end{pmatrix}$.

8.3.5 模型求解

求解模型 (8.3.3) 有两种方法, 即直接计算 $\boldsymbol{M}^n$ 和将矩阵 $\boldsymbol{M}$ 对角化后计算 $\boldsymbol{M}^n$. 后一法是常见的对角化方法, 将矩阵 $\boldsymbol{M}$ 对角化, 需要找出一个可逆矩阵 $\boldsymbol{P}$ 和一个对角矩阵 $\boldsymbol{\Lambda}$, 使 $\boldsymbol{M} = \boldsymbol{P}\boldsymbol{\Lambda}\boldsymbol{P}^{-1}$, 于是

$$\boldsymbol{M}^n = \boldsymbol{P}\boldsymbol{\Lambda}^n\boldsymbol{P}^{-1}, \quad n = 1, 2, \cdots,$$

其中

$$\boldsymbol{\Lambda} = \begin{pmatrix} \lambda_1 & 0 & 0 \\ 0 & \lambda_2 & 0 \\ 0 & 0 & \lambda_3 \end{pmatrix}.$$

而 $\lambda_1, \lambda_2, \lambda_3$ 是 $\boldsymbol{M}$ 的特征值. 故只需求得 $\boldsymbol{M}$ 的特征值和对应的特征向量, 就可使 $\boldsymbol{M}$ 对角化. 在 MATLAB 软件包中输入命令

```
M=[1, 0.5, 0; 0, 0.5, 1; 0, 0, 0];
[p, d]=eig(M)
```

得 $\boldsymbol{M}$ 的三个特征值为 $\lambda_1 = 1$, $\lambda_2 = 1/2$, $\lambda_3 = 0$ 及对应的特征向量分别为

$$\boldsymbol{p}_1 = \begin{pmatrix} 1 \\ 0 \\ 0 \end{pmatrix}, \quad \boldsymbol{p}_2 = \begin{pmatrix} 1 \\ -1 \\ 0 \end{pmatrix}, \quad \boldsymbol{p}_3 = \begin{pmatrix} 1 \\ -2 \\ 1 \end{pmatrix},$$

于是对角矩阵 $\boldsymbol{\Lambda}$ 和可逆矩阵 $\boldsymbol{P}$ 分别为

$$\boldsymbol{\Lambda} = \begin{pmatrix} 1 & 0 & 0 \\ 0 & 1/2 & 0 \\ 0 & 0 & 0 \end{pmatrix}, \quad \boldsymbol{P} = \begin{pmatrix} 1 & 1 & 1 \\ 0 & -1 & -2 \\ 0 & 0 & 1 \end{pmatrix}.$$

为了求逆矩阵, 使用命令

```
P=[1, 1, 1; 0, -1, -2; 0, 0, 1];
Inv(P)
```

得

$$\boldsymbol{P}^{-1} = \begin{pmatrix} 1 & 1 & 1 \\ 0 & -1 & -2 \\ 0 & 0 & 1 \end{pmatrix}.$$

由式 (8.3.3) 得

$$\boldsymbol{X}^{(n)} = \boldsymbol{P}\boldsymbol{\Lambda}^n\boldsymbol{P}^{-1}\boldsymbol{X}^{(0)} = \begin{pmatrix} 1 & 1-(1/2)^n & 1-(1/2)^{n-1} \\ 0 & (1/2)^n & (1/2)^{n-1} \\ 0 & 0 & 0 \end{pmatrix} \boldsymbol{X}^{(0)},$$

所以

$$\begin{pmatrix} a_n \\ b_n \\ c_n \end{pmatrix} = \begin{pmatrix} a_0 + b_0 + c_0 - (1/2)^n b_0 - (1/2)^{n-1} c_0 \\ (1/2)^n b_0 + (1/2)^{n-1} c_0 \\ 0 \end{pmatrix}.$$

这是用原始基因分数表示第 n 代作物总体中三种基因分数. 显然, 当 $n \to +\infty$ 时, 有

$$a_n \to a_0 + b_0 + c_0 = 1, \quad b_n \to 0, \quad c_n \to 0.$$

这说明在极限情况下总体中所有作物都将是基因 AA 型.

8.3.6 评注

式 (8.3.3) 反映了第 $n-1$ 代作物总体中三种基因分布向第 n 代作物总体中三种基因分布的转移规律.

8.3.7 问题

某农场饲养的某种动物所能达到的最大年龄为 15 岁, 将其分为三个年龄组: 第一组 0~5 岁; 第二组 6~10 岁; 第三组 11~15 岁. 动物从第二个年龄组开始繁殖后代, 第二个年龄组的动物在其年龄段平均繁殖 4 个后代, 第三年龄组的动物在其年龄段平均繁殖三个后代. 第一年龄组和第二年龄组的动物能顺利进入下一个年龄组的存活率分别为 0.5 和 0.25. 假设农场现有三个年龄段的动物各 1000 头, 计算 5 年后, 10 年后, 15 年后各年龄段动物数量. 20 年后农场三个年龄段的动物的情况会怎样?

根据有关生物学研究结果, 对于足够大的时间值 k, 有 $\boldsymbol{x}^{(k+1)} \approx \lambda_1 \boldsymbol{x}^{(k)}$($\lambda_1$ 是莱斯利 (Laslie) 矩阵 $\boldsymbol{L}$ 的唯一正特征值). 请检验这一结果是否正确? 如果正确, 请给出适当的 k 值.

如果每 5 年平均向市场供应动物数 $\boldsymbol{C}=(s,s,s)^{\mathrm{T}}$, 在 20 年后农场动物不至于灭绝的前提下, $\boldsymbol{C}$ 应取多少为好?

8.4 城市交通流量

8.4.1 问题的提出

随着经济的发展, 人民收入的增加, 汽车等机动车辆数量的急剧增加, 城市交通日益繁忙, 在一些没有立交桥的交叉路口, 机动车辆排长队等候绿灯的情况经常发生. 目前大多数城市交叉路口红绿灯时间是固定的, 这是机动车辆排长队等候绿灯的原因之一. 了解机动车辆在交叉路口等候的车队长度, 从而依据候车长度来调节红绿灯时间是解决机动车辆排长队等候绿灯的有效方法.

城市交通网络通常由一些互相连接的路段和交叉路口组成, 为简单和确定起见, 本节讨论图 8-1 所示的交通网络. 此交通网络由两条横向公路. 两条纵向公路和 4 个交叉路口 A, B, C, D 组成. 公路都是单行线, 方向如图 8-1 所示, 而且不考虑转弯. 由 A 到 B, C 的距离为 1 个单位, D 到 B, C 的距离为 2 个单位.

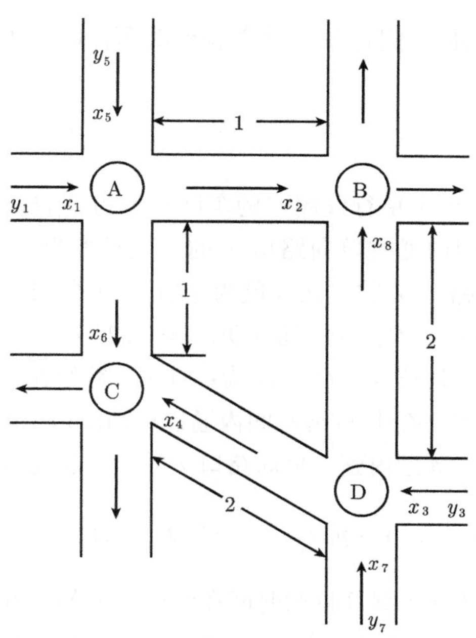

图 8-1 城市交通网络

8.4.2 问题分析

研究城市交通流量的目的是度量等候绿灯的机动车辆排队长度, 从而通过调节红绿灯时间减少机动车辆等候时间. 为了解决问题, 各路口绿灯持续时间是控制变量, 而作为研究对象的每次绿灯开始时刻等候在各路口的机动车辆队伍长度则是状态变量. 红绿灯是周期变化的, 以这个周期为时间单位将时间离散化. 通过代数方法, 寻找机动车辆排队长度的状态转移规律, 是解决问题的关键.

8.4.3 模型假设

(1) 交通网络饱和, 即各路口等候的车队足够长, 以至于在绿灯持续时间内有源源不断的机动车辆通过;

(2) 4 个交叉路口的红绿灯周期相同, 绿灯开始时刻也相同, 将每次绿灯开始时刻记作 $t = 0, 1, 2, \cdots$;

(3) 不计黄灯时间, 横向 (纵向) 路口的绿灯时间等于纵向 (横向) 路口的红灯时间;

(4) 绿灯持续时间内通过单向路口的车队长度与绿灯持续时间成正比;

(5) 车队在交叉路口之间行驶 1 个单位距离所需时间为 1 个单位时间, 即为 1 个红绿灯周期.

8.4.4 建立模型

记时刻 t 等候在 8 个单行线路口的车队长度为 $x_i(t)$, $i=1,2,\cdots,8$, 时刻 t 开始的绿灯持续时间内通过单向路口 i 的车队长度为 $z_i(t)$, 时刻 t 开始的红绿灯周期内到达单向路口 i 的车队长度为 $y_i(t)$. 由假设 (1) 可知, 在任何时刻 $t(t=0,1,2,\cdots)$, $x_i(t)$, $y_i(t)$, $z_i(t)$ 均非负, $i=1,2,\cdots,8$. 显然, 下一时刻 $t+1$ 等候在单向路口 i 的车队长度 $x_i(t+1)$ 为: 时刻 t 等候在单向路口 i 的车队长度 $x_i(t)$ 中减去时刻 t 开始的绿灯持续时间内通过单向路口 i 的车队长度 $z_i(t)$, 再加上时刻 t 开始的红绿灯周期内到达单向路口 i 的车队长度 $y_i(t)$, 即

$$x_i(t+1)=x_i(t)-z_i(t)+y_i(t),\quad i=1,2,\cdots,8;\ t=0,1,2,\cdots. \tag{8.4.1}$$

设 $u_j(t)$ 是交叉路口 j 绿灯持续时间在时刻 t 开始的红绿灯周期中所占的比例 $(0\leqslant u_j(t)\leqslant 1,\ j=1,2,3,4)$, 又设 α_j 是在一个红绿灯周期时间内在饱和情况下通过交叉路口 j 的车队长度, 称为饱和车队长度, 是已知常数, 因此由假设 (4)

$$z_j(t)=\alpha_j u_j(t),\quad j=1,2,3,4. \tag{8.4.2}$$

由图 8-1 及假设 (3) 可知

$$\begin{cases} u_5(t)=1-u_1(t),\\ u_6(t)=1-u_4(t),\\ u_7(t)=1-u_3(t),\\ u_8(t)=1-u_2(t). \end{cases} \tag{8.4.3}$$

再由假设 (5) 可知

$$\begin{cases} y_2(t)=z_1(t-1),\\ y_4(t)=z_3(t-2),\\ y_6(t)=z_5(t-1),\\ y_8(t)=z_7(t-2). \end{cases} \tag{8.4.4}$$

但 $y_j(t)$, $j=1,3,5,7$ 要由如图 8-1 所示网络外的系统确定, 这里假设是已知的量.

把式 (8.4.2)~(8.4.4) 代入式 (8.4.1), 有

$$\begin{cases} x_1(t+1)=x_1(t)+y_1(t)-\alpha_1u_1(t), \\ x_2(t+1)=x_2(t)+\alpha_1u_1(t-1)-\alpha_2u_2(t), \\ x_3(t+1)=x_3(t)+y_3(t)-\alpha_3u_3(t), \\ x_4(t+1)=x_4(t)+\alpha_3u_3(t-2)-\alpha_4u_4(t), \\ x_5(t+1)=x_5(t)+y_5(t)-\alpha_5+\alpha_5u_1(t), \\ x_6(t+1)=x_6(t)+\alpha_5-\alpha_6-\alpha_5u_1(t-1)+\alpha_6u_4(t), \\ x_7(t+1)=x_7(t)+y_7(t)-\alpha_7+\alpha_7u_3(t), \\ x_8(t+1)=x_8(t)+\alpha_7-\alpha_8-\alpha_7u_3(t-2)+\alpha_8u_2(t). \end{cases} \tag{8.4.5}$$

式 (8.4.5) 反映了车辆排队长度的状态转移规律, 即为所建模型.

8.4.5 模型求解

当 $y_i(t)$, α_i 及 $x_i(0)(i=1,2,\cdots,8;\ t=1,2,\cdots)$ 已知时, 只要给出控制变量 $u_i(t)(i=1,2,\cdots,8;\ t=-2,-1,0,1,2,\cdots)$, 对方程 (8.4.5) 递推求出 $x_i(t)$, $i=1,2,\cdots,8;\ t=1,2,\cdots$.

8.4.6 评注

如何根据车流状况调节各路口的红绿灯时间, 使等待的机动车辆长度尽可能地短, 是交通网络控制的主要任务.

根据交通网络的实际, 对 $x_i(t)(i=1,2,\cdots,8)$, $u_i(t)(i=1,2,3,4)$ 有约束条件

$$0\leqslant x_i(t)\leqslant X_i,\quad i=1,2,\cdots,8, \tag{8.4.6}$$

$$u_j\leqslant u_j(t)\leqslant U_j,\quad j=1,2,3,4, \tag{8.4.7}$$

其中 X_i 是路口 i 最大等候车队长度 $(i=1,2,\cdots,8)$, u_j 与 U_j 分别是交叉路口 j 绿灯持续时间在时刻 t 开始的红绿灯周期中所占的比例的下限和上限 $(j=1,2,3,4)$.

为达到在所考察的时间范围内使整个交通网络等待的机动车辆长度最短的目的, 常取如下目标函数:

$$f(x_1(t),\cdots,x_8(t))=\sum_{i=1}^{8}\lambda_i x_i^2(t), \tag{8.4.8}$$

其中 $\lambda_i(i=1,2,\cdots,8)$ 是路口 i 等候车队长度的加权因子. 于是有模型

$$
\begin{aligned}
\min \quad & f(x_1(t),\cdots,x_8(t))=\sum_{i=1}^{8}\lambda_i x_i^2(t),\\
\text{s.t.} \quad & 0\leqslant x_i(t)\leqslant X_i, \quad i=1,2,\cdots,8,\\
& u_j\leqslant u_j(t)\leqslant U_j, \quad j=1,2,3,4.
\end{aligned}
\tag{8.4.9}
$$

Pearson 等提出并改进的目标协调法是解决模型 (8.4.9) 的一种有效方法.

8.4.7 问题

如果交通网络中的公路是双行线, 交通流量如何计算与控制?

如果一个交叉路口有多条车道, 每个车道都设有红绿灯, 如何调节各车道的红绿灯, 使车辆顺利、有效地通过?

第 9 章

微分方程模型

现实世界中的一类问题，其描述的对象具有随时间或空间演变的特征，需要分析对象特征的变化规律，预报对象特征的未来性态，研究控制对象特征的手段，这类问题就是所谓的动态问题.

动态问题之一是根据函数及其变化率之间的关系来确定函数，这是微分方程模型. 建立微分方程模型，首先，根据建模目的和问题分析对问题作出简化假设；其次，按照内在规律或用类比法来寻找函数及其变化率之间的关系.

本章 9.1 节研究人口预报与控制问题，先介绍只考虑时间的指数模型、Logistic 模型，再介绍既考虑时间又考虑年龄的人口发展方程模型，从而理解生育模式，了解有关人口理论. 9.2 节介绍常见的传染病模型，研究 SARS 的传播过程，分析受感染人数的变化规律. 9.3 节研究酒精在人体内吸收、分布和排除过程，懂得醉酒驾车的危害. 9.4 节介绍了微分方程稳定性基本理论.

9.1 人口模型

9.1.1 问题的提出

人类进入 20 世纪后，尤其是在第二次世界大战结束以后，亚非拉国家纷纷摆脱殖民主义统治，建立了自己的主权国家，而且全球的大环境也是以和平、发展为主旋律. 因此在科学技术和生产力飞速发展的同时，世界人口增长相当迅猛 (表 9-1)，尤其是亚非拉国家人口增长速度更是惊人，其中又以中国 (表 9-2) 和印度的人口增长最明显. 人口的增长给了地球生态环境很大的压力. 因此，控制人口增长及准确的预报人口变得越来越重要.

再来看看联合国预测的 2050 世界人口总数在 79 亿至 110 亿之间，看到这样的数据，同学们感想如何？

表 9-1　世界人口增长概况

年份	1625	1830	1930	1960	1974	1987	1999	2009	2019
人口/亿	5	10	20	30	40	50	60	68	76

表 9-2　中国人口增长概况

年份	1908	1933	1953	1964	1982	1990	1995	2000	2009	2019
人口/亿	3.0	4.7	6.0	7.2	10.3	11.3	12.0	13.0	13.3	14

9.1.2 指数模型

在中学时期我们也经常做预测人口数这种类型的应用题, 但方法时常是今年人口 x_0, 年增长率 r, k 年后人口为 $x_k = x_0(1+r)^k$. 显然, 这样做是在人口增长率不变的前提下完成的. 英国人口学家马尔萨斯调查英国 100 多年的人口统计资料, 得出人口增长率不变的假设, 并据此建立了如下著名的人口指数增长模型.

记时刻 t 的人口为 $x(t)$, 当考察一个国家或一个较大地区时, $x(t)$ 是个很大的整数. 为了方便, 设 $x(t)$ 连续可导. 假设初始时刻 $t=0$ 时的人口为 x_0, 人口增长率为常数 r.

考虑 t 到 $t+\Delta t$ 这段时间内人口增量, 显然有

$$x(t+\Delta t) - x(t) = rx(t)\Delta t$$

或

$$\frac{x(t+\Delta t) - x(t)}{\Delta t} = rx(t).$$

令 $\Delta t \to 0$, 得到 $x(t)$ 满足微分方程

$$\frac{\mathrm{d}x}{\mathrm{d}t} = rx, \quad x(0) = x_0, \tag{9.1.1}$$

解得

$$x(t) = x_0\mathrm{e}^{rt}. \tag{9.1.2}$$

如果 r 比较小, 有

$$x(t) = x_0\mathrm{e}^{rt} = x_0\left(1 + r + \frac{1}{2!}r^2 + \frac{1}{3!}r^3 + \cdots\right)^t \approx x_0(1+r)^t,$$

因此, 常用的那种方法是指数增长模型的离散近似形式.

指数增长模型可应用于短期人口增长预测, 不符合 19 世纪后多数地区人口增长规律, 不能预测较长期的人口增长过程.

9.1.3　Logistic 模型

考察 19 世纪后人口数据, 发现人口增长率 r 不是常数 (逐渐下降), 其原因是: 人口增长到一定数量后, 资源、环境等因素对人口增长的阻滞作用, 且阻滞作用随人口数量增加而变大. 于是, 人口增长率是关于人口数量的减函数, 而这个减函数相当复杂, 由于只需要知道其一些基本性质, 就作最简单的假设:

$$r(x) = r - sx.$$

设人口容量 (资源、环境能容纳的最大数量) 为 $x_{\rm m}$, 则 $r(x_{\rm m}) = 0$, 于是 $s = r/x_{\rm m}$, 从而 $r(x) = r(1 - x/x_{\rm m})$. 这样有模型

$$\frac{{\rm d}x}{{\rm d}t} = rx\left(1 - \frac{x}{x_{\rm m}}\right), \quad x(0) = x_0, \tag{9.1.3}$$

这就是著名的逻辑斯谛 (Logistic) 模型.

利用变量分离法求解方程 (9.1.3), 得

$$x(t) = \frac{x_{\rm m}}{1 + (x_{\rm m}/x_0 - 1){\rm e}^{-rt}}. \tag{9.1.4}$$

由图 9-1 可见, $0 < x(t) < x_{\rm m}/2$ 时, ${\rm d}x/{\rm d}t$ 增加; $x_{\rm m}/2 < x(t) < x_{\rm m}$ 时, ${\rm d}x/{\rm d}t$ 减少; $x(t) = x_{\rm m}/2$ 时, ${\rm d}x/{\rm d}t$ 达到最大, 这是人口增长最快的时刻. 由图 9-2 可见, $x(t)$ 是 S 型曲线, $0 < x(t) < x_{\rm m}/2$ 时, $x(t)$ 快速增加; $x_{\rm m}/2 < x(t) < x_{\rm m}$ 时, $x(t)$ 缓慢增加.

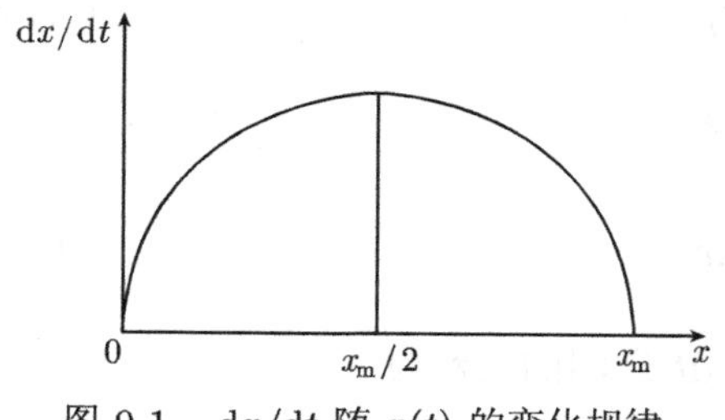

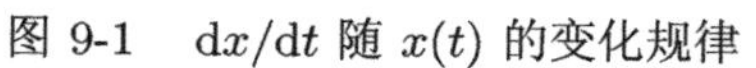

图 9-1　${\rm d}x/{\rm d}t$ 随 $x(t)$ 的变化规律

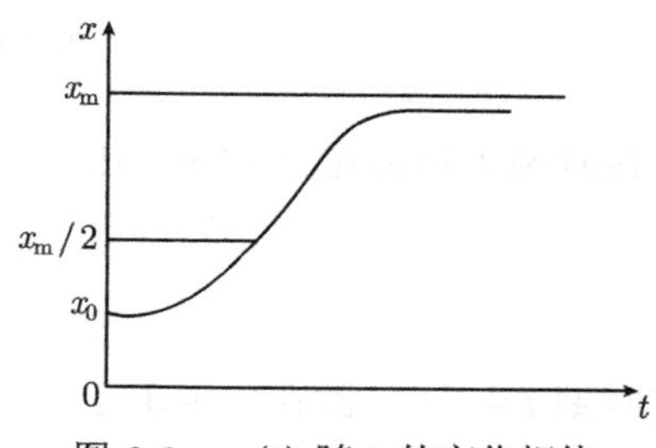

图 9-2　$x(t)$ 随 t 的变化规律

9.1.4 参数估计

用指数增长模型或阻滞增长模型作人口预报, 必须先估计模型参数 r 或 r, x_{m}. 通常利用统计数据用最小二乘法作数据拟合, 模型 (9.1.3) 的差分形式为 $x(t)-x(t-1)=\Delta x(t)=rx-(r/x_{\mathrm{m}})x^2$, 用二次多项式编写对 r 和 $-r/x_{\mathrm{m}}$ 拟合的程序. 利用美国 1990 年以前的人口数据 (单位: 百万人), 扫描程序得拟合结果 $r=0.2557$, $x_{\mathrm{m}}=392.1$.

用模型计算 2000 年美国人口为 275.4 百万, 与实际数据 281.4 百万比较发现有一定的误差.

加入 2000 年人口数据后重新估计模型参数 $r=0.2490$, $x_{\mathrm{m}}=434.0$. 用模型估计 2010 年美国人口为 306.0 百万, 与实际数据 311.2 百万比较发现也有一定的误差.

9.1.5 人口发展方程模型

指数增长模型或阻滞增长模型作人口预报是基于人口自然增长, 即只考虑人口自然出生与死亡, 没有考虑人口的年龄分布. 实际上, 年龄分布对于人口预测具有重要性. 下面考虑人口的年龄分布, 考虑人口的自然出生与死亡, 不计人口的迁移.

用 $N(t)$ 表示时刻 t 的人口总数, $F(r,t)$ 表示时刻 t 年龄小于 r 的人口, 为人口分布函数, 则 $p(r,t)=\partial F(r,t)/\partial r$ 表示人口密度函数, $\lim\limits_{r\to\infty}F(r,t)=N(t)$. 由于考虑人的年龄, 记人的最高年龄为 r_{m}, 则 $F(r_{\mathrm{m}},t)=N(t)$.

用 $\mu(r,t)$ 表示时刻 t 年龄小于 r 的人口的死亡率, 则在 $[t,t+\mathrm{d}t]$ 这段时间内年龄在 r 到 $r+\mathrm{d}r$ 之间的死亡人数为

$$\mu(r,t)p(r,t)\mathrm{d}r\mathrm{d}t. \tag{9.1.5}$$

在时刻 t 年龄在 r 到 $r+\mathrm{d}r$ 之间的人数为

$$p(r,t)\mathrm{d}r, \tag{9.1.6}$$

而在时刻 $t+\mathrm{d}t$ 年龄在 $r+\mathrm{d}t$ 到 $r+\mathrm{d}r+\mathrm{d}t$ 之间的人数为

$$p(r+\mathrm{d}t,t+\mathrm{d}t)\mathrm{d}r, \tag{9.1.7}$$

于是由式 (9.1.5)~(9.1.7), 有

$$p(r,t)\mathrm{d}r - p(r+\mathrm{d}t, t+\mathrm{d}t)\mathrm{d}r = \mu(r,t)p(r,t)\mathrm{d}r\mathrm{d}t, \tag{9.1.8}$$

即

$$\frac{\partial p}{\partial r} + \frac{\partial p}{\partial t} = -\mu(r,t)p(r,t). \tag{9.1.9}$$

记 $p(0,t) = f(t)$, 表示人口出生率; $p(r,0) = p_0(r)$, 表示初始时刻的人口密度, 可通过人口调查或已有统计数据确定. 这样有人口发展方程模型

$$\begin{cases} \dfrac{\partial p}{\partial r} + \dfrac{\partial p}{\partial t} = -\mu(r,t)p(r,t), \\ p(r,0) = p_0(r), \quad r \geqslant 0, \\ p(0,t) = f(t), \quad t \geqslant 0. \end{cases} \tag{9.1.10}$$

若 $\mu(r,t) = \mu(r)$, 则

$$p(r,t) = \begin{cases} p_0(r-t)\mathrm{e}^{-\int_{r-t}^{r} \mu(s)\mathrm{d}s}, & 0 \leqslant t \leqslant r, \\ f(t-r)\mathrm{e}^{-\int_0^r \mu(s)\mathrm{d}s}, & t > r. \end{cases} \tag{9.1.11}$$

从而

$$F(r,t) = \int_0^r p(s,t)\mathrm{d}s, \quad N(t) = \int_0^{r_m} p(s,t)\mathrm{d}s.$$

9.1.6　生育率的分解与人口指数

用 $k(r,t)$ 表示时刻 t 年龄小于 r 的女性性别比函数, $b(r,t)$ 表示时刻 t 年龄小于 r 的女性的生育数, 如果女性的育龄区间为 $[r_1, r_2]$, 则

$$f(t) = \int_{r_1}^{r_2} b(r,t)k(r,t)p(r,t)\mathrm{d}r. \tag{9.1.12}$$

用 $h(r,t)$ 表示时刻 t 年龄小于 r 的女性的生育模式, 通常与 t 无关, 满足 $\displaystyle\int_{r_1}^{r_2} h(r,t)\mathrm{d}r = 1$. 记 $\beta(t) = \displaystyle\int_{r_1}^{r_2} b(r,t)\mathrm{d}r$, 表示时刻 t 女性生育总和, 则 $b(r,t) = \beta(t)h(r,t)$, 从而

$$f(t) = \beta(t)\int_{r_1}^{r_2} h(r,t)k(r,t)p(r,t)\mathrm{d}r. \tag{9.1.13}$$

人口科学或人口统计中有以下常见人口指数:

(1) 人口总数 $N(t)=\int_0^{r_{\mathrm{m}}} p(r,t)\mathrm{d}r$;

(2) 平均年龄 $R(t)=\dfrac{1}{N(t)}\int_0^{r_{\mathrm{m}}} rp(r,t)\mathrm{d}r$;

(3) 平均寿命 (t 时刻出生的人, 死亡率按 $\mu(r,t)$ 计算的平均存活时间)$S(t)=\int_t^{\infty}\mathrm{e}^{-\int_0^{\tau-t}\mu(r,t)\mathrm{d}r}\mathrm{d}\tau$;

(4) 老龄化指数 $\omega(t)=R(t)/S(t)$.

控制人口增长, 就是要控制生育率. 控制生育率既要控制 $N(t)$ 不过大, 又要控制 $\omega(t)$ 不过高.

9.1.7 进一步的问题

如果考虑生育率与死亡率, 那么预测人口数量需要利用莱斯利人口模型. 莱斯利人口模型考虑了各个年龄人群的死亡率 (假定均为常数) 与育龄妇女各个年龄的生育率 (假定均为常数) 分年龄预测人口数量. 我国进入了老年化社会, 加上生活水平提高、医疗技术提升, 各个年龄的死亡率随时间发生变化. 另一方面, 2016 年以来, 国家全面放开生育“二孩”, 因此育龄妇女各个年龄的生育率不能假定均为常数. 因此, 预测人口数量需要改进莱斯利人口模型. 请同学们课后研究如何改进莱斯利人口模型, 以期更好地预测我国未来一段时间的人口数量.

9.2 传染病模型

课堂教学视频-81

9.2.1 问题的提出

随着卫生设施的改善、医疗水平的提高以及人类文明的不断进步. 例如, 霍乱、天花等曾经肆虐全球的传染性疾病已经得到有效的控制. 但是一些新的、不断变异着的传染病毒却悄悄向人类袭来.

20 世纪 80 年代, 艾滋病 (AIDS) 病毒开始肆虐全球, 至今仍在蔓延; 2002 年底, 广东等地出现多例原因不明、危及生命的呼吸系统病例, 来历不明的 SARS 冠状病毒突袭人间, 给人们的生命财产带来了极大的危害. 新型冠状病毒肺炎 2020 年以来在全球暴发, 给广大人民生命、各国经济以及社会都造成巨大伤害.

长期以来, 建立传染病的数学模型来描述传染病的传播过程, 分析受感染人数的变化规律, 探索阻止传染病蔓延的手段等, 一直是各国有关专家和官员关注的课题.

9.2.2 问题分析

不同类型传染病的传播过程有其各自不同的特点, 弄清这些特点需要相当多的病理知识, 这里不可能从医学的角度分析各种传染病的传播, 而只是按照一般的传播机理建立几种传染病模型. 通过几种传染病模型优劣分析, 建立简单而有效的传染病模型.

9.2.3 指数模型

用 $x(t)$ 表示时刻 t 已感染人数 (病人), $x(0) = x_0$. 不妨假设 $x(t)$ 为连续变量, 进一步假设 $x(t)$ 具有连续导函数. 设每个病人每天有效接触 (足以使人致病) 人数为 λ, 考察 t 到 $t + \Delta t$ 内这段时间病人人数的增加: 一方面病人人数从 $x(t)$ 增加到 $x(t + \Delta t)$, 增加病人人数 $x(t + \Delta t) - x(t)$; 另一方面时刻 t 病人人数为 $x(t)$, 由于每个病人每天有效接触 (足以致病) 人数为 λ, 因此 t 到 $t + \Delta t$ 内这段时间增加病人人数 $\lambda x(t)\Delta t$. 显然,

$$x(t + \Delta t) - x(t) = \lambda x(t)\Delta t, \tag{9.2.1}$$

式 (9.2.1) 左右两边同除以 Δt, 并令 $\Delta t \to 0$, 得传染病的指数模型

$$\frac{\mathrm{d}x}{\mathrm{d}t} = \lambda x, \quad x(0) = x_0. \tag{9.2.2}$$

模型 (9.2.2) 的解为 $x(t) = x_0 \mathrm{e}^{\lambda t}$, 此结果表明: 随着 t 的增加, 病人人数 $x(t)$ 无限增长, 这显然是不符合实际的!

建模失败的原因在于: 在病人有效接触的人群中, 有健康人也有病人, 而其中健康人才可以被传染为病人, 所以在改进的模型中必须区分这两类人.

9.2.4 Logistic 模型

假设: (1) 在疾病传播期内所考察地区 (或国家) 的总人数 N 不变 (既不考虑生死, 也不考虑迁移), 人群分为易感染者 (susceptible) 和已感染者 (infective) 两类, 以下简称健康者和病人, 时刻 t 这两类人在总人数中所占的比例分别记为 $s(t)$ 和 $i(t)$, 显然 $s(t) + i(t) = 1$;

(2) 每个病人每天有效接触的平均人数是常数 λ, 当病人与健康者有效接触时, 使健康者受感染变为病人.

每个病人每天可使 $\lambda s(t)$ 个健康者变为病人, 因为病人数为 $Ni(t)$, 所以每天共有 $\lambda s(t)Ni(t)$ 个健康者被感染. 于是, $\lambda Ns(t)i(t)$ 就是时刻 t 每天病人增加数, 它等于 $Ni(t)$ 对 t 的变化率, 即有

$$\frac{\mathrm{d}Ni(t)}{\mathrm{d}t}=N\frac{\mathrm{d}i(t)}{\mathrm{d}t}=\lambda Ni(t)s(t). \tag{9.2.3}$$

记初始时刻 $t=0$ 病人的比例为 $i(0)=i_0$, 并注意到 $s(t)+i(t)=1$, 有 Logistic 模型, 也称 SI 模型

$$\frac{\mathrm{d}i}{\mathrm{d}t}=\lambda i(1-i),\quad i(0)=i_0. \tag{9.2.4}$$

其解为 $i(t)=1/[1+(i_0^{-1}-1)\mathrm{e}^{-\lambda t}]$. 由此可见, 当 $t\to+\infty$ 时 $i(t)\to 1$, 即所有人最终将被传染, 全变为病人. 这显然是不符合实际情况, 其原因是模型中没有考虑到病人可以治愈, 即人群中的健康者只能变成病人, 病人不会再变成健康者.

9.2.5 SIS 模型

有些传染病, 如伤风、痢疾等愈后免疫力很低, 可以假定无免疫性. 于是, 病人被治愈后变成健康者, 健康者还可以被感染再变成病人. 因此, 在 Logistic 模型假设 (1) 和 (2) 的基础上, 再作假设 (3): 每天被治愈的病人数占病人总数的比例为常数 μ, 病人治愈后成为仍可被感染的健康者, 显然 μ^{-1} 是这种传染病的平均传染期.

注意到时刻 t 每天病人增加数 = 时刻 t 每天被感染的健康者 − 时刻 t 每天治愈的病人数, 有 $N\mathrm{d}i/\mathrm{d}t=\lambda Nsi-\mu Ni$.

记初始时刻 $t=0$ 病人的比例为 $i(0)=i_0$, 并注意到 $s(t)+i(t)=1$, 有 SIS 模型

$$\frac{\mathrm{d}i}{\mathrm{d}t}=\lambda i(1-i)-\mu i,\quad i(0)=i_0. \tag{9.2.5}$$

定义 $\sigma=\lambda/\mu$, 它是整个传染期内每个病人有效接触的平均人数, 称为接触数. 模型 (9.2.5) 变为

$$\frac{\mathrm{d}i}{\mathrm{d}t}=-\lambda i[i-(1-\sigma^{-1})],\quad i(0)=i_0. \tag{9.2.6}$$

可以通过图形来分析 $i(t)$ 的变化规律.

通过比较图形, 我们不难看出：当 $\sigma > 1$ 时 $i(t)$ 的增减性取决于 $i(0) = i_0$ 的大小 (图 9-3 和图 9-4), 但其极限值 $i(\infty) = 1 - \sigma^{-1}$ 随 σ 的增加而增加; 当 $\sigma \leqslant 1$ 时病人比例 $i(t)$ 越来越小, 最终趋于零 (图 9-5 和图 9-6), 这是由于传染期内经有效接触从而使健康者变成的病人数不超过原来病人数的缘故. 由此可知, 传染病毒暴发之初所采取的隔离 (疑似) 病人、集中医疗资源加强感染病人治疗等一系列措施的正确性、科学性.

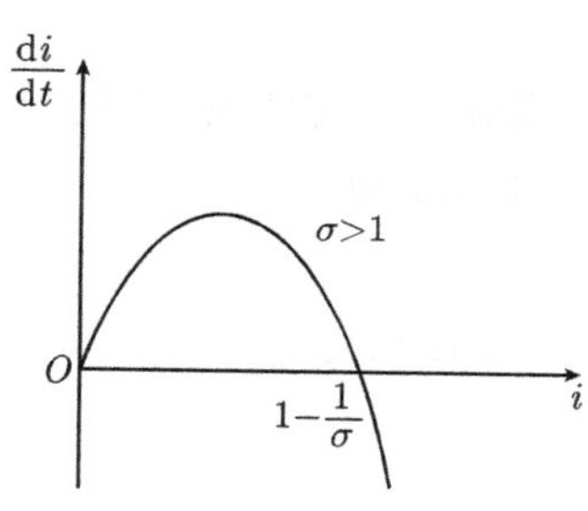

图 9-3　$\sigma > 1$ 时 $\mathrm{d}i/\mathrm{d}t$-i 曲线

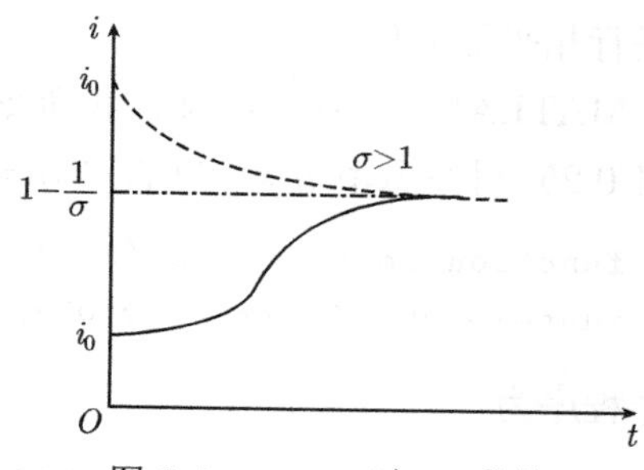

图 9-4　$\sigma > 1$ 时 i-t 曲线

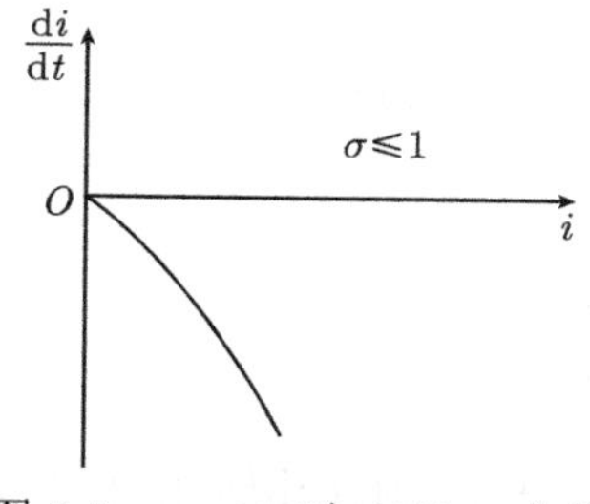

图 9-5　$\sigma \leqslant 1$ 时 $\mathrm{d}i/\mathrm{d}t$-i 曲线

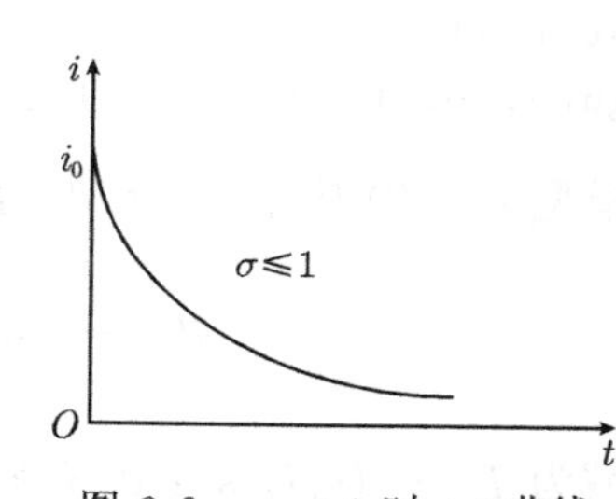

图 9-6　$\sigma \leqslant 1$ 时 i-t 曲线

9.2.6　SIR 模型

传染病, 如麻疹、流感有免疫性, 病人治愈后即移出感染系统, 称移出者. 对此假设：① 总人数 N 不变, 病人、健康人和移出者的比例分别为 $i(t), s(t), r(t)$, 显然 $s(t) + i(t) + r(t) = 1$; ② 病人的日接触率 λ, 日治愈率 μ, 接触数 $\sigma = \lambda/\mu$.

注意到时刻 t 到时刻 $t + \Delta t$ 病人与健康人的变化分别为

$$N[i(t+\Delta t) - i(t)] = \lambda N s(t) i(t) \Delta t - \mu N i(t) \Delta t, \tag{9.2.7}$$

$$N[s(t+\Delta t) - s(t)] = -\lambda N s(t) i(t) \Delta t. \tag{9.2.8}$$

式 (9.2.7)、式 (9.2.8) 左右两边分别同除以 Δt, 并令 $\Delta t \to 0$, 得 SIR 模型

$$
\begin{cases}
\dfrac{\mathrm{d}i}{\mathrm{d}t} = \lambda si - \mu i, \\
\dfrac{\mathrm{d}s}{\mathrm{d}t} = -\lambda si, \\
i(0) = i_0,\ s(0) = s_0.
\end{cases}
\tag{9.2.9}
$$

模型 (9.2.9) 的解析解无法求出, 但可以使用 MATLAB 软件包求出图形解, 并进行相平面分析.

MATLAB 程序由 M 文件和命令程序两部分组成. M 文件 (病人的日接触率 λ 取 0.25, 日治愈率 μ 取 0.07, $i(0) = 0.03$, $s(0) = 0.97$) 为

```
function xdot = sireq(t,x)
xdot=[0.25*x(1)*x(2)-0.07*x(1);-0.05*x(1)*x(2)];
```

命令程序为

```
t_final=100; x0=[0.03;0.97];
[t,x]=ode45('sireq',[0,t_final],x0);
plot(t,x),
figure; plot (x(:,1),x(:,2)); axis([0 1 0 1]);
```

在模型 (9.2.9) 中消去 $\mathrm{d}t$, 即得相轨线

$$
i(s) = (s_0 + i_0) - s + \frac{1}{\sigma} \ln \frac{s}{s_0}, \tag{9.2.10}
$$

其定义域为 $D = \{(s,i)\,|\,s \geqslant 0,\ i \geqslant 0,\ s + i \leqslant 1\}$, 在 D 内作相轨线 (9.2.10) 的图形, 进行分析.

由于 $s(t)$ 单调减, 这样可确定相轨线的方向, 见图 9-7. 当 $s = 1/\sigma$ 时, i 达到最大 i_{m}; $t \to \infty,\ i \to 0,\ s \to s_\infty$.

相轨线 P_1 表明, $s_0 > 1/\sigma$ 时 $i(t)$ 先升后降至 0, 传染病蔓延. 相轨线 P_2 表明, $s_0 < 1/\sigma$ 时 $i(t)$ 单调降至 0, 传染病不蔓延. 于是得到传染病不蔓延的条件

$$
s_0 < \frac{1}{\sigma}. \tag{9.2.11}
$$

预防传染病蔓延的手段一是提高阈值 $1/\sigma = \mu/\lambda$, 可通过提高卫生水平而降低 λ 或提高医疗水平而提高 μ; 二是降低 s_0, 可通过提高 r_0 即群体免疫实现.

用以上 SIR 传染病模型对新加坡和我国的香港、台湾、北京的 SARS 疫情进行跟踪模拟, 利用最小二乘法计算反映病毒感染特性和人为干预行为的模型

参数 (表 9-3), 对感染人数和移出人数的模拟结果与实际疫情比较吻合, 分别见图 9-8~图 9-11(上半图是累计感染人数随时间变化图, 用点线表示模拟的累计感染人数, 用实线表示实际的累计感染人数; 下半图是累计移出人数随时间变化图, 用点线表示模拟的累计移出人数, 用实线表示实际的累计移出人数), 其中新加坡和我国香港、台湾的疫情数据来自世界卫生组织的官方网站 (香港的部分数据来自香港卫生署网站), 北京的数据来自卫生部的新闻发布, 时间范围为 2003 年 4 月 20 日至 2003 年 6 月 9 日.

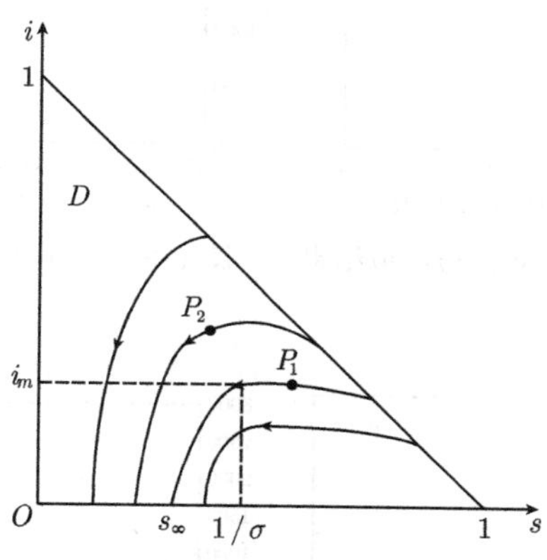

图 9-7 模型 (9.2.9) 的相轨线

表 9-3 模型参数

国家或地区	λ	μ	$1/\mu$	$s_0\sigma$
新加坡	0.2140	0.0812	12.3202	2.5322
香港	0.1961	0.0437	22.8631	4.4248
台湾	0.1323	0.0361	27.7128	3.5918
北京	0.2684	0.0431	23.1803	5.1045

从各地疫情变化图及统计数据分析 SARS 流行特征, 发现都有明显的发病高峰时段. 以我国香港为例, 2003 年 3 月 16 日以前, 每日虽有确诊和疑似病例报告, 但染病人数较少. 从 2003 年 3 月 17 日开始, 疫情迅猛发展, 患病人数每天都以两位数字增长, 这种状态大约持续到 2003 年 5 月 3 日左右. 这段时间累计感染 1579 人, 占当时总患病人数的 90.8%, 可以看作是发病高峰时段. 从 2003 年 5 月 4 日开始, 疫情出现平缓趋势, 每日报告的确诊和疑似病例均以个位数字出现, 且出现稳中渐降势态走势, 预示疫情已被基本控制. 其他地区疫情的发展也呈现明显的三个阶段.

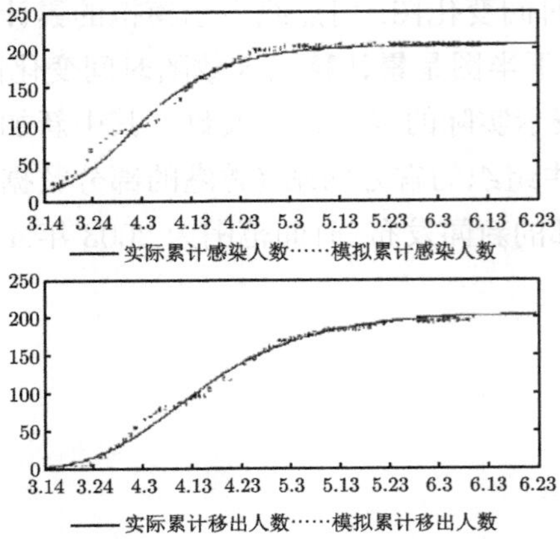

图 9-8　新加坡 SARS 疫情变化与模拟结果

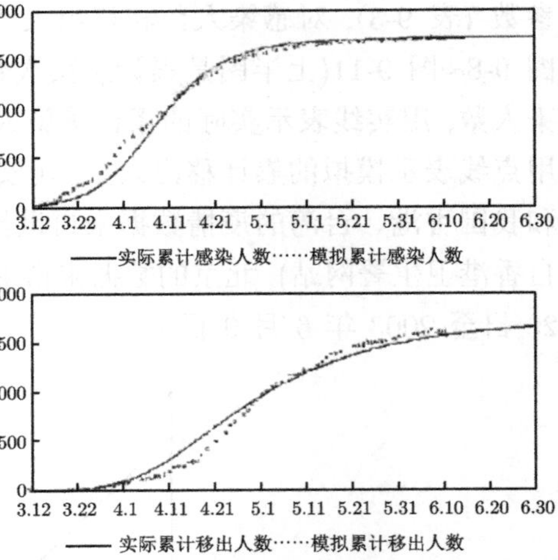

图 9-9　香港 SARS 疫情变化与模拟结果

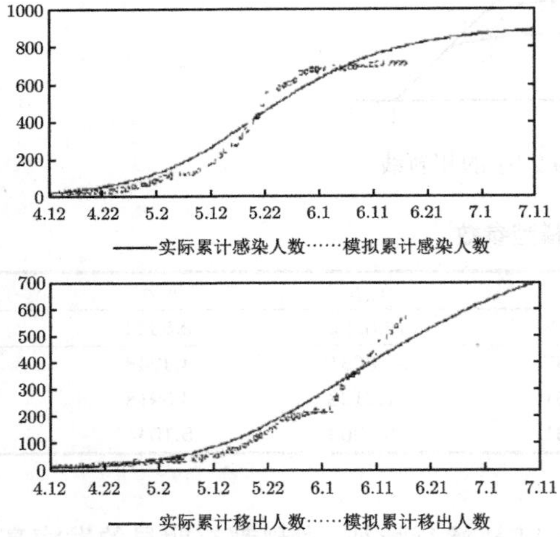

图 9-10　台湾 SARS 疫情变化与模拟结果

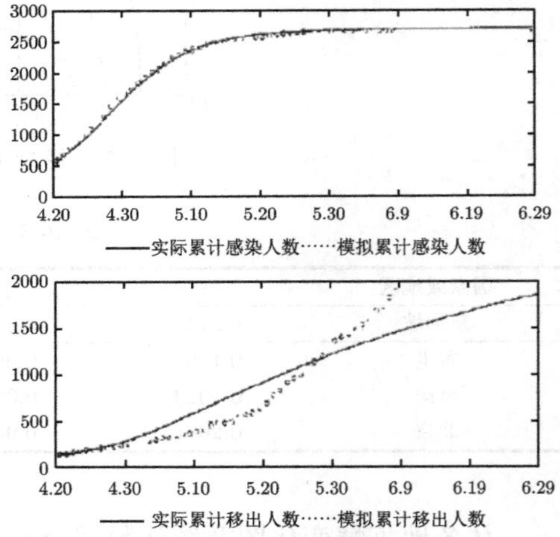

图 9-11　北京 SARS 疫情变化与模拟结果

9.2.7　一个简单有效的 SARS 模型

假设：① 单位时间内感染的人数与现有的感染者成比例，比例系数为 λ；② 单位时间内治愈人数与现有感染者成比例，比例系数为 μ；③ 单位时间内死亡人数与现有的感染者成比例，比例系数为 δ；④ 患者治愈恢复后不再被感染；⑤ 各类人口的自然死亡可以忽略；⑥ 忽略迁移的影响；⑦ 将总人口分为易感者、

患者、恢复者, 时刻 t 易感者、患者、恢复者的人数分别为 $S(t), I(t), R(t)$. 最简单的 SIR 模型为

$$\begin{cases} \dfrac{\mathrm{d}S(t)}{\mathrm{d}t} = -\lambda S(t)I(t), & S(t_0) = S_0, \\ \dfrac{\mathrm{d}I(t)}{\mathrm{d}t} = \lambda S(t)I(t) - (\mu + \delta)I(t), & I(t_0) = I_0, \\ \dfrac{\mathrm{d}R(t)}{\mathrm{d}t} = \mu I(t), & R(t_0) = R_0. \end{cases} \tag{9.2.12}$$

由于隔离等控制措施的不断加强和治疗情况的变化, λ, μ, δ 也是随时间而变化的. 另外, 由于易感者的数量特别大, 可以近似看成常数, 且将常数合并到 λ 中去. 在实际应用中, 最关心的是感染者数量的变化. 取时间单位为天, 将模型 (9.2.12) 中的第二个方程离散化得递推关系为

$$I(t+1) = (1 + \lambda(t) - \mu(t) - \delta(t))I(t). \tag{9.2.13}$$

在离散化的模型 (9.2.13) 中, $\lambda(t)$ 的含义是每天每个感染者传染的人数, 是一个十分重要的参数, 其确定的原则是当天新增病人人数除以当天感染者人数, 再进行曲线拟合. $\mu(t)$ 和 $\delta(t)$ 是患者每天治愈和死亡所占的比例, 可以一起确定, 其方法是当天感染治愈和死亡人数除以当天感染人数, 再进行曲线拟合. 例如, 利用卫生部公布的 2003 年 4 月 20 日至 2003 年 5 月 15 日全国的数据进行计算, 可以得到 $\lambda(t)$ 随时间变化的关系如图 9-12 中折线所示, 用指数曲线 $\lambda(t) = a\mathrm{e}^{-bt}$ 对其进行回归拟合得到 $\lambda(t)$ 的表达式, 其曲线如图 9-12 中的光滑曲线所示. 同理得到 $\mu(t) + \delta(t)$ 的表达式. 实际上仔细观察图 9-13 下面的曲线形状, 回忆数理统计课程所学 χ^2(卡方) 分布, 可以认为 $\mu(t) + \delta(t)$ 是自由度为正实数的广义 χ^2(卡方) 分布 (参考文献 [30]). 由此利用统计数据, 使用最小二乘法可得 $\mu(t) + \delta(t)$ 的表达式. 这一工作请同学们课后完成.

将这些函数代入模型 (9.2.13) 进行递推计算得每天感染 SARS 人数, 见图 9-13(上面曲线为预测值, 下面曲线为统计值).

从图 9-13 中可以看出, 这个非常简单的模型、参数确定方法所预测的结果与实际的统计值比较一致. 为了进一步检验模型和参数确定方法的合理性, 分别利用山西、内蒙古、北京、广州等地的数据替换全国的数据, 进行同样的计算、预测和对比, 发现结果都比较符合. 注意在这样的简单预测中仅用了 25 天的数据对模型中的参数进行估计和曲线拟合, 而 2003 年 5 月 15 日预测值比实际统计值小, 是由于我国政府加强隔离控制措施和改善治疗效果的结果.

请同学们课后利用各地有关 COVID-19 的数据，进行同样的计算、预测和对比.

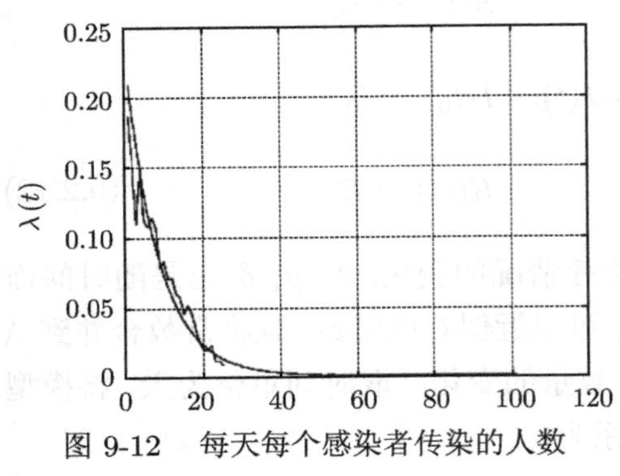

图 9-12　每天每个感染者传染的人数

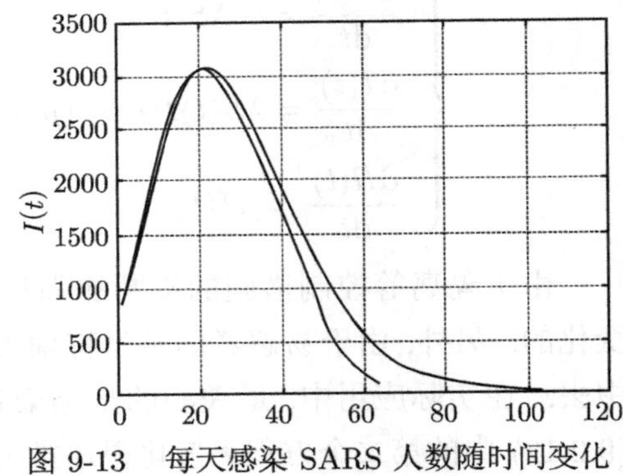

图 9-13　每天感染 SARS 人数随时间变化

9.3　酒精残留模型

9.3.1　问题的提出

饮酒驾车的危害性，已受到交通部门乃至全社会的高度重视. 国家质量监督检验检疫总局、国家标准化管理委员会 2011 年 1 月 4 日批准了强制性国家标准《车辆驾驶人员血液、呼气酒精含量阈值与检验》(GB19522—2010)，标准规定，车辆驾驶人员血液中的酒精含量大于或等于 20mg/百毫升，小于 80mg/百毫升为饮酒驾车，血液中的酒精含量大于或等于 80mg/百毫升为醉酒驾车.

那么，对于一个驾驶员，他能不能饮酒？饮酒后在多长时间内不能开车？针对这些问题，分析酒精在人体内的扩散过程，在一定简化、假设的基础上，寻找酒精在人体中吸收、消除的规律，建立体液 (或血液) 中酒精残留的数学模型.

9.3.2　问题分析

人喝了酒后，酒精便通过胃肠的吸收扩散到人的体液中去，同时体液中的酒精又通过汗液、尿液等排除到体外. 事实上，根据时间药物动力学的研究，这种吸收、扩散、消除过程，机理十分复杂，制约因素很多. 在本节中，把这种过程大大简化，即把人体设想为一个含有两个室 (肠胃和体液) 的房室模型，酒精在血液中的浓度，或单位体积血液 (百毫升) 中酒精的含量 (mg)，称为血液的酒精浓度，其随时间和空间 (机体各部分) 而变化. 将酒精吸入肠胃等看作是一个房室，可以简化

为一个吸收室, 再进入一个血液丰富的心、肺、肾等器官可以简化为一个中心室. 酒精进入人体内相当于先有一个将酒精从肠胃吸收入血液的过程, 这个过程可简化为酒精在进入中心室之前有一个吸收室.

9.3.3 模型假设

为了便于研究, 需要作如下假设:

(1) 机体分为吸收室和中心室, 两个室的容积在酒精吸收、扩散、消除的过程中保持不变;

(2) 酒精从一室向另一室的转移速率与该室的酒精浓度成正比;

(3) 由于人喝酒后, 肠胃液中的酒精要向其他体液中扩散, 因此要考虑酒精由肠胃液向其他体液的转移, 而忽略反向的转移;

(4) 酒精在人体内的分布可以分为扩散和排出两个过程, 在排出过程中, 假设没有扩散;

(5) 设 $x_1(t)$ 与 $x_2(t)$ 分别表示吸收室及中心室中酒精的含量 (mg);

(6) 设 v_1 与 v_2 分别表示吸收室及中心室的体积;

(7) $c_1(t)$ 与 $c_2(t)$ 分别表示吸收室及中心室中酒精的浓度 (mg/百毫升);

(8) k_1 表示酒精由吸收室向中心室转移的速率, k_2 表示由中心室向体外排除的速率, 且 $k_1>0$, $k_2>0$.

9.3.4 模型建立

根据以上所作的分析及假设, 相应的二室模型图见图 9-14.

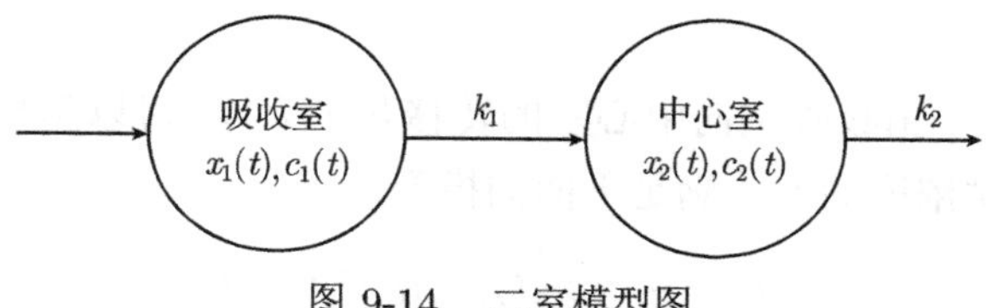

图 9-14 二室模型图

下面分别建立扩散和排出过程的模型.

在扩散过程中, 根据假设条件, 可以写出两个房室中酒精含量 $x_1(t)$ 与 $x_2(t)$ 满足的微分方程组

$$\begin{cases} \dot{x}_1(t) = -k_1 x_1(t), \\ \dot{x}_2(t) = -k_2 x_2(t) + k_1 x_1(t). \end{cases}$$

初值条件如下：

$$x_1(0)=v_1p,\quad x_2(0)=0,$$

其中 p 表示开始时刻吸收室中的酒精浓度. 而各室中酒精含量与酒精浓度间的关系式如下：

$$x_i(t)=v_ic_i(t),\quad i=1,2.$$

故有 $\dot{x}_i(t)=v_i\cdot\dot{c}_i(t)$, 则上面的带有初值的微分方程组又可简化为

$$\begin{cases}v_1\dot{c}_1(t)=-k_1v_1c_1(t), & c_1(0)=p,\\ v_2\dot{c}_2(t)=-k_2v_2c_2(t)+k_1v_1c_1(t), & c_2(0)=0.\end{cases}$$

进一步化简可得扩散过程的模型为

$$\begin{cases}\dot{c}_1(t)=-k_1c_1(t), & c_1(0)=p,\\ \dot{c}_2(t)=-k_2c_2(t)+k_1\dfrac{v_1}{v_2}c_1(t), & c_2(0)=0.\end{cases}\tag{9.3.1}$$

9.3.5 模型求解

方程组 (9.3.1) 为一阶常系数线性方程组, 故方程组 (9.3.1) 的解为

$$\begin{cases}c_1(t)=p\mathrm{e}^{-k_1t},\\ c_2(t)=\dfrac{pk_1v_1}{v_2(k_2-k_1)}(\mathrm{e}^{-k_1t}-\mathrm{e}^{-k_2t}).\end{cases}$$

对 $c_2(t)$ 求导, 并且令 $\dot{c}_2(t)=0$, 得 $t_0=(\ln k_1-\ln k_2)/(k_1-k_2)$, 于是有如下结论：

不论 $k_1>k_2$, 还是 $k_1<k_2$, 当 $0<t<t_0$ 时, $c_2(t)$ 单调增加; $t>t_0$ 时, $c_2(t)$ 单调减少, $t=t_0$ 时, $c_2(t)$ 达到最大值, 这时可以认为扩散过程结束, 而开始排出过程.

在排出过程中, 由吸收室向中心室的转移几乎为零, 可以忽略不计, 从而排出过程中心室的酒精浓度的变化满足下面的模型：

$$\dot{c}_2(t)=-k_2c_2(t),\quad t_0\leqslant t\leqslant 24.\tag{9.3.2}$$

方程 (9.3.2) 的解为 $c_2(t)=A\mathrm{e}^{-k_2t}$, $t_0\leqslant t\leqslant 24$, 其中 $A=c_2(t_0)$.

结合前面的讨论, 血液中酒精浓度的模型可以表示为如下方程组：

$$\begin{cases}\dot{c}_1(t)=-k_1c_1(t), & 0<t<t_0,\\ \dot{c}_2(t)=-k_2c_2(t)+k_1\dfrac{v_1}{v_2}c_1(t), & 0<t<t_0,\\ \dot{c}_2(t)=-k_2c_2(t), & t_0\leqslant t\leqslant 24.\end{cases}\tag{9.3.3}$$

模型 (9.3.3) 的解为

$$\begin{cases} c_1(t) = p\mathrm{e}^{-k_1 t}, & 0 \leqslant t \leqslant t_0, \\ c_2(t) = \dfrac{pk_1v_1}{v_2(k_2-k_1)}(\mathrm{e}^{-k_1 t} - \mathrm{e}^{-k_2 t}), & 0 \leqslant t \leqslant t_0, \\ c_2(t) = A\mathrm{e}^{-k_2 t}, & t_0 < t \leqslant 24. \end{cases} \tag{9.3.4}$$

其中 $t_0 = (\ln k_1 - \ln k_2)/(k_1 - k_2)$, $A = c_2(t_0) = p(v_1/v_2)\,(k_1/k_2)^{\frac{k_2}{k_2-k_1}}$.

实际应用中, 要依据实测数据对式 (9.3.4) 中的参数 k_1 和 k_2 采用最小二乘法进行拟合.

9.3.6 模型求解结果解释与模型应用

主要讨论如下的问题, 假设某人每天在固定时刻喝一定量的酒, 他血液中的酒精含量是怎样变化的.

根据模型 (9.3.3), 某人喝酒后, 血液中酒精的浓度由式 (9.3.4) 决定, 那么在 $t(t_0 \leqslant t \leqslant 24)$ 时刻, 血液中的酒精浓度为

$$c_2(t) = A\mathrm{e}^{-k_2 t}. \tag{9.3.5}$$

由式 (9.3.5) 可知, 当 $t \to +\infty$ 时, 有 $c_2(t) \to 0$.

在第一天 $t(t_0 \leqslant t \leqslant 24)$ 时刻, 血液中的酒精浓度为

$$r_1(t) = A\mathrm{e}^{-k_2 t}.$$

在第二天 $t(t_0 \leqslant t \leqslant 24)$ 时刻, 血液中的酒精浓度为第一天所余部分与当天所喝酒的叠加, 即为

$$r_2(t) = r_1(t) + r_1(t+24) = A\mathrm{e}^{-k_2 t} + A\mathrm{e}^{-k_2(t+24)} > r_1(t).$$

以此类推, 到第 n 天 $t(t_0 \leqslant t \leqslant 24)$ 时刻, 血液中的酒精浓度为

$$r_n(t) = \sum_{j=0}^{n-1} A\mathrm{e}^{-k_2(t+24j)} = A\mathrm{e}^{-k_2 t} \cdot \frac{1-\mathrm{e}^{-24k_2 n}}{1-\mathrm{e}^{-24k_2}}.$$

可见, $r_n(t)$ 关于时间 t 严格减少, 但是序列 $\{r_n(t)\}$ 关于天数 n 严格增加.

令

$$r_n(t) = A\mathrm{e}^{-k_2 t} \cdot (1-\mathrm{e}^{-24k_2 n})/(1-\mathrm{e}^{-24k_2}) = 20,$$

得

$$t_n = (1/k_2) \cdot \ln A(1 - \mathrm{e}^{-24k_2 n})/[20(1 - \mathrm{e}^{-24k_2})].$$

若 $0 \leqslant t \leqslant t_n$, 则 $r_n(t) \geqslant 20$, 说明喝酒后直到 t_n 时刻以前的这段时间开车, 必定违反《车辆驾驶人员血液、呼气酒精含量阈值与检验》国家标准.

若 $t > t_n$, 则 $0 \leqslant r_n(t) < 20$, 说明每天喝少量的酒也可以在 t_n 时刻以后开车, 而不至于违反《车辆驾驶人员血液、呼气酒精含量阈值与检验》国家标准.

由于 $\{t_n\}$ 是关于 n 严格增加的, 说明随着天数的增加, 每天喝完酒必须要待更长时间才可以开车.

9.3.7 进一步的问题

上面只讨论了长时间在固定时刻 $t(t_0 \leqslant t \leqslant 24)$ 喝酒的模型应用. 事实上, 对于长时间喝酒的时刻 $t(t_0 \leqslant t \leqslant 24)$ 不固定时也可以讨论. 另外, 严格意义上讲还需考虑喝酒时酒精进入的速度.

9.4 微分方程稳定性基本理论介绍

本节简单介绍一阶和二阶微分方程的平衡点及其稳定性.

9.4.1 一阶方程的平衡点及其稳定性

设有一阶微分方程

$$\dot{x}(t) = f(t, x), \tag{9.4.1}$$

如果式 (9.4.1) 的右端不显含自变量 t 则称为**自治方程**, 即为

$$\dot{x}(t) = f(x). \tag{9.4.2}$$

以下只针对自治方程讨论.

代数方程

$$f(x) = 0 \tag{9.4.3}$$

的实根 $x = x_0$ 称为方程 (9.4.2) 的**平衡点** (或**奇点**), 且称 $x = x_0$ 为方程 (9.4.2) 的**平凡解** (或**奇解**).

定义 9.4.1　如果对所有可能的初值条件, 方程 (9.4.2) 的解 $x(t)$ 都满足

$$\lim_{t\to\infty} x(t) = x_0, \tag{9.4.4}$$

则称平衡点 x_0 是**稳定**的 (也称**渐近稳定**), 否则, 称 x_0 是**不稳定**的 (也称**不渐近稳定**).

实际上, 判断平衡点 x_0 的稳定性通常有两种方法, 间接法和直接法.

间接法　首先求出方程 (9.4.2) 的解 $x(t)$, 然后利用式 (9.4.4) 来判断.

直接法　不用求出方程 (9.4.2) 的解直接地来研究其稳定性.

下面重点介绍直接法, 将 $f(x)$ 在 x_0 点作一阶泰勒展开, 则方程 (9.4.2) 可以近似表示为

$$\dot{x}(t) = f'(x_0)(x - x_0), \tag{9.4.5}$$

式 (9.4.5) 称为式 (9.4.2) 的近似线性方程, 显然 x_0 也是方程 (9.4.5) 的平衡点. 关于 x_0 的稳定性有如下的结论:

定理 9.4.1　若 $f'(x_0) < 0$, 则 x_0 对于方程 (9.4.2) 和 (9.4.5) 都是稳定的; 若 $f'(x_0) > 0$, 则 x_0 对于方程 (9.4.2) 和 (9.4.5) 都是不稳定的.

例 9.4.1　讨论马尔萨斯模型

$$\dot{x}(t) = rx \quad (r\text{为常数, 称为增长率})$$

平衡点的稳定性.

解　记 $f(x) = rx$, 令其等于零, 则得方程的平衡点为 $x = 0$, $f'(0) = r$. 由上面的结论可知, 当 $r > 0$ 时, 平衡点 $x = 0$ 不稳定; 当 $r < 0$ 时平衡点 $x = 0$ 稳定.

9.4.2　二阶方程的平衡点及其稳定性

二阶方程可以用两个一阶方程表示为

$$\begin{cases} \dot{x}_1(t) = f(x_1(t), x_2(t)), \\ \dot{x}_2(t) = g(x_1(t), x_2(t)), \end{cases} \tag{9.4.6}$$

类似一阶方程, 右端不显含自变量 t 则称为自治方程.

代数方程组

$$\begin{cases} f(x_1, x_2) = 0, \\ g(x_1, x_2) = 0 \end{cases} \tag{9.4.7}$$

的实根 $x_1 = x_1^{(0)}$, $x_2 = x_2^{(0)}$ 称为方程 (9.4.6) 的平衡点, 记作 $P_0(x_1^{(0)}, x_2^{(0)})$.

定义 9.4.2 如果对所有可能的初值条件, 方程 (9.4.6) 的解 $x_1(t)$, $x_2(t)$ 都满足

$$\lim_{t\to\infty} x_1(t) = x_1^{(0)}, \quad \lim_{t\to\infty} x_2(t) = x_2^{(0)}, \tag{9.4.8}$$

则称平衡点 $P_0(x_1^{(0)}, x_2^{(0)})$ 是稳定的, 否则, 是不稳定的.

也可以用直接法讨论, 将 $f(x_1, x_2)$, $g(x_1, x_2)$ 在 P_0 点作一阶泰勒展开, 则方程 (9.4.6) 可近似表示为线性方程组

$$\begin{cases} \dot{x}_1(t) = f_{x_1}(x_1^{(0)}, x_2^{(0)})(x_1 - x_1^{(0)}) + f_{x_2}(x_1^{(0)}, x_2^{(0)})(x_2 - x_2^{(0)}), \\ \dot{x}_2(t) = g_{x_1}(x_1^{(0)}, x_2^{(0)})(x_1 - x_1^{(0)}) + g_{x_2}(x_1^{(0)}, x_2^{(0)})(x_2 - x_2^{(0)}). \end{cases} \tag{9.4.9}$$

记 $a = f_{x_1}(x_1^{(0)}, x_2^{(0)})$, $b = f_{x_2}(x_1^{(0)}, x_2^{(0)})$, $c = g_{x_1}(x_1^{(0)}, x_2^{(0)})$, $d = g_{x_2}(x_1^{(0)}, x_2^{(0)})$, 则系数矩阵为 $\boldsymbol{A} = \begin{pmatrix} a & b \\ c & d \end{pmatrix}$, 假定其行列式 $|\boldsymbol{A}| \neq 0$, 特征方程为 $|\boldsymbol{A} - \lambda \boldsymbol{I}| = 0$, 即

$$\lambda^2 + p\lambda + q = 0,$$

其中 $p = -(a + d)$, $q = |\boldsymbol{A}|$. 记特征根为 λ_1, λ_2, 则

$$\lambda_1, \lambda_2 = \frac{1}{2}\left(-p \pm \sqrt{p^2 - 4q}\right).$$

根据稳定性的定义式 (9.4.8) 可知, 当 λ_1, λ_2 为负数或有负实部时, 平衡点是稳定的. 事实上, 有如下结论.

定理 9.4.2 对于方程 (9.4.6), 当 $p > 0, q > 0$ 时平衡点 $P_0(x_1^{(0)}, x_2^{(0)})$ 是稳定的; 当 $p < 0$ 或 $q < 0$ 时平衡点 $P_0(x_1^{(0)}, x_2^{(0)})$ 是不稳定的.

例 9.4.2 讨论方程组

$$\begin{cases} \dot{x}(t) = -\alpha x + ky + g, \\ \dot{y}(t) = lx - \beta y + h \end{cases} \tag{9.4.10}$$

平衡点的稳定性, 方程 (9.4.10) 的系数均大于或等于零.

解 令方程 (9.4.10) 的右端等于零, 易得平衡点为

$$x_0 = \frac{kh + \beta g}{\alpha\beta - kl}, \quad y_0 = \frac{lg + \alpha h}{\alpha\beta - kl}.$$

方程 (9.4.10) 的系数矩阵为 $\boldsymbol{A}=\begin{pmatrix}-\alpha & k\\ l & -\beta\end{pmatrix}$, $p=-(-\alpha-\beta)=\alpha+\beta>0$, $q=|\boldsymbol{A}|=\alpha\beta-kl$. 由定理 9.4.2 可知, 当 $p>0,q>0$ 时平衡点稳定, 即当 $\alpha\beta>kl$ 时, 平衡点是稳定的; 当 $\alpha\beta<kl$ 时, 平衡点是不稳定的.

例 9.4.3 由定理 9.4.2 可知, 方程组 (9.3.1) 的平衡点 $P_0(0,0)$ 是稳定的. 这一结果表明吸收室及中心室中酒精的浓度随时间的推移而趋于零.

第10章

差分方程模型

在第 9 章中我们看到，动态连续问题可用微分方程来描述. 动态不连续问题就不能用微分方程来解决了，但对于动态离散问题可用差分方程来描述.

本章 10.1 节介绍差分方程的基本知识，供不熟悉差分方程内容的同学参考. 10.2 节针对减肥这一健康问题，通过建立差分方程模型而提出减肥计划. 10.3 节对经济学中的两个重要模型，介绍如何建立差分方程模型并分析.

课堂教学视频-82

10.1 差分方程基本理论介绍

10.1.1 差分与差分方程及其通解与特解等概念

1. 差分

设 $y(t)$ 在区间 $[0,+\infty)$ 上有定义. 记 $y_t = y(t)$, $t = 0,1,2,\cdots$, 称 $\Delta y_t = y_{t+1} - y_t$ 为 y_t 在时刻 (阶段)t 的**一阶差分**; 称 $\Delta^2 y_t = \Delta y_{t+1} - \Delta y_t$, 即一阶差分的差分为 y_t 在时刻 (阶段)t 的**二阶差分**. 高于二阶的差分以此类推.

显然

$$\Delta^2 y_t = (y_{t+2} - y_{t+1}) - (y_{t+1} - y_t) = y_{t+2} - 2y_{t+1} + y_t.$$

2. 一阶差分方程

设 $y(t)$ 在区间 $[0,+\infty)$ 上有定义, 记 $y_t = y(t)$, $t = 0,1,2,\cdots$. 含有一阶差分 $\Delta y_t = y_{t+1} - y_t$ 甚至未知函数 y_t 以及自变量 t 的方程, 称为**一阶差分方程**.

一阶差分方程形如

$$\Delta y_t = \varphi(t, y_t), \quad t = 0,1,2,\cdots \tag{10.1.1}$$

或

$$y_{t+1} = \psi(t, y_t), \quad t = 0, 1, 2, \cdots . \tag{10.1.2}$$

如果某一函数 $y(t)$ 满足方程 (10.1.1) 或方程 (10.1.2)(成为恒等式), 称 $y(t)$ 为方程 (10.1.1) 或方程 (10.1.2) 的一个**解**.

如果 $y(t)$ 为方程 (10.1.1) 或方程 (10.1.2) 的一个解, 并且 $y(t)$ 中含有一个任意常数, 称 $y(t)$ 为方程 (10.1.1) 或方程 (10.1.2) 的**通解**.

对于方程 (10.1.1) 或方程 (10.1.2) 的通解, 由定解条件 $y(0) = y_0$ 使任意常数取特定值的解, 称为方程 (10.1.1) 或方程 (10.1.2) 的**特解**.

3. 二阶差分方程

设 $y(t)$ 在区间 $[0, +\infty)$ 上有定义, 记 $y_t = y(t), t = 0, 1, 2, \cdots$. 含有二阶差分 $\Delta^2 y_t = \Delta y_{t+1} - \Delta y_t$, 甚至未知函数 y_t, 一阶差分 Δy_t 以及自变量 t 的方程, 称为**二阶差分方程**.

二阶差分方程形如

$$\Delta^2 y_t = \varphi(t, \Delta y_t, y_t), \quad t = 0, 1, 2, \cdots \tag{10.1.3}$$

或

$$y_{t+2} = \psi(t, y_t, y_{t+1}), \quad t = 0, 1, 2, \cdots . \tag{10.1.4}$$

如果某一函数 $y(t)$ 满足方程 (10.1.3) 或方程 (10.1.4)(成为恒等式), 称 $y(t)$ 为方程 (10.1.3) 或方程 (10.1.4) 的一个**解**.

如果 $y(t)$ 为方程 (10.1.3) 或方程 (10.1.4) 的一个解, 并且 $y(t)$ 中含有两个独立的任意常数, 称 $y(t)$ 为方程 (10.1.3) 或方程 (10.1.4) 的**通解**.

对于方程 (10.1.3) 或方程 (10.1.4) 的通解, 由定解条件 $y(0) = y_0$, $y(1) = y_1$ 使任意常数取特定值的解, 称为方程 (10.1.3) 或方程 (10.1.4) 的**特解**.

10.1.2　一阶常系数线性差分方程的求解方法

1. 一阶常系数线性齐次差分方程

设 a 为常数, 如下方程称为一阶常系数线性齐次方程:

$$y_{t+1} + a y_t = 0, \quad t = 0, 1, 2, \cdots . \tag{10.1.5}$$

对于差分方程 (10.1.5), 由迭代法, 有通解

$$y_t = C(-a)^t, \quad t = 1, 2, \cdots ,$$

满足定解条件 $y(0)=y_0$ 的特解为

$$y_t = y_0(-a)^t, \quad t=1,2,\cdots.$$

2. 一阶常系数线性非齐次差分方程

设 $f(t)$ 在区间 $[0,+\infty)$ 上有定义, a 为常数, 如下方程称为一阶常系数线性非齐次差分方程:

$$y_{t+1}+ay_t=f(t), \quad t=0,1,2,\cdots. \tag{10.1.6}$$

1) 迭代法

$$\begin{aligned}
&y_1=-ay_0+f(0),\\
&y_2=-ay_1+f(1)=(-a)^2y_0+(-a)f(0)+f(1),\\
&\qquad\qquad\qquad\cdots\cdots\\
&y_t=-ay_{t-1}+f(t-1)=(-a)^ty_0+\sum_{i=0}^{t-1}(-a)^if(t-i-1).
\end{aligned}$$

记 $y_0=C$, $Y_t=\sum\limits_{i=0}^{t-1}(-a)^if(t-i-1)$, 则通解为

$$y_t=C(-a)^t+Y_t, \quad t=1,2,\cdots.$$

定理 10.1.1 一阶常系数线性非齐次差分方程的通解等于对应的一阶常系数线性齐次差分方程的通解再加上本身的一个特解.

2) 求特解的方法 (待定系数法)

(1) $f(t)=b$ 时, 若 $a\neq-1$, 则 $Y_t=b/(1+a)$; 若 $a=-1$, 则 $Y_t=bt$.

(2) $f(t)=b_0+b_1t$ 时, 若 $a\neq-1$, 则 $Y_t=A_0+A_1t$, 其中 $A_0=[b_0(1+a)-b_1]/(1+a)^2$, $A_1=b_1/(1+a)$; 若 $a=-1$, 则 $Y_t=t(b_0-b_1/2+b_1t/2)$.

问题 $f(t)$ 为二次函数时, 求出特解.

10.1.3 二阶常系数线性差分方程的求解方法

1. 二阶常系数线性齐次差分方程

设 p, q 为常数, 如下方程称为二阶常系数线性齐次差分方程:

$$y_{t+2}+py_{t+1}+qy_t=0, \quad t=0,1,2,\cdots, \tag{10.1.7}$$

其特征方程为

$$\lambda^2 + p\lambda + q = 0, \tag{10.1.8}$$

特征根为

$$\lambda_{1,2} = \frac{-p \pm \sqrt{p^2 - 4q}}{2}.$$

(1) λ_1, λ_2 为不相等的实数时, 式 (10.1.7) 的通解为

$$y(t) = c_1\lambda_1^t + c_2\lambda_2^t, \quad t = 1, 2, \cdots.$$

(2) λ_1, λ_2 为相等的实数时, 式 (10.1.7) 的通解为

$$y(t) = (c_1 + c_2 t)\lambda_2^t, \quad t = 1, 2, \cdots.$$

(3) λ_1, λ_2 为一对共轭复根 $r\mathrm{e}^{\pm \mathrm{i}\theta}$ 时, 式 (10.1.7) 的通解为

$$y(t) = r^t(c_1 \cos t\theta + c_2 \sin t\theta), \quad t = 1, 2, \cdots,$$

其中 c_1, c_2 为独立常数.

2. 二阶常系数线性非齐次差分方程

设 p, q 为常数, 如下方程称为二阶常系数线性非齐次差分方程:

$$y_{t+2} + py_{t+1} + qy_t = f(t), \quad t = 0, 1, 2, \cdots. \tag{10.1.9}$$

定理 10.1.2　二阶常系数线性非齐次差分方程的通解等于对应的二阶常系数线性齐次差分方程的通解再加上本身的一个特解.

对特殊的 $f(t)$, 方程 (10.1.9) 的特解可用待定系数法求出.

(1) $f(t) = b$ 时, 若 $p + q \neq -1$, 则 $Y_t = b/(1 + p + q)$; 若 $p + q = -1$ 并且 $p \neq -2$, 则 $Y_t = b/(p + 2)t$; 若 $p + q = -1$ 并且 $p = -2$, 则 $Y_t = b/(p + 4)t^2$.

(2) $f(t) = b_0 + b_1 t$ 时, 若 $p + q \neq -1$, 则 $Y_t = A_0 + A_1 t$, 其中 $A_0 = b_0/(1 + p + q) - (2 + p)b_1/(1 + p + q)^2$, $A_1 = b_1/(1 + p + q)$; 若 $p + q = -1$ 并且 $p \neq -2$, 则 $Y_t = t(A_0 + A_1 t)$, 其中 $A_0 = b_0/(2 + p) - (4 + p)b_1/[2(2 + p)^2]$, $A_1 = b_1/[2(2 + p)]$; 若 $p + q = -1$ 并且 $p = -2$, 则 $Y_t = t^2((b_0 - b_1)/2 + b_1 t/6)$.

问题　$f(t)$ 为二次函数时, 求出特解.

10.1.4 差分方程的平衡点及稳定性

1. 一阶差分方程的平衡点及稳定性

设有一阶差分方程

$$y_{t+1}=\varphi(y_t),\quad t=0,1,2,\cdots,\tag{10.1.10}$$

代数方程 $y=\varphi(y)$ 的根 y^* 称为一阶差分方程 (10.1.10) 的**平衡点**.

若 $\varphi(y)$ 在 y^* 的邻域内具有二阶导数, 则一阶线性差分方程

$$y_{t+1}=\varphi(y^*)+\varphi'(y^*)(y_t-y^*),\quad t=0,1,2,\cdots\tag{10.1.11}$$

与方程 (10.1.10) 有相同的平衡点, 而且稳定性一致.

对于方程 (10.1.11), 当 $|\varphi'(y^*)|<1$ 时, 平衡点 y^* 稳定; 当 $|\varphi'(y^*)|>1$ 时, 平衡点 y^* 不稳定.

2. 二阶常系数线性差分方程的平衡点及稳定性

设二阶常系数线性差分方程

$$y_{t+2}+py_{t+1}+qy_t=b,\quad t=0,1,2,\cdots,\tag{10.1.12}$$

当 $1+p+q\neq 0$ 时, 代数方程 $(1+p+q)y=b$ 的根 $y^*=b/(1+p+q)$ 称为方程 (10.1.12) 的**平衡点**.

方程 (10.1.12) 的特征方程为 $\lambda^2+p\lambda+q=0$, 特征根为 λ_1, λ_2, 当 $|\lambda_i|<1(i=1,2)$ 时, 平衡点 y^* 稳定.

10.2 减肥计划——节食与运动

10.2.1 问题的提出

世界卫生组织颁布的体重指数 (body mass index, BMI) 为体重 (kg) 除以身高 (m) 的平方. 我国有关机构依据体重指数标准结合中国人身体结构自身特点, 规定 BMI 在 18.5~24 正常; 大于 24 超重; 大于 29 肥胖.

在我国人民步入小康社会以来, 一些厂商与机构利用人们注重健康的心理大肆推销减肥食品 (饮料)、药品 (药方). 一些自感肥胖的人千方百计地购买并服用减肥食品 (饮料)、药品. 减肥食品 (饮料)、药品一度充满大街小巷, 一些 BMI 小

于 29 的人们也在盲目地服用减肥食品 (饮料)、药品, 而并未减肥. 事实上, 减肥食品 (饮料)、药品达不到真正减肥的目的或者能一时减肥但不能长期维持.

许多医生和健康专家的建议是, 在不伤害身体的条件下, 控制饮食、适当运动才能达到减肥并保持正常体重的目的.

于是需要建立描述体重变化规律的数学模型, 在此基础上通过节食与运动制订合理、有效的减肥计划.

10.2.2　问题分析

科学表明, 人体内能量守恒被破坏时就会导致体重变化. 人们通过饮食吸收热量、转化为脂肪等, 引起体重增加. 又由于代谢和运动消耗热量, 引起体重减少. 体重变化还受其他因素的影响, 所以描述体重的变化需要作适当的假设.

减肥计划应当注意身体健康, 不能伤害身体, 这可以用吸收热量不要过少、减轻体重不要过快来表达. 当然, 增加运动量是加速减肥的有效手段, 在模型中要加以体现.

10.2.3　假设

根据以上分析, 参考有关生理数据指标, 作以下假设.

(1) 体重增加正比于吸收的热量, 用 α 表示热量转换系数, 通常 $\alpha = 1/33600$(kg/kJ), 即平均每 33600 kJ 增加体重 1kg;

(2) 正常代谢引起的体重减少正比于体重, 用 β 表示代谢消耗系数, 其因人而异, 每周每千克体重消耗热量一般在 840~1344 kJ;

(3) 运动引起的体重减少正比于体重, 并且与运动形式有关, 用 γ 表示每小时运动热量消耗系数;

(4) 为了身体健康与安全, 每周体重减少不宜超过 1.5 kg, 每周吸收热量不少于 42000 kJ, 这是安全下限.

10.2.4　建立模型

用 $w(k)$ 表示第 k 周某人的体重, 其第 k 周吸收的热量为 $c(k)$, 不考虑运动时体重变化的差分方程为

$$w(k+1) = w(k) + \alpha c(k+1) - \beta w(k), \quad k = 0, 1, 2, \cdots. \tag{10.2.1}$$

如果每周运动时间为 th, 考虑运动时体重变化的差分方程为

$$w(k+1) = w(k) + \alpha c(k+1) - (\beta + \alpha\gamma t) w(k), \quad k = 0, 1, 2, \cdots. \tag{10.2.2}$$

10.2.5 模型的应用——减肥计划的提出与制订

现有一人身高 1.7 m, 体重 100 kg, BMI 高达 34.6. 该肥胖者每周吸收 84000 kJ 的热量, 体重较长时间不变, 则 $\beta = \alpha c(0)/w(0) = 0.025$. 现为其制订减肥计划, 使其体重减至 75 kg, 并维持.

体重减至 75 kg, 需由两阶段实现. 第一阶段每周减肥 1 kg, 每周吸收的热量渐渐减少, 直至安全下限; 第二阶段吸收的热量保持安全下限, 减肥达到目标.

假定第一阶段该肥胖者基本上不运动, 由每周减肥 1 kg 有

$$w(k) - w(k+1) = 1, \quad k = 0, 1, 2, \cdots, \tag{10.2.3}$$

于是

$$w(k) = w(0) - k, \quad k = 1, 2, \cdots. \tag{10.2.4}$$

把式 (10.2.4) 代入式 (10.2.1), 得

$$c(k+1) = \frac{\beta w(0) - (1 + \beta k)}{\alpha}, \tag{10.2.5}$$

把 α 和 β 的数据代入式 (10.2.5), 并注意安全下限, 有

$$c(k+1) = 50400 - 840k \geqslant c_{\min} = 42000,$$

得 $k \leqslant 10$, 即第一阶段安排 10 周, 按

$$c(k+1) = 50400 - 840k, \quad k = 0, 1, 2, \cdots, 9$$

吸收热量, 可使每周减肥 1 kg, 到第 10 周末体重降至 90 kg.

对于第二阶段减肥, 如果该肥胖者基本上不运动, 由于 $c(k) = c_{\min}$, 所以式 (10.2.1) 变为

$$w(k+1) = (1-\beta)w(k) + \alpha c_{\min}. \tag{10.2.6}$$

设体重由 90 kg 减至 75 kg 需 n 周, 则由式 (10.2.6) 有

$$w(n+10) = (1-\beta)^n \left[w(10) - \frac{\alpha c_{\min}}{\beta} \right] + \frac{\alpha c_{\min}}{\beta}, \tag{10.2.7}$$

$w(n+10) = 75, \quad w(10) = 90$, 把 $\alpha, \beta, c_{\min}$ 的数据代入式 (10.2.7), 得 $n = 19$.

如果该肥胖者运动，可取 $\alpha\gamma t = 0.003$(每周跳舞 8h 或骑自行车 10h)，记 $\beta+\alpha\gamma t=\beta_1$，那么式 (10.2.7) 变为

$$w(n+10)=(1-\beta_1)^n\left[w(10)-\frac{\alpha c_{\min}}{\beta_1}\right]+\frac{\alpha c_{\min}}{\beta_1}, \tag{10.2.8}$$

把 $\alpha,\beta_1,c_{\min}$ 的数据代入式 (10.2.8)，得 $n=14$.

至于体重维持 75 kg，就是寻求每周吸收热量保持的常数 c 使 $w(k)=75$. 若该肥胖者基本上不运动，则由式 (10.2.1)，得 $c=\beta w(k)/\alpha=63000\text{kJ}$; 若该肥胖者运动，则由式 (10.2.2)，得 $c=\beta_1 w(k)/\alpha=75600\text{kJ}$.

10.2.6　评注

人体体重的变化是有规律可循的，但非式 (10.2.1) 或式 (10.2.2) 那么简单. 减肥应科学化、定量化，不可盲目听信广告或营销人员的宣传. 如果某人要把减肥作为一项工作，本模型对其有参考使用价值.

代谢消耗系数 β，不仅因人而异，即使同一人其代谢消耗系数也会随年龄、生活环境的变化而变化，所以使用模型 (10.2.1) 或 (10.2.2) 时应采用其他手段测量 β 的值.

10.3　市场经济中的蛛网模型与 Logistic 模型

10.3.1　背景与问题的提出

猪肉是人们的主要副食品，当大量生猪出栏时，市场上猪肉供大于求导致猪肉价格下降，猪肉价格下降迫使生猪养殖企业或个人减少生猪养殖数量而使生猪出栏量不足；生猪出栏数量减少使市场上猪肉供不应求导致猪肉价格上涨，猪肉价格上涨驱动生猪养殖企业或个人增加生猪养殖数量而使生猪出栏量过剩. 如此下去，猪肉数量与猪肉价格产生振荡.

其他商品也有类似的现象.

自然产生问题：如何描述商品数量与其价格的变化规律？商品数量与价格的振荡在什么条件下趋向稳定？当不稳定时政府能采取什么干预手段使之稳定？

10.3.2　蛛网模型

对于某一商品，用 x_k 表示第 k 时段这种商品的数量，而用 y_k 表示第 k 时段这种商品的价格.

消费者的需求关系通过需求函数描述, $y_k = f(x_k)$ 是减函数. 生产者的供应关系通过供应函数描述, $x_{k+1} = h(y_k)$ 或 $y_k = g(x_{k+1})$ 是增函数.

设曲线 $y = f(x)$ 和曲线 $y = g(x)$ 的交点为 $P_0(x_0, y_0)$, 称为平衡点. 这是因为一旦某一时段 k 的商品数量 $x_k = x_0$, 则 $y_k = f(x_k) = f(x_0) = y_0$, 从而 $x_{k+1}, x_{k+2}, \cdots = x_0, y_{k+1}, y_{k+2}, \cdots = y_0$.

下面讨论平衡点的稳定性. 设任一时段 k 的商品数量 $x_k \neq x_0$, 不妨设 x_1 偏离 x_0, 则商品的数量, 价格的供需关系随时间相互变化为 $x_1 \to y_1 \to x_2 \to y_2 \to x_3 \to \cdots$. 对图 10-1 作蛛网图.

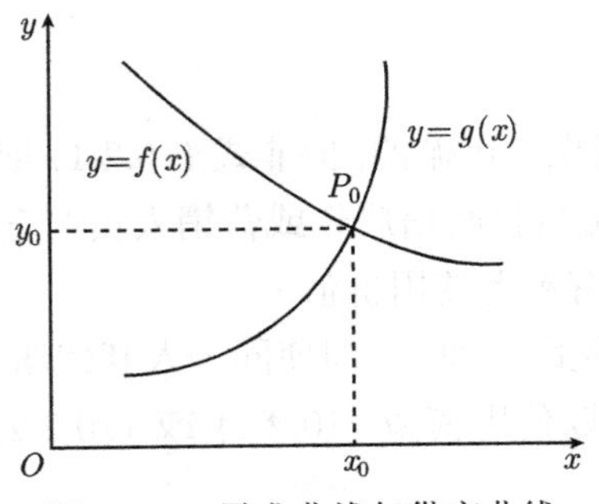

图 10-1　需求曲线与供应曲线

当曲线 $y = f(x)$ 在点 $P_0(x_0, y_0)$ 的斜率绝对值 K_f 小于曲线 $y = g(x)$ 在点 $P_0(x_0, y_0)$ 的斜率绝对值 K_g 时, $x_k \to x_0, y_k \to y_0$, 从而 $P_1 \to P_2 \to P_3 \to \cdots \to P_0$, 此时平衡点稳定, 见图 10-2.

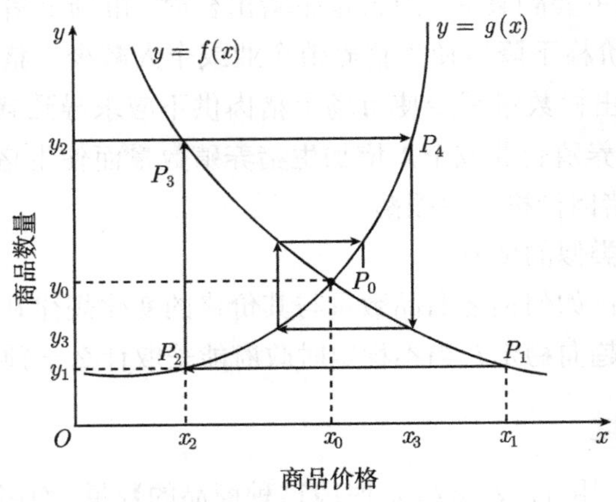

图 10-2　$K_f < K_g$ 的蛛网图

当曲线 $y=f(x)$ 在点 $P_0(x_0,y_0)$ 的斜率绝对值 K_f 大于曲线 $y=g(x)$ 在点 $P_0(x_0,y_0)$ 的斜率绝对值 K_g 时, 数列 $\{x_k\}$ 和数列 $\{y_k\}$ 发散, 从而点列 $\{P_k\}$ 不收敛于平衡点 $P_0(x_0,y_0)$, 此时平衡点不稳定, 见图 10-3.

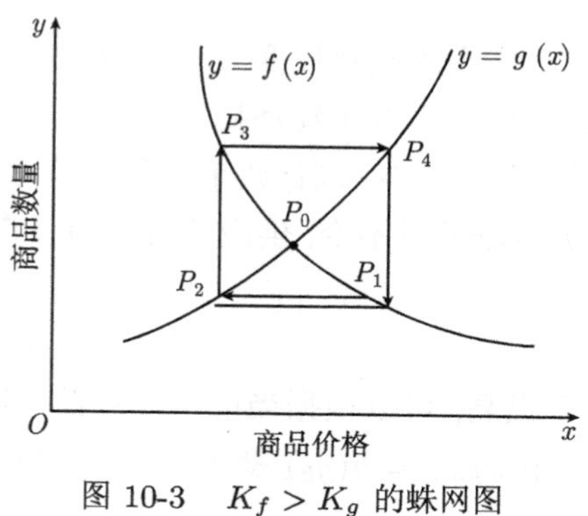

图 10-3 $K_f > K_g$ 的蛛网图

10.3.3 差分方程模型

设函数 $f(x)$ 在 x_0 的邻域内具有二阶导数, 则在点 $P_0(x_0,y_0)$ 附近需求函数 $y_k=f(x_k)$ 近似表示为

$$y_k-y_0=-\alpha(x_k-x_0), \tag{10.3.1}$$

其中 $\alpha=|f'(x_0)|$, 表示商品数量减少 1 单位, 价格上涨幅度.

又设函数 $h(y)$ 在 y_0 的邻域内具有二阶导数, 则在点 $P_0(x_0,y_0)$ 附近需求函数 $x_{k+1}=h(y_k)$ 近似表示为

$$x_{k+1}-x_0=\beta(y_k-y_0), \tag{10.3.2}$$

其中 $\beta=|h'(y_0)|$, 表示价格上涨 1 单位, (下时段) 供应的增量.

把式 (10.3.1) 代入式 (10.3.2), 有

$$x_{k+1}-x_0=-\alpha\beta(x_k-x_0), \tag{10.3.3}$$

利用迭代法, 差分方程 (10.3.3) 的解为

$$x_{k+1}=x_0+(-\alpha\beta)^k(x_1-x_0).$$

当 $\alpha\beta<1$ 时, $x_{k+1}=x_0+(-\alpha\beta)^k(x_1-x_0)\to x_0$, $k\to\infty$, 平衡点 x_0 稳定; 当 $\alpha\beta>1$ 时, $x_{k+1}=x_0+(-\alpha\beta)^k(x_1-x_0)$ 发散, $k\to\infty$; 平衡点 x_0 不稳定.

注意到 $\alpha = K_f$, $1/\beta = K_g$, 可知差分方程模型的结果与蛛网模型的结果一致.

10.3.4 结果解释

$\alpha = K_f$ 反映消费者对需求的敏感程度, $\beta = 1/K_g$ 反映生产者对价格的敏感程度, 因此 α 和 β 都比较小时, 有利于经济稳定.

经济不稳定时政府的干预办法: 以行政手段控制价格不变, 需求曲线变为水平, 即 $\alpha \approx 0$; 靠经济实力控制数量不变, 供应曲线变为竖直, 即 $\beta \approx 0$.

10.3.5 模型的改进

如果生产者管理水平提高, 可以根据当前时段和前一时段的价格决定下一时段的产量, 那么供应函数由 $x_{k+1} = h(y_k)$ 变为 $x_{k+1} = h((y_k + y_{k-1})/2)$. 此时式 (10.3.2) 相应地变成

$$x_{k+1} - x_0 = \beta\left[\frac{y_k + y_{k-1}}{2} - y_0\right]. \tag{10.3.4}$$

把式 (10.3.1) 代入式 (10.3.4), 有二阶线性常系数差分方程

$$2x_{k+2} + \alpha\beta x_{k+1} + \alpha\beta x_k = 2(1+\alpha\beta)x_0, \quad k = 1, 2, \cdots. \tag{10.3.5}$$

此方程的平衡点为 x_0, 特征根为一对共轭复根 $\lambda_{1,2} = (-\alpha\beta \pm \sqrt{(\alpha\beta)^2 - 8\alpha\beta})/4$, 其模为 $\sqrt{\alpha\beta/2}$. 当 $\alpha\beta < 2$ 时, 平衡点 x_0 稳定 (宽于条件 $\alpha\beta < 1$).

10.3.6 Logistic 模型

某种群 t 时刻的数量为 $x(t)$, $r(r > 0)$ 为该种群的固有增长率, 设 N 为该种群的最大数量, 则

$$\dot{x}(t) = rx\left(1 - \frac{x}{N}\right), \tag{10.3.6}$$

这是连续形式的阻滞增长模型 (Logistic 模型).

如果用 x_k 表示该种群第 k 代的数量, 则式 (10.3.6) 的离散形式为

$$x_{k+1} - x_k = rx_k\left(1 - \frac{x_k}{N}\right), \quad k = 1, 2, \cdots, \tag{10.3.7}$$

它有两个平衡点 $x_1^* = 0$, $x^* = N$.

令 $y_k = r/[(r+1)N]x_k$, 记 $b = r+1(b>1)$, 则

$$y_{k+1} = by_k(1-y_k), \tag{10.3.8}$$

这是一阶非线性差分方程, 平衡点 $y^* = 1-1/b$ 对应方程 (10.3.7) 的平衡点 $x^* = N$. 于是研究方程 (10.3.7) 平衡点 $x^* = N$ 的稳定性转为研究方程 (10.3.8) 平衡点 $y^* = 1-1/b$ 的稳定性.

设 $f(y) = by(1-y)$, 由于 $f'(y^*) = 2-b$, 则当 $1<b<3$ 时, 平衡点 y^* 稳定; 当 $b>3$ 时, 平衡点 y^* 不稳定. 由此可知, 方程 (10.3.7) 平衡点 $x^* = N$, 当 $r<2$ 时稳定, 当 $r>2$ 时不稳定.

$b = 3$ 时, 取初值 $y_0 \in (0,1)$, 式 (10.3.8) 生成的数列 $\{y_k\}$ 收敛于平衡点 $y^* = 1-1/b = 2/3$.

下面考察 $b>3$ 时方程 (10.3.8) 平衡点 y^* 不稳定的细节.

取初值 $y_0 = 0.2$, $b = 3.3$, 3.45, 3.55 时数列 $\{y_k\}$ 不收敛, 但分别存在 2 个、4 个、8 个收敛的子列. 发散数列这样的特性分别称为 2 倍、4 倍、8 倍周期收敛.

对两倍周期收敛, 考察

$$y_{k+2} = f(y_{k+1}) = f(f(y_k)) = bby_k(1-y_k)[1-by_k(1-y_k)]. \tag{10.3.9}$$

它有 4 个平衡点 0, $y^* = 1-1/b$ 和 $y^*_{1,2} = [b+1\pm\sqrt{b^2-2b-3}]/(2b)$, 显然平衡点 0, $y^* = 1-1/b$ 不稳定, 而平衡点 $y^*_{1,2}$ 稳定的条件是 $\left|\frac{\mathrm{d}}{\mathrm{d}y}f(f(y))\Big|_{y=y^*_{1,2}}\right| < 1$ 或 $3<b<1+\sqrt{6}$. 而 $b = 1+\sqrt{6}$ 时, 取初值 $y_0 \in (0,1)$, 式 (10.3.9) 生成的数列 $\{y_k\}$ 存在两个收敛的子列, 分别收敛于平衡点 ${y_1}^*$, y_2^*.

对 4 倍、8 倍周期收敛乃至 2^n 倍周期收敛类似于两倍周期收敛研究. 记 b_n 为 2^n 倍周期收敛的 b 的上限, 有人证明了 $\{b_n\}$ 收敛, 极限值约等于 3.569. 这表明 $b>3.569$ 时不存在任何的 2^n 倍周期收敛, 出现混沌. 混沌的特征之一是对初值的敏感性. 如令 $b = 3.7$, 对两个相当接近的初始值 $y_0^{(1)} = 0.2$, $y_0^{(2)} = 0.20001$, 通过 (10.3.8) 分别计算, 得到 $y_{100}^{(1)} = 0.4814$, $y_{100}^{(2)} = 0.2572$, 这就是所谓的蝴蝶效应. 混沌的特征之二是无序中存在有序. 如令 $b = 2+\sqrt{3}$, 数列 $\{y_k\}$ 三倍周期收敛. $b>3.569$ 时, 还有周期为 $p = 3,5,7,\cdots$ 及 $2^n p(n = 1,2,3,\cdots)$ 的倍周期收敛.

10.3.7 评注

Logistic 模型无论是微分形式还是差分形式在生物学、植物学、经济学、传染病学等中都有重要应用.

考察 $b>3$ 时方程 (10.3.8) 平衡点 y^* 的不稳定性, 使用计算机研究是有效的手段, 建议在 Mathematica 软件平台上实验观察, 对实验结果进行理论证明.

10.3.8 问题

如果一个时段的商品不能全部销完, 必定下一时段的价格由当前时段的产量和下一时段的产量决定, 请对模型 (10.3.2) 改进.

第 11 章

静态优化模型

现实世界中普遍存在着优化问题，其中静态优化问题指最优解是数 (不是函数) 的优化问题. 建立静态优化模型的关键之一是根据建模目的确定恰当的目标函数, 求解静态优化模型一般用微分法.

本章 11.1 节介绍贮存模型, 这是运筹学中贮存论的基础. 11.2 节针对森林失火这一安全问题, 通过建立模型而提出派遣消防队员计划. 11.3 节和 11.4 节对两个经济问题, 介绍如何建立优化模型并提出最优决策方案. 11.5 节讨论通信问题, 介绍通过建立优化模型来解决移动电话网络设计与通信基站选址.

11.1 贮 存 模 型

课堂教学视频-83

11.1.1 问题的提出

已知某产品日需求量 100 件, 生产准备费 5000 元, 贮存费每日每件 1 元. 试安排该产品的生产计划, 即多少天生产一次 (生产周期), 每次产量多少, 使总费用最小.

这种产品是配件厂为装配线生产的, 轮换产品时因更换设备要付生产准备费, 产量大于需求时要付贮存费. 由于是装配线生产, 不允许配件厂缺货, 这样配件厂生产能力非常大, 即所需数量可在很短时间内产出.

11.1.2 问题分析与思考

每天生产一次, 每次 100 件, 无贮存费, 准备费 5000 元; 平均每天费用 5000 元. 10 天生产一次, 每次 1000 件, 贮存费 4500 元, 准备费 5000 元, 总计 9500 元; 平均每天费用 950 元. 50 天生产一次, 每次 5000 件, 贮存费 122500 元, 准备费 5000 元, 总计 127500 元; 平均每天费用 2550 元.

由此可见, 周期短, 产量小, 必然贮存费少, 准备费多; 周期长, 产量大, 必然准备费少, 贮存费多. 于是理论上存在最佳的周期和产量, 使总费用 (贮存费和准备费之和) 最小.

11.1.3 模型假设

(1) 产品每天的需求量为常数 r(件);

(2) 每次生产准备费为 c_1 元, 每天每件产品贮存费为 c_2 元;

(3) T 天生产一次 (周期), 每次生产 Q 件, 当贮存量为零时, Q 件产品立即到来 (生产时间不计);

(4) 为方便起见, 时间和产量都作为连续变量处理.

11.1.4 模型建立

离散问题连续化处理, 于是贮存量表示为时间的函数 $q(t)$, 以 T 为周期的周期函数. $t=0$ 时生产 Q 件, 即 $q(0)=Q$, $q(t)$ 以需求速率 r 递减, $q(T)=0$. 显然, $Q=rT$(图 11-1).

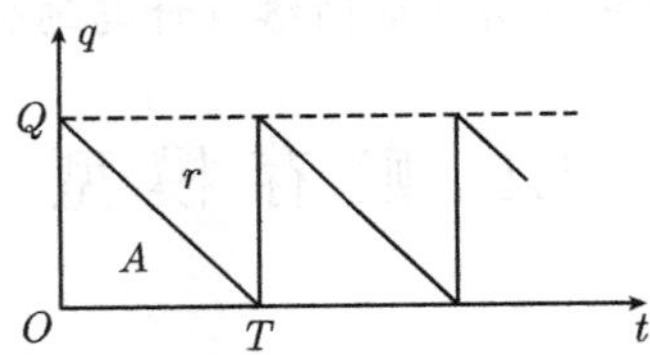

图 11-1　不允许缺货时贮存量的动态变化

利用微元法, 一周期贮存费为

$$c_2\int_0^T q(t)\mathrm{d}t = c_2 A,$$

注意到 $A=rT^2/2$, 于是一周期总费用为

$$\tilde{C} = c_1 + c_2\frac{Q}{2}T = c_1 + c_2\frac{rT^2}{2},$$

从而每天总费用平均值 (目标函数)

$$C(T) = \frac{\tilde{C}}{T} = \frac{c_1}{T} + \frac{c_2 rT}{2},$$

这样得到模型

$$\operatorname*{Min}_{T} C(T). \tag{11.1.1}$$

11.1.5 模型求解

由 $\mathrm{d}C/\mathrm{d}T = 0$ 得

$$T = \sqrt{\frac{2c_1}{rc_2}}, \quad Q = rT = \sqrt{\frac{2c_1 r}{c_2}}. \tag{11.1.2}$$

把 $c_1 = 5000$, $c_2 = 1$, $r = 100$ 代入式 (11.1.2) 得 $T = 10$ 天, $Q = 1000$ 件, 每天平均费用 1000 元 (如果 10 天生产一次, 在问题分析中计算的每天平均费用为 950 元. 思考不一致的原因.).

式 (11.1.2) 称为**经济批量订货公式** (EOQ 公式).

如果考虑产品的生产费用 (假设每件产品的生产费用为 c_4 元), 则每天总费用平均值 (目标函数) 为

$$C(T) = \frac{\tilde{C}}{T} = \frac{c_1}{T} + \frac{c_2 r T}{2} + c_4.$$

如果 c_4 为常数, 结果还是式 (11.1.2); 如果 c_4 不为常数, 也就是随时间变化, 从而与 T 有关, 结果和式 (11.1.2) 不一样.

11.1.6 允许缺货的模型

当贮存量降到零时仍有需求 r, 出现缺货而造成损失. 现假设: 允许缺货, 每天每件缺货损失费 c_3 元, 当然缺货需补足. 周期仍然为 T, 但 $t = T_1$ 时贮存量降到零. 此时 $q(t)$ 的图形见图 11-2, 显然 $0 < T_1 < T$, $Q = rT_1$.

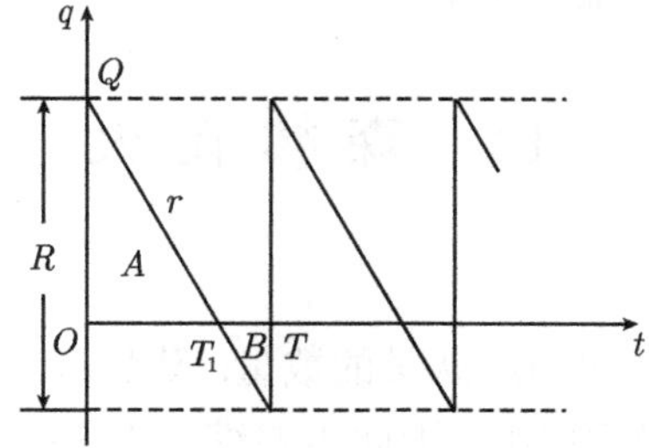

图 11-2 允许缺货时贮存量的动态变化

一周期贮存费 $c_2\int_0^{T_1} q(t)\mathrm{d}t = c_2A$, 一周期缺货费 $c_3\int_{T_1}^{T} |q(t)|\mathrm{d}t = c_3B$. 注意到 $A = QT_1/2, B = r(T-T_1)^2/2$, 于是一周期总费用 $\bar{C} = c_1 + c_2(QT_1/2) + c_3[r(T-T_1)^2/2]$, 每天总费用平均值 (目标函数) 为

$$C(T,Q) = \frac{\bar{C}}{T} = \frac{c_1}{T} + \frac{c_2Q^2}{2rT} + \frac{c_3(rT-Q)^2}{2rT}, \tag{11.1.3}$$

于是不允许缺货的贮存模型为

$$\underset{T,Q}{\mathrm{Min}} \quad C(T,Q). \tag{11.1.4}$$

由 $\partial C/\partial T = 0, \partial C/\partial Q = 0$ 得

$$T' = \sqrt{\frac{2c_1}{rc_2}\frac{c_2+c_3}{c_3}}, \quad Q' = \sqrt{\frac{2c_1r}{c_2}\frac{c_3}{c_2+c_3}}. \tag{11.1.5}$$

记 $\mu = \sqrt{(c_2+c_3)/c_3}(\mu > 1)$, 由结果式 (11.1.2) 与式 (11.1.5) 有

$$T' = \mu T > T, \quad Q' = \frac{Q}{\mu} < Q.$$

注 缺货需补足. 每周期初的贮存量 Q', 每周期的生产量 (或订货量)$R = rT' > Q$(不允许缺货时的生产量 (或订货量)).

11.1.7 进一步的问题

允许缺货时, 如果考虑产品的生产费用, 结果和式 (11.1.5) 是否不一样? 如果产品每天的需求量 r 不为常数, 请对 r 提出一种表达式而建立贮存模型. 对于贮存问题, 为什么必须周期等量生产(订货)? 请分不允许缺货和允许缺货两种情形研究 (详细解答扫右侧二维码获取或查阅参考文献 [29]).

论文-84

11.2 森 林 救 火

11.2.1 问题的提出

森林失火后, 要确定派出消防队员的数量. 队员多, 森林损失小, 救援费用大; 队员少, 森林损失大, 救援费用小. 因此需要综合考虑损失费和救援费, 以确定消防队员数量.

11.2.2 问题分析

记派出的消防队员人数为 x, 失火时刻 $t=0$, 开始救火时刻为 t_1, 灭火时刻为 t_2, 时刻 t 森林烧毁面积为 $B(t)$. 损失费由烧毁面积 $B(t_2)$ 确定, 而烧毁面积 $B(t_2)$ 依赖于派出消防队员人数 x, 用 $f_1(x)$ 表示损失费, 显然, $f_1(x)$ 是 x 的减函数. 救援费由派出消防队员人数 x 和救火时间 t_2-t_1 决定, 用 $f_2(x)$ 表示救援费, 显然, $f_2(x)$ 是 x 的增函数. 由 11.1 节可以知道, 存在恰当的 x, 使 $f_1(x)$, $f_2(x)$ 之和最小.

救援费由两部分组成, 一部分是一次性费用, 仅与队员人数 x 有关; 另一部分不仅与队员人数 x 有关, 还和救火时间 t_2-t_1 有关. 因此考虑救援费需要对每个队员的单位时间灭火费用及一次性费用作出假设.

损失费 $f_1(x)$ 由烧毁面积 $B(t_2)$ 确定, 如何确定？显然, 既与森林中林木种类、密度、大小有关, 又与地势、温度、湿度有关. 注意到建模目的, 这些因素不是建模需要考虑的主要因素, 关键是 $B(t)$ 如何表达.

画出时刻 t 森林烧毁面积 $B(t)$ 的大致图形, 如图 11-3 所示. 由图 11-3 可见分析 $B(t)$ 比较困难, 转而讨论森林烧毁速度 $\mathrm{d}B(t)/\mathrm{d}t$, 这是由于 $0\leqslant t\leqslant t_1$ 时, $\mathrm{d}B(t)/\mathrm{d}t$ 随 t 单调增加; $t_1<t\leqslant t_2$ 时, $\mathrm{d}B(t)/\mathrm{d}t$ 随 t 单调减少. 于是, 为了描述森林烧毁速度 $\mathrm{d}B(t)/\mathrm{d}t$, 需要假设 $\mathrm{d}B(t)/\mathrm{d}t$ 与 t 之间的函数关系.

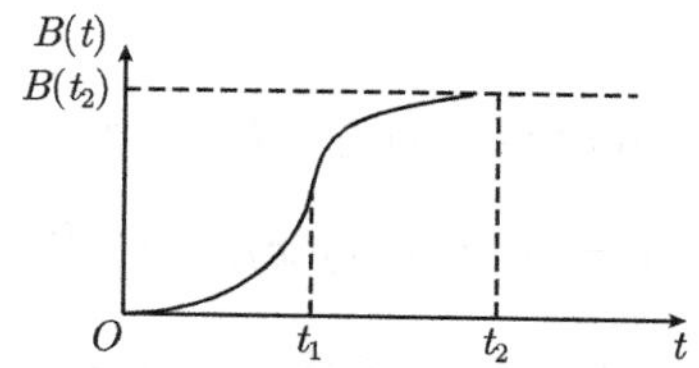

图 11-3　森林烧毁面积的动态变化

11.2.3 模型假设

(1) 消防队员的整体素质比较一致, 灭火速度相对稳定, 用 λ 表示消防队员的平均灭火速度;

(2) 森林中林木种类单一、呈水平分布且分布较均匀, 林中地势平坦、无太大的坡度, 温度、湿度相对稳定 (理想森林), 因此 $f_1(x)$ 与 $B(t_2)$ 成正比, 比例系数为 c_1, c_1 表示单位烧毁面积的损失费;

(3) 火势蔓延连续, 森林中无风, 因此 $0\leqslant t\leqslant t_1$ 时, $\mathrm{d}B(t)/\mathrm{d}t$ 与 t 成正比, 系数为 β, β 表示火势蔓延速度; $t_1<t\leqslant t_2$ 时, $\mathrm{d}B(t)/\mathrm{d}t$ 与 t 成正比, 但系数为

$\beta - \lambda x$;

(4) 每个队员的单位时间灭火费用 c_2, 一次性费用 c_3.

说明 对于理想森林, 森林中无风时, 火势以失火点为中心均匀向四周呈圆形蔓延, 半径 r 与 t 成正比, 烧毁面积为 $B(t)$ 与 t^2 成正比, $\mathrm{d}B(t)/\mathrm{d}t$ 与 t 成正比.

思考 对于理想森林, 森林中有风时火势以失火点为中心, 如何蔓延?

11.2.4 模型建立

记 $\beta t_1 = b$, 为森林烧毁最大速度. 由图 11-4 可知, $t_2 - t_1 = b/(\lambda x - \beta)$, 于是

$$t_2 = t_1 + \frac{\beta t_1}{\lambda x - \beta}. \tag{11.2.1}$$

利用定积分的几何意义, 由图 11-4 可得

$$B(t_2) = \int_0^{t_2} \frac{\mathrm{d}B(t)}{\mathrm{d}t}\mathrm{d}t = \frac{bt_2}{2} = \frac{\beta t_1^2}{2} + \frac{\beta^2 t_1^2}{2(\lambda x - \beta)}. \tag{11.2.2}$$

由假设 (2), 有

$$f_1(x) = c_1 B(t_2) = \frac{c_1\beta t_1^2}{2} + \frac{c_1\beta^2 t_1^2}{2(\lambda x - \beta)}. \tag{11.2.3}$$

再由假设 (4), 有

$$f_2(x) = c_2 x(t_2 - t_1) + c_3 x. \tag{11.2.4}$$

目标函数是总费用 $C(x) = f_1(x) + f_2(x)$, 这样模型为

$$\underset{x}{\mathrm{Min}} \quad C(x) = \frac{c_1\beta t_1^2}{2} + \frac{c_1\beta^2 t_1^2}{2(\lambda x - \beta)} + \frac{c_2\beta t_1 x}{\lambda x - \beta} + c_3 x. \tag{11.2.5}$$

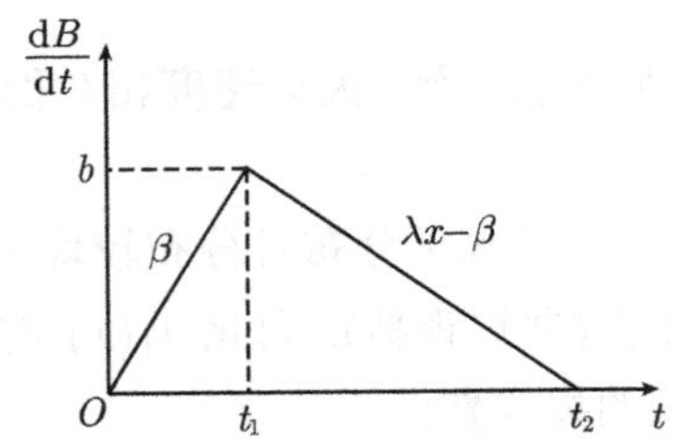

图 11-4 森林烧毁速度的动态变化

11.2.5　模型求解

由 $\mathrm{d}C(x)/\mathrm{d}x=0$ 得

$$x=\frac{\beta}{\lambda}+\beta\sqrt{\frac{c_1\lambda t_1^2+2c_2t_1}{2c_3\lambda^2}}. \tag{11.2.6}$$

11.2.6　模型求解结果解释与模型应用

求解结果表明, 派出消防队员人数大于 $\beta/\lambda,\beta/\lambda$ 是火势不继续蔓延的最少队员数. 另一方面, 派出的消防队员人数 x 关于 c_1, c_2, t_1, β 单调增加, 关于 c_3, λ 单调减少, 这与实际一致. 因此, 建模时作了若干理想化假设, 模型求解结果式 (11.2.6) 仍然反映实际, 说明模型是有效的.

进一步, c_1, c_2, c_3 已知, t_1, β, λ 可以估计, 由式 (11.2.6) 可以决定派出的消防队员人数 x, 说明模型可以实际应用.

11.2.7　进一步的问题

由于确定最佳消防队员人数需要对 t_1, β, λ 估计, 而这些是消防队员出发前无法得知的, 于是依据经验派出的消防队员数通常情况下并非实际最佳消防队员数. 如果派出的消防队员人数过少, 就可能造成长时间不能灭火的情形, 势必大大增加了森林的损失, 这是不能接受的. 于是产生问题, 消防部门需要确定增援人数, 以减少损失.

森林中有风时, 火势不是以失火点为中心均匀向四周呈圆形蔓延, 这时模型 (11.2.5) 无效. 在小风及中风两种情况下, 如何建立优化模型, 解决派出最佳消防队员人数, 以及首次派出的消防队员人数不足的情况下如何确定增援人数问题.

森林救火的过程中有时也会碰到风力过大、长时间无法扑灭大火的情况, 这时候消防部门一般会派一部分消防队员在下风口的远处砍去一段狭长地带的林木作为隔火带, 切断火势的蔓延. 此时派出的消防队员分为两部分, 一部分人员去灭火, 另一部分人员制造隔火带. 在这种情况下, 如何建立优化模型, 解决消防部门合理派遣及分配消防队员, 使得火灾的总损失最小.

以上问题的解决细节可参见文献 [13] 和 [14].

11.3 生猪的出栏时机

11.3.1 问题的提出

饲养场每天投入 8 元资金, 用于饲料、人力、设备, 估计可使 80kg 重的生猪体重增加 2kg. 设市场价格目前为 16 元/kg, 但是预测每天会降低 0.2 元, 问生猪应何时出售?

如果估计和预测有误差, 对结果有何影响.

11.3.2 问题分析

每天投入 8 元资金使生猪体重随时间增加, 而出售单价预计随时间每天会降低 0.2 元, 因此有

再养 1 天后出售, 生猪体重为 82kg, 投入 8 元资金, 生猪出售市场价格为 15.8 元/kg, 增加利润 $82 \times 15.8 - 8 - 80 \times 16 = 7.6$(元);

再养 10 天后出售, 生猪体重为 100 千克, 投入 80 元资金, 生猪出售市场价格为每千克 14.0 元, 增加利润 $100 \times 14.0 - 80 - 80 \times 16 = 40$(元);

再养 15 天后出售, 生猪体重为 110 千克, 投入 120 元资金, 生猪出售市场价格为每千克 13.0 元, 增加利润 $110 \times 13.0 - 120 - 80 \times 16 = 30$(元).

故存在最佳出售时机, 使利润最大.

11.3.3 模型假设

(1) 不考虑这头 80kg 重的生猪此前的饲养成本与利润;

(2) 每天投入 8 元资金, 生猪体重增加 $r = 2$kg;

(3) 出售单价随时间每天会降低 $g = 0.2$(元).

11.3.4 模型建立

设 t 天后出售生猪, 则生猪体重增加到 $w(t) = 80 + rt$(kg), 出售价格为每千克 $p(t) = 16 - gt$(元), 新增资金投入 $C(t) = 8t$(元), 销售收入 $R(t) = p(t)w(t)$, 增加利润

$$L(t) = R(t) - C(t) - R(0) = (80 + rt) \cdot (16 - gt) - 8t - 1280, \tag{11.3.1}$$

于是模型为

$$\operatorname*{Max}_{t} \quad L(t) = (80 + rt) \cdot (16 - gt) - 8t - 1280. \tag{11.3.2}$$

11.3.5 模型求解

由 $\mathrm{d}L(t)/\mathrm{d}t=0$ 得

$$t=\frac{8r-40g-4}{rg}, \tag{11.3.3}$$

把 $r=2$, $g=0.2$ 代入式 (11.3.3), 得 $t=10$(天), 再饲养 10 天后出售, 可多得利润 40 元.

11.3.6 敏感性分析

假设 $r=2$, $g=0.2$ 来研究问题, 实际上生猪体重不可能每天都增加 2kg, 即 r 不可能恒为常数 2, 同样地, 生猪出售价格不可能每千克每天会降低 0.2 元, 即 g 不可能恒为常数 0.2, 因此需要研究 r, g 变化时对模型结果的影响.

先设 $g=0.2$ 不变, 由式 (11.3.3), 有

$$t=\frac{8r-40g-4}{rg}=\frac{40r-60}{r}, \quad r\geqslant 1.5, \tag{11.3.4}$$

由图 11-5 可见 t 随 r 增加而增加.

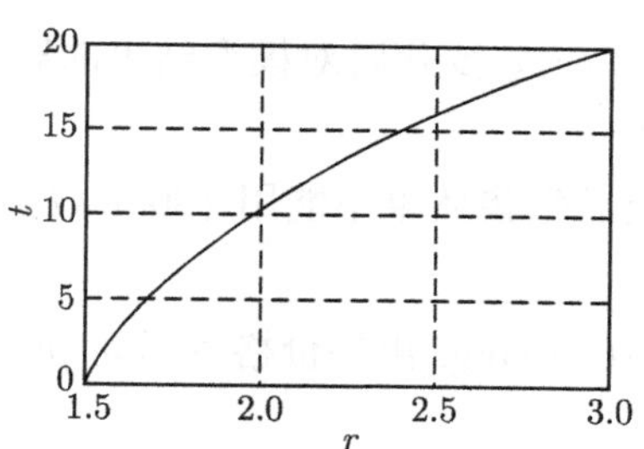

图 11-5　t 随 r 的变化关系

t 对 r 的 (相对) 敏感度

$$S(t,r)=\frac{\Delta t/t}{\Delta r/r}\approx\frac{\mathrm{d}t}{\mathrm{d}r}\frac{r}{t}=\frac{60}{40r-60}=3.$$

这表明生猪每天体重增加量 r 增加 1%, 出售时间推迟 3%.

下设 $r=2$ 不变, 由式 (11.3.3), 有

$$t=\frac{6-20g}{g}, \quad 0<g\leqslant 0.30, \tag{11.3.5}$$

由图 11-6 可见, t 随 g 增加而减少.

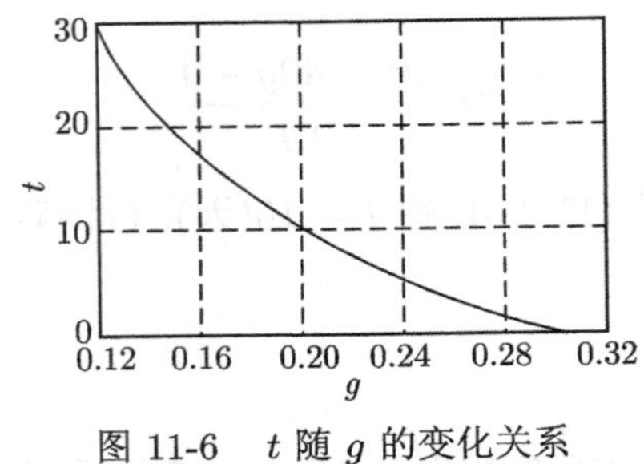

图 11-6　t 随 g 的变化关系

t 对 g 的 (相对) 敏感度

$$S(t,g)=\frac{\Delta t/t}{\Delta g/g}\approx\frac{\mathrm{d}t}{\mathrm{d}g}\frac{g}{t}=-\frac{6}{6-20g}=-3,$$

这表明生猪价格每天的降低量 g 增加 1%, 出售时间提前 3%.

11.3.7　强健性分析

在敏感性分析中研究了 r, g 变化时对模型结果的影响, 还需要研究 r, g 不是常数时对模型结果的影响.

r, g 不是常数时, t 天后生猪体重不能用 $(80+rt)$kg 表示, 出售价格不能用 $(16-gt)$ 元/kg 表示.

t 天后生猪体重表示为 $w(t)$kg, 出售价格表示为 $p(t)$ 元/kg, 增加利润

$$L(t)=R(t)-C(t)-R(0)=w(t)p(t)-8t-1280,$$

由 $L'(t)=0$ 有

$$p'(t)w(t)+p(t)w'(t)=8, \tag{11.3.6}$$

此时生猪最佳出售时机 t^* 由 (11.3.6) 确定, 即

$$p'(t^*)w(t^*)+p(t^*)w'(t^*)=8. \tag{11.3.7}$$

由于 $p'(t)w(t)+p(t)w'(t)=R'(t)$ 表示每天收入的增加值 (边际收入), $8=C'(t)$ 表示每天成本的增加值 (边际成本), 所以式 (11.3.7) 表示保留生猪直到每天收入的增加值 (边际收入) 等于每天成本的增加值 (边际成本) 时出售.

由 $S(t,r)=3$ 及 $S(t,g)=-3$, 若 $1.8\leqslant w'\leqslant 2.2$(偏差不超过 10%) 或 $0.18\leqslant p'\leqslant 0.22$ (偏差不超过 10%), 则 $7\leqslant t\leqslant 13$(偏差不超过 30%). 建议过一周后 $(t=7)$ 重新估计 p,p',w,w', 再作计算.

11.4　商品销售的最优价格

11.4.1　问题的提出

根据产品成本和市场需求, 在产销平衡条件下确定商品价格, 使利润最大.

11.4.2　模型假设

(1) 产量等于销量, 记作 x;

(2) 收入与销量 x 成正比, 系数 p 即为该产品的单位价格;

(3) 支出与产量 x 成正比, 系数 q 即为该产品的单位成本;

(4) 销量 x 依赖于价格 p, 即 $x=f(p)$, 此为需求函数, 是减函数.

11.4.3　建立模型与模型求解

销售收入 $R(p)=px=pf(p)$, 支出 $C(p)=qx=qf(p)$, 于是利润为

$$L(p)=R(p)-C(p)=(p-q)f(p),$$

这样模型为

$$\operatorname*{Max}_{p}\quad L(p)=R(p)-C(p)=(p-q)f(p), \tag{11.4.1}$$

使利润 $L(p)$ 最大的最优价格 p^* 满足

$$\left.\frac{\mathrm{d}L(p)}{\mathrm{d}p}\right|_{p=p^*}=0 \tag{11.4.2}$$

或

$$\left.\frac{\mathrm{d}R(p)}{\mathrm{d}p}\right|_{p=p^*}=\left.\frac{\mathrm{d}C(p)}{\mathrm{d}p}\right|_{p=p^*}. \tag{11.4.3}$$

注意到 $\dfrac{\mathrm{d}R(p)}{\mathrm{d}p},\dfrac{\mathrm{d}C(p)}{\mathrm{d}p}$ 分别是收入、支出对价格的边际, 因此式 (11.4.3) 表明边际收入等于边际支出时的价格为最优价格, 最大利润在边际收入等于边际支出时达到.

11.4.4 模型应用

如果 q 对于 p 为常数, 而 $f(p)=a-bp$, 其中 a 表示绝对需求 (p 很小时的需求量), b 表示价格上升一个单位时需求量的下降幅度 (需求对价格的敏感度), 则

$$L(p)=R(p)-C(p)=(p-q)(a-bp),$$

此时 $L'(p)=a+bq-2bp$, 于是最优价格为

$$p^*=\frac{q}{2}+\frac{a}{2b}, \tag{11.4.4}$$

式 (11.4.4) 表明最优价格由单位成本的一半和绝对需求与需求对价格的敏感度比值的一半构成, 也就是说最优价格既要考虑成本又要兼顾顾客需求.

如果 $q=c-dp$, 其中 c 表示单位产品的绝对成本 (p 很小时的成本)、d 表示价格上升一个单位时成本的下降幅度 (成本对价格的敏感度), 而 $f(p)=a-bp$, 则

$$L(p)=R(p)-C(p)=(p-c+dp)(a-bp),$$

此时 $L'(p)=a(1+d)+bc-2(1+d)bp$, 于是最优价格为

$$p^*=\frac{c}{2(1+d)}+\frac{a}{2b}. \tag{11.4.5}$$

如果 $q=q_0+h/x$, 其中 q_0 表示单位产品的基础成本 (与生产量无关, 不变成本)、h 表示该产品生产前的一次性投入成本 (h/x 为单位产品的可变成本), 而 $f(p)=a-bp$, 则

$$L(p)=R(p)-C(p)=(p-q_0)(a-bp)-h,$$

此时 $L'(p)=a+bq_0-2bp$, 于是最优价格为

$$p^*=\frac{q_0}{2}+\frac{a}{2b}. \tag{11.4.6}$$

11.4.5 模型推广

推销产品的重要手段之一是做广告. 如果做广告, 可使销售量增加, 具体增加量用销售量提高因子 K 表示. 而做广告要资金投入, 因此产生问题: 如何确定产品的销售价格和广告费, 可使利润最大?

用 y 表示在该产品上投入的广告费, K 表示销售量提高因子, 其他符号如 p, x, q 同上面的意义.

先研究销售量提高因子 K 与广告费的关系. 做广告, 可使销售量增加. 但广告费投入到一定数量时, 由于市场需求有限, 不但销售量不增加, 还会使销售量减少, 所以可以假设 K 与 y 成二次多项式函数关系

$$K = \alpha_0 y^2 + \alpha_1 y + \alpha_2. \tag{11.4.7}$$

投入广告费 y 后, 销售量由 x 增加到 Kx, 销售收入 $R(p, y) = pKx = Kpf(p)$, 支出 $C(p, y) = qKx + y = Kqf(p) + y$, 于是利润为

$$L(p, y) = R(p, y) - C(p, y) = (\alpha_0 y^2 + \alpha_1 y + \alpha_2)(p - q)f(p) - y,$$

这样模型为

$$\operatorname*{Max}_{p,y} \quad L(p, y) = (\alpha_0 y^2 + \alpha_1 y + \alpha_2)(p - q)f(p) - y. \tag{11.4.8}$$

由 $\partial L(p, y)/\partial p = 0$, $\partial L(p, y)/\partial y = 0$ 即可确定最优价格 p^* 和广告费 y^*, 使利润最大.

如果 q 对于 p 为常数, 而 $f(p) = a - bp$, 其中 a 表示绝对需求, b 表示需求对价格的敏感度, 则

$$L(p) = R(p) - C(p) = (\alpha_0 y^2 + \alpha_1 y + \alpha_2)(p - q)(a - bp) - y,$$

此时

$$\begin{aligned}
\frac{\partial L(p, y)}{\partial p} &= (\alpha_0 y^2 + \alpha_1 y + \alpha_2)(a + bq - 2bp) = 0, \\
\frac{\partial L(p, y)}{\partial y} &= (2\alpha_0 y + \alpha_1)(p - q)(a - bp) - 1 = 0,
\end{aligned}$$

于是最优价格和广告费为

$$p^* = \frac{q}{2} + \frac{a}{2b}, \quad y^* = \frac{4b - \alpha_1(a - bq)^2}{2\alpha_0(a - bq)^2}. \tag{11.4.9}$$

对比式 (11.4.4) 与式 (11.4.9) 可知, 最优价格与广告费无关, 但最优广告费取决于最优价格.

进一步的讨论请阅读参考文献 [27].

11.5 通信基站的选址与移动电话网络设计

11.5.1 问题的提出

某手机运营商准备在一个目前尚未覆盖的区域开展业务, 计划投资 5000 万元来建设中继站. 该区域由 15 个社区组成, 有 7 个位置可以建设中继站, 每个中继站只能覆盖有限个社区. 图 11-7 是该区域的示意图, 每个社区简化为一个多边形, 每个可以建设中继站的位置已用黑点标出. 由于地理位置等各种条件的不同, 每个位置建设中继站的费用也不同, 且覆盖范围也不同. 表 11-1 中列出了每个位置建设中继站的费用以及能够覆盖的社区, 表 11-2 列出了每个社区的人口数 (一个社区的人口数默认为手机用户数).

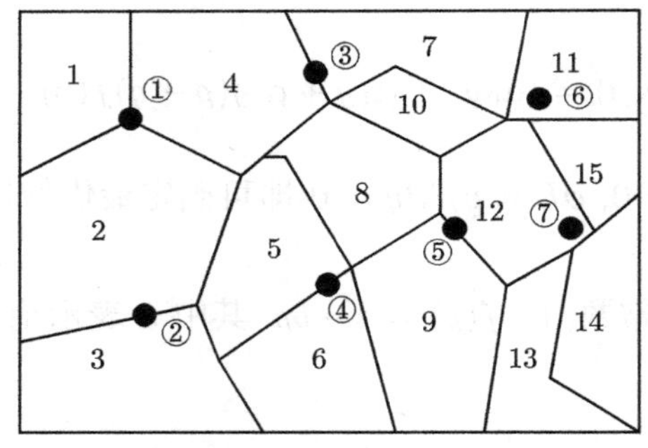

图 11-7 尚未覆盖的区域示意图

在不超过 5000 万元建设费用的情况下, 在何处建设中继站, 能够覆盖尽可能多的人口.

表 11-1 每个位置建设中继站的费用及所能覆盖的社区

位置	1	2	3	4	5	6	7
费用/百万元	9	6.5	20	14.5	19	13	10.5
覆盖社区	1,2,4	2,3,5	4,7,8,10	5,6,8,9	8,9,12	7,10,11,12,15	12,13,14,15

表 11-2 每个社区的人口数量

社区	1	2	3	4	5	6	7	8	9	10	11	12	13	14	15
人口/千人	2	4	13	6	9	4	8	12	10	11	6	14	9	3	6

11.5.2　假设

(1) 在信号不中断时, 某一中继站覆盖的社区内所有手机用户都能接收到该中继站的信号;

(2) 任一社区被多个中继站覆盖时社区内所有手机用户能接收到各中继站的信号;

(3) 任一手机用户只能属于一个社区.

11.5.3　问题分析

由于在 7 个位置建设中继站的总费用超过 5000 万元, 所以不能在每个位置建设中继站. 如果每个社区都能够覆盖, 那么必须在位置 1、位置 2、位置 4、位置 6、位置 7 建设中继站, 此时建设中继站的费用为 5350 万元, 也超过 5000 万元. 由此可见, 在建设费用不超过 5000 万元的情况下, 无论怎样建设中继站, 都不能覆盖所有的人口或所有的社区.

既然不能覆盖所有的人口, 那么就要考虑覆盖尽可能多的人口, 这是目标. 除了建设费用不超过 5000 万元这一约束外, 还要考虑社区能够被覆盖, 一个社区能够被覆盖仅当建设了能够被覆盖此社区的中继站时才能够被覆盖.

通过以上分析, 在建设中继站的位置可以建设中继站也可以不建设中继站, 一个社区能被一个中继站覆盖也能被一个中继站不覆盖, 即具有二值性. 解决二值性的带约束的目标优化问题, 其决策变量应设定为 0, 1, 这样问题为 0-1 规划问题.

11.5.4　模型建立与求解

令 C 为社区集合, 则 $C=\{1,2,\cdots,15\}$; D 为可以建造中继站的位置集合, 则 $D=\{1,2,\cdots,7\}$. 用 m_i 表示在位置 $i\in D$ 建设中继站的费用, p_j 表示社区 $j\in C$ 的人口; 0-1 变量 x_{ij} 表示位置 $i\in D$ 建设中继站能覆盖社区 $j\in C$(若位置 $i\in D$ 建设中继站能覆盖社区 $j\in C$, 则 $x_{ij}=1$, 否则 $x_{ij}=0$), 0-1 变量 y_j 表示社区 $j\in C$ 是否被某个中继站覆盖 (若社区 $j\in C$ 被某个中继站覆盖, 则 $y_j=1$, 否则 $y_j=0$), 0-1 变量 z_i 表示位置 $i\in D$ 是否建造了中继站 (若位置 $i\in D$ 建造了中继站, 则 $z_i=1$, 否则 $z_i=0$).

先看社区覆盖的约束条件, 由于社区 $j\in C$ 能够收到 GSM 信号等价于至少在一个能够覆盖此社区的位置上建造了中继站, 于是 $y_j=1$ 等价于至少有一个 $i\in D$ 使 $x_{ij}z_i=1$. 显然, "$y_j=1$ 等价于至少有一个 $i\in D$ 使 $x_{ij}z_i=1$" 无法线

性化, 注意到一个社区可能同时被多个中继站覆盖, 这样有

$$\sum_{i\in D} x_{ij}z_i \geqslant y_j, \quad j\in C. \tag{11.5.1}$$

用 M 表示预算建设费用, 此地 $M=5000$ 万元, 于是建设费用约束条件为

$$\sum_{i\in D} m_i z_i \leqslant M. \tag{11.5.2}$$

由于问题是：在何处建设中继站, 能够覆盖尽可能多的人口？目标函数可以表示为

$$Z=\sum_{j\in C} p_j y_j. \tag{11.5.3}$$

于是有如下 0-1 整数规划模型：

$$\begin{aligned}&\text{Max}\quad Z=\sum_{j\in C} p_j y_j,\\&\text{s.t.}\quad \begin{cases}\displaystyle\sum_{i\in D} x_{ij}z_i \geqslant y_j, & j\in C,\\ \displaystyle\sum_{i\in D} m_i z_i \leqslant M, \\ x_{ij}, y_j z_i \in\{0,1\}, & j\in C, i\in D.\end{cases}\end{aligned} \tag{11.5.4}$$

模型 (11.5.4) 的求解可以利用 LINGO 软件包求解, 也可以在使每个社区能够完全覆盖的子位置集合 $D_1=\{1,2,4,6,7\}$ 上枚举求解, 结果为：在位置 2、位置 4、位置 6、位置 7 建设中继站, 覆盖社区 1 和社区 4 外的其他 13 个社区, 能够覆盖的最大人口数为 109000 人, 此时建设中继站的费用为 4450 万元.

11.5.5 模型的改进

如果考虑中继站出现故障维修的时候可能会出现所覆盖的社区信号中断等问题, 那么需要对通信资费进行调整. 规定仅有一个中继站信号覆盖的小区通信资费按正常资费的 70%收取, 有两个或两个以上中继站信号覆盖的小区的通信资费按正常收取, 针对 5000 万元的预算, 又该如何建设中继站, 才能够使得资费的收入达到最大？

这时只要规定变量 y_j 为三值变量, 即社区 $j\in C$ 被多于一个中继站覆盖时 $y_j=10/7$; 社区 $j\in C$ 只被一个中继站覆盖时 $y_j=1$; 社区 $j\in C$ 不被任何一个中继站覆盖时 $y_j=0$, 其他约束条件不变.

由于问题是，在何处建设中继站，才能够使得资费的收入达到最大？设人均通信资费为 f，于是目标函数可以表示为

$$S = 0.7f \sum_{j\in C} p_j y_j. \tag{11.5.5}$$

有模型

$$\begin{aligned} &\text{Max} \quad S = 0.7f\sum_{j\in C} p_j y_j, \\ &\text{s.t.} \quad \begin{cases} \sum_{i\in D} x_{ij} z_i \geqslant y_j, \quad j \in C, \\ \sum_{i\in D} m_i z_i \leqslant M, \\ x_{ij}, z_i \in \{0,1\}, y_j \in \{0, 1, 10/7\}, \quad j\in C, \quad i \in D. \end{cases} \end{aligned} \tag{11.5.6}$$

模型 (11.5.6) 的求解可以利用 LINGO 软件包求解，也可以考虑人口较多的社区二次覆盖而在位置集合 $D = \{1, 2, \cdots, 7\}$ 上枚举求解，结果不变.

11.5.6　移动电话网络设计问题

图 11-8 是一个典型的移动电话网络的结构图.

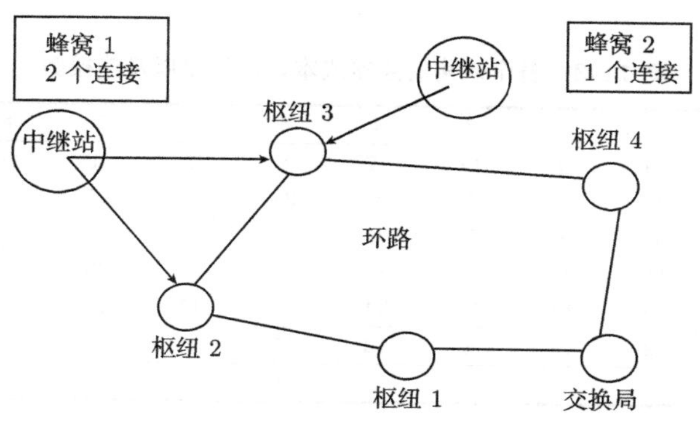

图 11-8　一个移动电话网络的结构

每个基本地理区域，也称为一个蜂窝 (cell)，将由一个称为中继站的收发器提供服务. 从一个移动电话拨出的电话呼叫将首先通过这些中继站. 每个中继站都通过缆线或微波连接到一个中间结点 (枢纽)，其中有一个枢纽将对此网络控制，此枢纽即为移动电话交换局. 将使用高宽带光纤缆线在各个枢纽与移动电话交换局

之间建立十分可靠的环路连接. 如果发生故障, 则此环路可以自动重新连接 (自修复环路), 因此不需要对其全部替换.

在目前的技术条件下, 中继站和交换局之间无法进行动态连接. 在设计阶段就应固定这些连接, 因此需要为每个中继站选择其连接到的环路结点. 在蜂窝 l 和环路之间连接的数目称为蜂窝 l 的多径数, 用 N_l 表示. 为使系统更为可靠, 多径数应大于 1.

这种类型的系统中的通信是完全数字化的, 通信带宽可以表示为带宽为 64 kbps(千比特每秒) 的双向回路数目, 则此带宽数值即对应于在高峰期可并发的通信数. 环路的带宽上限为 A. 从蜂窝 l 发出的通信量 T_l 可以平均分配到蜂窝与环路之间的各个连接上, 每个连接分配到的通信量为 T_l/N_l. 此通信量将通过环路传输到交换局, 在交换局中将把各个呼叫转接到另一个蜂窝或移动电话与固定电话之间的接口结点. 由于交换局具有普通枢纽的所有功能, 所以中继站也可以直接连接到交换局.

考虑一个有 10 个蜂窝和 5 个结点组成的环路网络, 此网络的总带宽为 $A=48$ 路电话, 交换局为结点 5. 表 11-3 列出了每个蜂窝的通话量, 要求连接数, 以及每个连接的成本 (单位为千元). 例如, 蜂窝 1 连接到结点 1 的连接成本为 15 千元; 蜂窝 1 的多径数为 2, 这表示它至少应连接到环路中的两个结点上; 蜂窝 1 的通话量为 22 路电话.

表 11-3　各个蜂窝的连接成本、通话量以及连接数

蜂窝	1	2	3	4	5	6	7	8	9	10
枢纽 1	15	9	12	17	8	7	19	20	12	25
枢纽 2	8	11	6	5	22	25	25	9	22	24
枢纽 3	7	8	7	9	21	15	21	15	14	13
枢纽 4	11	5	15	18	19	9	20	18	16	4
枢纽 5(交换局)	10	14	15	24	6	17	22	25	20	11
通话量	22	12	20	12	15	25	15	14	8	22
连接数	2	2	2	2	3	1	3	2	2	2

问题是, 找出蜂窝与环路之间的连接方案, 以总连接费用最小, 同时仍然能够满足通话量限制, 并满足连接数要求.

用 E 表示蜂窝集合, 则 $E=\{1,2,\cdots,10\}$. N 表示结点集合, 则 $N=\{1,2,\cdots,5\}$, 其中包括 4 个普通枢纽和 1 个交换局. 用 c_{ij} 表示将蜂窝 $i(i\in E)$ 连接到结点 $j(j\in N)$ 的成本. 0-1 变量 x_{ij} 表示蜂窝 $i(i\in E)$ 与结点 $j(j\in N)$

是否连接 (若蜂窝 i 与结点 j 连接, 则 $x_{ij}=1$, 否则 $x_{ij}=0$). 可以得到模型

$$
\begin{aligned}
&\text{Min} \quad S=\sum_{i\in E}\sum_{j\in N} c_{ij}x_{ij},\\
&\text{s.t.} \quad \begin{cases}
\displaystyle\sum_{j\in N} x_{ij}=T_i, \quad i\in E,\\
\displaystyle\sum_{i\in E}\sum_{j\in N}\frac{T_i}{N_i}x_{ij}\leqslant 2A,\\
x_{ij}\in\{0,1\}, \quad i\in E, j\in N.
\end{cases}
\end{aligned}
\tag{11.5.7}
$$

模型 (11.5.7) 的求解可以利用 LINGO 软件包求解, 结果为：最优解为总成本 249 千元, 环路上的通话量为 92, 没有超过通话容量 96. 蜂窝与环路结点之间连接情况见表 11-4.

表 11-4　蜂窝与环路结点之间连接方案

蜂窝	1	2	3	4	5	6	7	8	9	10
连接结点	3,5	3,4	2,5	2,3	1,4,5	5	1,4,5	2,3	3,5	4,5

第12章

动态优化模型

现实世界中的一类优化问题与时间或空间有关，这是所谓的动态优化问题. 对于动态优化问题的求解，由于解是函数，一般用变分法解决. 某些动态优化问题可以转化为静态优化模型，从而可以使用求解静态优化模型的方法.

12.1 节介绍帆船海上航行时船的方向与帆的朝向问题，在起航时帆船的方向与帆的朝向是静态优化模型，而帆船从起点到终点的方向与帆的朝向是动态优化问题. 12.2 节介绍再生资源的利用问题，通过建立模型研究在捕捞量稳定的条件下，如何控制捕捞使产量最大或效益最佳问题；如果捕捞过度，论证休渔政策. 12.3 节介绍商人安全渡河问题，引出多步决策问题. 12.4 节对经济计划的制定与国民收入增长两个经济问题，介绍如何建立优化模型并提出最优决策方案.

12.1 帆船海上航行时船的方向与帆的朝向

12.1.1 问题的提出

帆船在海面上乘风远航，需要确定最佳的航行方向及帆的朝向. 对此问题，可以简化成两个问题.

问题一：海面上东风劲吹，帆船要从 A 点驶向正东方的 B 点，确定起航时的航向 θ，以及帆的朝向 α，见图 12-1.

问题二：海面上风速不变，确定帆船从 A 点驶向 B 点的航线.

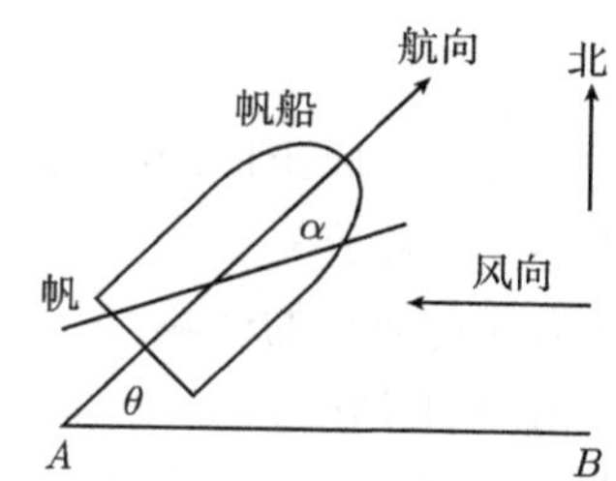

图 12-1　帆船起航时的航向及帆的朝向

12.1.2　问题分析

由于风向由 B 向 A, 因此帆船要从 A 点驶向正东方的 B 点必须由 A 点先向东北 (或东南) 方向行驶, 再在合适的点 C 改向东南 (或东北) 方向行驶到 B 点.

帆船行驶依靠风通过帆对船的推力, 但风对船体有阻力, 因此从 A 点驶向 C 点及从 C 点行驶到 B 点, 必须风通过帆对船的实际推力大于风对船体的实际阻力 (图 12-2).

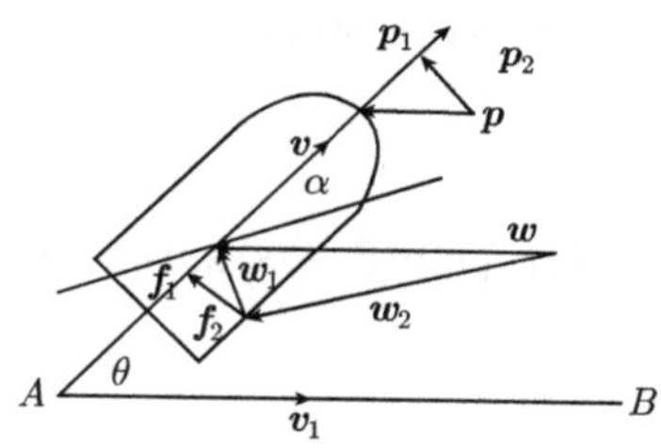

图 12-2　帆船起航时的力学分析

风通过帆对船的推力 $\boldsymbol{w}$ 的方向从 B 到 A, 大小与帆的迎风面积成比例. 推力 $\boldsymbol{w}$ 分解为 $\boldsymbol{w}_1$ 与 $\boldsymbol{w}_2$, 即 $\boldsymbol{w}=\boldsymbol{w}_1+\boldsymbol{w}_2$, 其中 $\boldsymbol{w}_1$ 与帆面垂直, $\boldsymbol{w}_2$ 与帆面平行.

风对船的阻力 $\boldsymbol{p}$ 的方向也是从 B 到 A, 大小与船的迎风面积成比例. 阻力 $\boldsymbol{p}$ 分解为 $\boldsymbol{p}_1$ 与 $\boldsymbol{p}_2$, 即 $\boldsymbol{p}=\boldsymbol{p}_1+\boldsymbol{p}_2$, 其中 $\boldsymbol{p}_1$ 与帆船的航行方向相反, $\boldsymbol{p}_2$ 与帆船的航行方向垂直.

$\boldsymbol{w}_1$ 分解为 $\boldsymbol{f}_1$ 与 $\boldsymbol{f}_2$, 即 $\boldsymbol{w}_1=\boldsymbol{f}_1+\boldsymbol{f}_2$, 其中 $\boldsymbol{f}_1$ 与帆船的航行方向一致, $\boldsymbol{f}_2$ 与帆船的航行方向垂直.

因此风通过帆对船的实际推力为 $\boldsymbol{f}_1$, 风对船体的实际阻力为 $\boldsymbol{p}_1$.

12.1.3 模型假设

(1) $\boldsymbol{w}$ 的大小 w 与帆迎风面积 s_1 成正比, $\boldsymbol{p}$ 的大小 p 与船迎风面积 s_2 成正比, 比例系数相同均为 k, 并且 s_1 远大于 s_2;

(2) $\boldsymbol{w}_2$ 与帆面平行, 可忽略其对航行的影响;

(3) $\boldsymbol{f}_2, \boldsymbol{p}_2$ 垂直于船身, 可由舵抵消;

(4) 航向速度 $\boldsymbol{v}$ 平行于力 $\boldsymbol{f}=\boldsymbol{f}_1-\boldsymbol{p}_1$, $\boldsymbol{v}$ 的大小 v 与力 $\boldsymbol{f}=\boldsymbol{f}_1-\boldsymbol{p}_1$ 的大小 $f=f_1-p_1$ 成正比, 比例系数为 k_1.

12.1.4 模型建立

由假设 (1), 有 $w=ks_1, p=ks_2$, 于是

$$f_1=w_1\sin\alpha=w\sin(\theta-\alpha)\sin\alpha=ks_1\sin(\theta-\alpha)\sin\alpha,$$

$$p_1=p\cos\theta=ks_2\cos\theta.$$

相应地

$$v=k_1(f_1-p_1)=kk_1(s_1\sin(\theta-\alpha)\sin\alpha-s_2\cos\theta),$$

帆船向正东方向的速度大小

$$v_1=v\cos\theta=kk_1(s_1\sin(\theta-\alpha)\sin\alpha-s_2\cos\theta)\cos\theta,$$

故对问题一, 有模型

$$\operatorname*{Max}_{\theta,\alpha}\quad v_1=kk_1(s_1\sin(\theta-\alpha)\sin\alpha-s_2\cos\theta)\cos\theta. \tag{12.1.1}$$

12.1.5 模型求解

由 $\partial v_1/\partial\theta=0, \partial v_1/\partial\alpha=0$ 得

$$\theta^*=\arccos\frac{s_1}{2s_1+4s_2},\quad \alpha^*=\frac{1}{2}\arccos\frac{s_1}{2s_1+4s_2}. \tag{12.1.2}$$

注 模型 (12.1.1) 可以用初等方法求解.

当 θ 固定时求 α 使 f_1 最大. 由 $f_1=ks_1(\cos(\theta-2\alpha)-\cos\theta)/2$ 知, $\alpha=\theta/2$ 时, f_1 最大.

当 $\alpha=\theta/2$ 时, $v_1=kk_1(s_1(1-\cos\theta)/2-s_2\cos\theta)\cos\theta$, 易知 $\cos\theta=s_1/(2s_1+4s_2)$ 时, v_1 最大.

12.1.6 问题二的解决

通过上面的研究, 知道了帆船从 A 点驶向 C 点的航向为 $\theta^*=\arccos[s_1/(2s_1+4s_2)]$, 帆的朝向为 $\alpha^*=\theta^*/2$. 下面设帆船从 C 点驶向 B 点的航向为 θ_1, 帆的朝向为 α_1. 记 $\angle B=\overline{\theta}$, 显然, θ_1 与 $\overline{\theta}$ 相等.

由图 12-3, 设 D 点的横坐标为 x_0, 并设 AB 长为 l. AC 这一段航行时间记为 t_1, BC 这一段航行时间记为 t_2, 总时间为 t, 有 $t=t_1+t_2$. 帆船从 A 到 C 的水平速度为 v_1, 从 C 到 B 的水平速度为 v_2, 其中

$$v_1=kk_1(s_1\sin(\theta-\alpha)\sin\alpha-s_2\cos\theta)\cos\theta,$$

$$v_2=kk_1(s_1\sin(\theta_1-\alpha_1)\sin\alpha_1-s_2\cos\theta_1)\cos\theta_1,$$

则有

$$\begin{aligned}t=&\frac{x_0}{kk_1(s_1\sin(\theta-\alpha)\sin\alpha-s_2\cos\theta)\cos\theta}\\&+\frac{l-x_0}{kk_1(s_1\sin(\theta_1-\alpha_1)\sin\alpha_1-s_2\cos\theta_1)\cos\theta_1},\end{aligned}\tag{12.1.3}$$

于是模型为

$$\operatorname*{Min}_{x_0,\theta_1,\alpha_1}\ t.\tag{12.1.4}$$

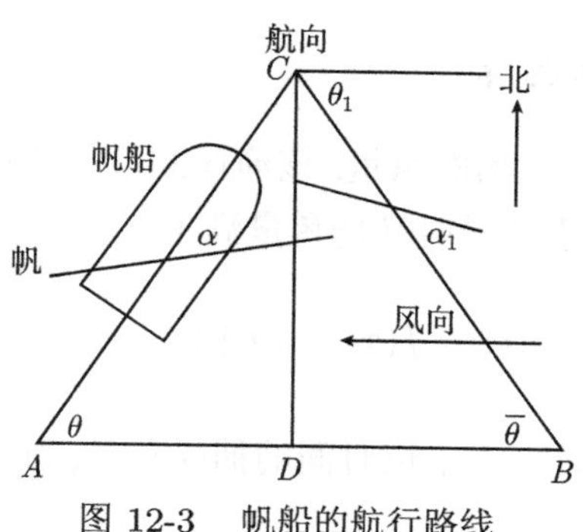

图 12-3 帆船的航行路线

这是三元函数的极值问题, 可用初等数学的办法求解. 要 t 最小, 必须 $x_0=l/2$, 并且 v_1 和 v_2 最大. 这样一来, 由 A 点驶向 C 点的航向 $\theta^*=\arccos[s_1/(2s_1+4s_2)]$, 帆的朝向 $\alpha^*=\theta^*/2$ 知 $\alpha_1=\theta_1/2$, $\theta_1=\theta^*$.

12.1.7 进一步的问题

海面上风向不变, 而风速的大小变化, 如何确定帆船从 A 点驶向 B 点的航线 (参阅文献 [28]).

12.2 捕鱼业的持续收获与休渔政策

12.2.1 问题的提出

资源分再生资源 (例如渔业资源、林业资源、风力资源等) 与非再生资源 (如矿业资源等) 两种. 再生资源, 如渔业资源, 尽管具有再生性, 如果过度开发, 也会消耗贻尽. 因此, 对渔业等再生资源应科学利用、适度开发, 即在持续稳产前提下实现最大产量或最佳效益.

对于渔业资源, 如果捕捞量等于自然增长量, 渔场鱼量将保持不变, 则捕捞量稳定. 于是产生问题, 在捕捞量稳定的条件下, 如何控制捕捞使产量最大或效益最佳?

12.2.2 模型假设

(1) 渔场封闭, 只有一种鱼;

(2) 无捕捞时鱼的自然增长服从 Logistic 规律;

(3) 单位时间捕捞量与渔场鱼量成正比, 比例系数为 E, 表示捕捞强度.

12.2.3 捕捞量稳定的条件

用 $x(t)$ 表示时刻 t 该渔场的鱼量, 该渔场的最大鱼量为 N, 这种鱼的固有增长率为 r, 则由假设 2, 在无捕捞时渔场鱼量满足

$$\dot{x}(t) = f(x) = rx\left(1 - \frac{x}{N}\right). \tag{12.2.1}$$

用 $h(x)$ 表示该渔场时刻 t 单位时间的捕捞鱼量, 则由假设 (3), 有

$$h(x) = Ex. \tag{12.2.2}$$

记 $F(x) = f(x) - h(x)$, 在有捕捞情况下渔场鱼量满足

$$\dot{x}(t) = F(x) = rx\left(1 - \frac{x}{N}\right) - Ex. \tag{12.2.3}$$

由 9.4 节的微分方程稳定性基本理论知识, 有

方程 (12.2.3) 的平衡点为 $x_0 = N(1-E/r), x_1 = 0$. 当 $E < r$ 时, $F'(x_0) < 0$, $F'(x_1) > 0$, 于是 x_0 稳定, x_1 不稳定; 当 $E > r$ 时, $F'(x_0) > 0$, $F'(x_1) < 0$, 于是 x_0 不稳定, x_1 稳定.

由于 x_1 稳定, 意味着渔场渔业资源干枯. 只有 x_0 稳定, 可获得稳定渔业产量. 因此, 捕捞量稳定的条件是

$$E < r. \tag{12.2.4}$$

12.2.4　产量最大模型

在持续稳产前提下实现最大产量, 就是在捕捞量稳定的条件下, 控制捕捞强度 E 使产量最大. 即有模型

$$\begin{aligned} &\operatorname*{Max}_{E} \quad h(x) = Ex, \\ &\text{s.t.} \quad E < r. \end{aligned} \tag{12.2.5}$$

作 $y = f(x)$ 和 $y = Ex$ 的图像, 见图 12-4. 由图 12-4 可以看到, 在条件 $E < r$ 成立时, $y = f(x) = rx(1 - x/N)$ 和 $y = Ex$ 交点 P 的横坐标为方程 (12.2.3) 的稳定平衡点, 纵坐标为捕捞量. 显然, 交点 P^* 的纵坐标为最大捕捞量 $h_{\mathrm{m}} = rN/4$, 此时稳定的鱼量为 $x_0^* = N/2$, 使产量最大的捕捞强度为

$$E^* = \frac{h_{\mathrm{m}}}{x_0^*} = \frac{r}{2}. \tag{12.2.6}$$

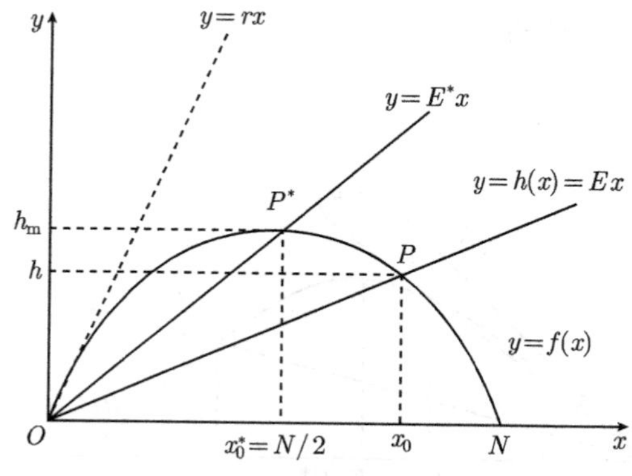

图 12-4　使产量最大的鱼量

12.2.5 效益最大模型

设鱼的单位销售价格为 p, 单位捕捞强度费用为 c, 在时刻 t 的单位时间的收入为 $R = ph(x) = pEx$, 支出为 $C = cE$, 则在时刻 t 的单位时间利润

$$L = R(x) - C = pEx - cE. \tag{12.2.7}$$

注 只有在捕捞量稳定的条件下, 才可以研究控制捕捞强度使效益最大.

把 $x_0 = N(1 - E/r)$ 代入式 (12.2.7), 有

$$L(E) = R(E) - C(E) = pNE\left(1 - \frac{E}{r}\right) - cE, \tag{12.2.8}$$

于是效益最大的模型为

$$\operatorname*{Max}_{E} \quad L(E) = R(E) - C(E) = pNE\left(1 - \frac{E}{r}\right) - cE. \tag{12.2.9}$$

由 $L'(E) = pN - 2pNE/r - c = 0$ 得

$$E_L = \frac{r}{2}\left(1 - \frac{c}{pN}\right), \tag{12.2.10}$$

当 $E = E_L = r/2(1 - c/(pN))$ 时, 渔场鱼量稳定在 $x_L = N(1 - E_L/r) = N/2 + c/(2p)$, 使效益最大的捕捞量是 $h_L = rN/4(1 - c^2/(p^2N^2))$, 如图 12-5 所示, 图中 E_R, E_0 由 $L(E) = 0$ 确定.

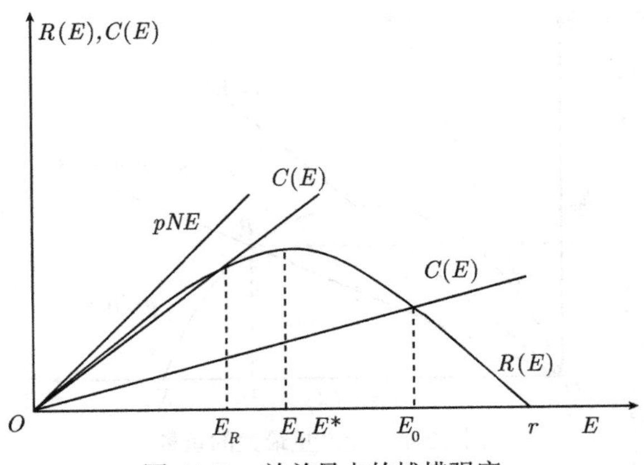

图 12-5 效益最大的捕捞强度

显然, $E_L = r/2(1-c/(pN)) < E^* = r/2$, $h_{\mathrm{m}} = rN/4 > h_L = rN/4(1-c^2/(p^2N^2))$.

12.2.6　休渔与鱼群恢复

1. 假设

(1) 海岸线是直的;

(2) 只对鱼群垂直海岸方向的运动感兴趣, 因为鱼群沿海岸线运动并不导致沿海鱼类资源的枯竭, 这样把问题的空间维数降为 1, 建立坐标系如图 12-6;

(3) 鱼群朝外海方向的运动是随机的, t 时刻 x 轴上的鱼群分布可用非负函数 $u(x,t)$ 表示, 其中 $u(x,t)$ 具有二阶连续偏导数;

(4) 如果规定在沿海 l 海里内休渔, 考虑最坏的也是最简单的情形, 即鱼群一旦越过休渔边界 $x=l$, 便被外海的渔船全部打尽, 因此有

$$u(l,t)=0, \quad t \geqslant 0;$$

(5) 鱼不会游上岸, 因此 $\partial u(0,t)/\partial t = 0, t \geqslant 0$;

(6) 初始鱼群分布为 $u(x,0)=u_0(x), 0 \leqslant x \leqslant l$.

O　x
海岸

图 12-6　问题的坐标系

2. 建立模型

考虑 $[a,b](0 \leqslant a < b \leqslant l)$ 段上鱼群的变化.

一方面它可以表示成 $\dfrac{\mathrm{d}}{\mathrm{d}t}\displaystyle\int_a^b u(x,t)\mathrm{d}x$; 另一方面它又是 t 时刻鱼群从 a 流往 b 单位时间里残留在 $[a,b]$ 里的部分 $\varPhi(a,t)-\varPhi(b,t)$ 和单位时间里 $[a,b]$ 里新生的鱼群部分 $\displaystyle\int_a^b \varGamma f(u(x,t))\mathrm{d}x$ 之和, 其中 $\varGamma f(u(x,t))$ 表示 t 时刻 x 处的鱼群单位时间单位个体的平均纯增长率, $\varGamma$ 表示鱼群的自然增长率. 于是

$$\begin{aligned}\frac{\mathrm{d}}{\mathrm{d}t}\int_a^b u(x,t)\mathrm{d}x &= \varPhi(a,t)-\varPhi(b,t)+\int_a^b \varGamma f(u(x,t))\mathrm{d}x \\ &= -\int_a^b \frac{\partial \varPhi}{\partial x}(x,t)\mathrm{d}x + \int_a^b \varGamma f(u(x,t))\mathrm{d}x. \qquad (12.2.11)\end{aligned}$$

由于

$$\Phi(x,t)=-v^2\frac{\partial u(x,t)}{\partial x}, \tag{12.2.12}$$

其中 v^2 表示鱼群的扩散率. 这样便得到

$$\int_a^b \frac{\partial u}{\partial t}(x,t)\mathrm{d}x=\int_a^b\left(v^2\frac{\partial^2 u}{\partial x^2}(x,t)+\Gamma f(u(x,t))\right)\mathrm{d}x, \tag{12.2.13}$$

其微分形式为

$$\frac{\partial u}{\partial t}=v^2\frac{\partial^2 u}{\partial x^2}+\Gamma f(u), \tag{12.2.14}$$

于是模型为

$$\begin{cases}\dfrac{\partial u}{\partial t}=v^2\dfrac{\partial^2 u}{\partial x^2}+\Gamma f(u), \quad t>0, 0\leqslant x\leqslant l,\\ u(l,t)=0,\\ \dfrac{\partial u}{\partial t}(0,t)=0,\\ u(x,0)=u_0(x).\end{cases} \tag{12.2.15}$$

模型 (12.2.15) 是一维非线性抛物型方程的边值问题, 要考虑的是解的长期行为, 当 $t\to+\infty$ 时, 鱼群是否会趋于一个平衡的状态, 即是否方程有满足边值的与 t 无关的解？这种解是否是渐近稳定的？

3. 平凡平衡解的局部稳定性

假定 $f(0)=0, f'(0)=1$, 这对 Logistic 模型中的 $f(u)=u(1-u/u_c)$ 是成立的.

显然, $u(x,t)=0$ 是一个与 t 无关的初值为 0 的平衡状态, 即鱼群灭绝, 称为**平凡平衡解**.

考虑平凡平衡解的一个摄动 $0+u(x,t)$, 它满足方程, 初值在平凡平衡解的初值附近

$$\begin{cases}\dfrac{\partial u}{\partial t}=v^2\dfrac{\partial^2 u}{\partial x^2}+\Gamma f(u),\\ u(l,t)=0,\\ \dfrac{\partial u}{\partial t}(0,t)=0,\\ u(x,0)=u_0(x).\end{cases} \tag{12.2.16}$$

其中 $|u_0(x)| \ll 1$. 如果 $\lim\limits_{t\to+\infty} u(x,t)=0$, 则说平凡平衡解 0 是**局部稳定**的. 平凡平衡解的局部稳定性在生态学中就意味着如果鱼群已经濒临灭绝, 变得很小了, 即使实行休渔的政策, 也无法使得鱼群恢复.

因为设想 u 是很小的, 至少它在开始的一段时间里是很小的, 所以可以忽略掉 u 的高阶项, 这样便有 $f(u)\approx u$, 于是认为 $u(x,t)$ 与下述"线性化"了的问题的解 $v(x,t)$ 近似

$$\begin{cases} \dfrac{\partial v}{\partial t} = v^2\dfrac{\partial^2 v}{\partial x^2} + \Gamma v, \\ v(l,t)=0, \\ \dfrac{\partial v}{\partial t}(0,t)=0, \\ v(x,0)=u_0(x). \end{cases} \tag{12.2.17}$$

方程 (12.2.17) 是一个线性偏微分方程初边值问题, 可以用傅里叶分离变量法求得解

$$v(x,t)=\sum_{n=0}^{\infty} A_n \mathrm{e}^{\left(1-\frac{\gamma_n}{\Gamma}\right)^{\Gamma t}} \sin\frac{\sqrt{\gamma_n}}{v}x, \quad \gamma_n=\left(\frac{(2n+1)\pi v}{2l}\right)^2, \tag{12.2.18}$$

因为 $\lim\limits_{n\to\infty}\gamma_n=+\infty$, 所以 $t\to+\infty$ 时, $v(x,t)$ 的渐近行为将由级数前面的项特别是第一项来决定. 而 $\gamma_0/\Gamma>1$, 即 $(\pi/2)^2>\Gamma(l/v)^2$, 这时 $\lim\limits_{t\to+\infty} v(x,t)=0$, 即平凡平衡解是局部稳定的. 所以休渔边界不够远的话, 鱼群不会恢复, 仍将灭绝. 但 $\gamma_0/\Gamma<1$, 即 $(\pi/2)^2<\Gamma(l/v)^2$ 时, $\lim\limits_{t\to+\infty}\mathrm{e}^{(1-\gamma_0/\Gamma)\Gamma t}=+\infty$. 这时平凡平衡解不稳定, 所以得到以下的定理.

定理 12.2.1　当鱼群的自然增长率大于扩散率时, 通过实行休渔, 可以使鱼群得到恢复.

对一定的鱼群 (如黄鱼或带鱼), Γ 和 v 是固定的 (可以在一系列安排得很好的场所去观察鱼群的运动来得到扩散率 v^2 的估计), 为恢复鱼群, 只要取休渔的范围适当大即可 ($l>v\pi/(2\sqrt{\Gamma})$).

4. 非平凡的平衡解

可以得到

定理 12.2.2　记 $\alpha=l\sqrt{\Gamma}/v$, 对 Logistic 增长率而言, 当 $\alpha>\pi/2$ 时, 恰有一个非平凡的平衡解 $U(x)$. 当 $\alpha<\pi/2$ 时, 0 是唯一的平衡解.

因此, 如果休渔边界 l 满足 $\alpha = l\sqrt{\Gamma}/v > \pi/2$, 则非平凡的平衡解是不稳定的, 鱼群会得到恢复. 恢复的鱼群长期行为如何? 这需要考虑非平凡平衡解的局部稳定性. 对此有以下定理.

定理 12.2.3 对于 Logistic 增长率来说, 在分岔点 $\pi/2$ 附近, 非平凡平衡解 $U(x)$ 是局部稳定的.

定理 12.2.4 当扩散率 v^2 大大超过自然增长率 Γ 时, 为了恢复鱼群, 必须在很大的范围内实行休渔.

课堂教学视频-85

12.3 商人和随从渡河

12.3.1 问题的提出

有一个古老的阿拉伯数学问题：三名商人各自带一个随从乘船过河, 一只小船只能容纳两个人, 由他们自己划船. 基于在河的任一岸随从的人数必须比商人少的原则, 如何安排渡河?

这类智力游戏经过一番逻辑思索是可以找出解决方法的. 这里用数学模型求解, 一是为了给出数学建模的示例; 二是因为这一数学模型可以解决相当广泛的一类问题, 比逻辑思索的结果容易推广.

12.3.2 模型假设

尽管这个虚拟的问题已经理想化了, 但还是有必要提出以下假设, 无不安全因素 (渡船破损而漏水沉船、水深浪急而翻船等情况); 人人都会划船; 渡河开始时船在此岸, 结束时在彼岸.

12.3.3 问题分析

这时商人和随从渡河问题可视为一个多步决策过程, 状态应能反映出两岸的商人人数和随从人数, 过河也同样要制定反映出船上商人人数和随从人数区别的决策. 因此可以用状态 (变量) 表示某一岸的人员状况, 决策 (变量) 表示船上的人员状况, 可以找出状态随决策变化的规律. 问题转化为在状态允许的变化范围内 (即在河的任一岸随从的人数必须比商人少这一条件), 确定每一步决策, 达到渡河的目的.

12.3.4 模型建立

不妨设渡河将分 n 步进行, 设 x_k 和 y_k 分别表示第 k 次渡河前此岸的商人人数和随从人数, $k=1,2,\cdots,n$, x_k, $y_k=0,1,2,3$, 将两者联系起来, 把二维向量 $\boldsymbol{s}_k=(x_k,y_k)$ 定义为状态, 记允许状态集合 (在河的任一岸随从的人数必须比商人少这一条件) 为 S, 我们可得

$$S=\{(x,y)\,|x,y=0,1,2,3;\ x=3,y=0,1,2,3;x=y=1,2\}.$$

设 u_k 和 v_k 分别表示第 k 次渡船上的商人人数和随从人数, 将两者联系起来, 把二维向量 $\boldsymbol{d}_k=(u_k,v_k)$ 定义为决策, 记允许决策集合为 D, 由小船的容量知

$$D=\{(u,v)\,|u,v=0,1,2,\ u+v=1,2\}.$$

现在要寻找 $\boldsymbol{s}_k$ 与 $\boldsymbol{s}_{k+1}$ 之间的关系, 由于 k 为奇数时, 船从此岸驶向彼岸, 则此岸人数变少, 彼岸人数变多, 此时 $\boldsymbol{s}_{k+1}=\boldsymbol{s}_k-\boldsymbol{d}_k$; k 为偶数时, 船由彼岸驶向此岸, 则彼岸人数变少, 此岸人数变多, 此时 $\boldsymbol{s}_{k+1}=\boldsymbol{s}_k+\boldsymbol{d}_k$. 统一“此岸驶向彼岸”与“彼岸驶向此岸”两种情况, 有

$$\boldsymbol{s}_{k+1}=\boldsymbol{s}_k+(-1)^k\boldsymbol{d}_k, \tag{12.3.1}$$

此式称为状态转移律, 这样制订渡河方案归结为如下的多步决策模型:

求决策 $\boldsymbol{d}_k\in D(k=1,2,\cdots,n)$, 使状态 $\boldsymbol{s}_k\in S$ 按照式 (12.3.1) 转移, 由初始状态 $\boldsymbol{s}_1=(3,3)$ 经有限步 n 到达状态 $\boldsymbol{s}_{n+1}=(0,0)$.

12.3.5 模型求解

用图解法来解这个模型.

在 xOy 平面坐标中, 以 “·” 表示可取状态, 从 $\boldsymbol{s}_1=(3,3)$ 经奇数次转移到达 $\boldsymbol{s}_{n+1}=(0,0)$. 奇数次转移时向左或下移动 1 或 2 格而落在一个可取状态上, 偶数次转移时向右或上移动 1 或 2 格而落在一个可取状态上.

图 12-7 给出了一种移动方案, 经过 11 步决策最终有 s_{12}=(0, 0). 这个结果就是一种渡河方案了.

当然, 本题还可以用计算机编程来求解, 有兴趣的同学不妨试试.

12.3.6 问题

商人和随从渡河问题也可以建立二部图模型来解决, 请学习了图论的同学们思考. 没有学习过图论的同学可参阅文献 [5].

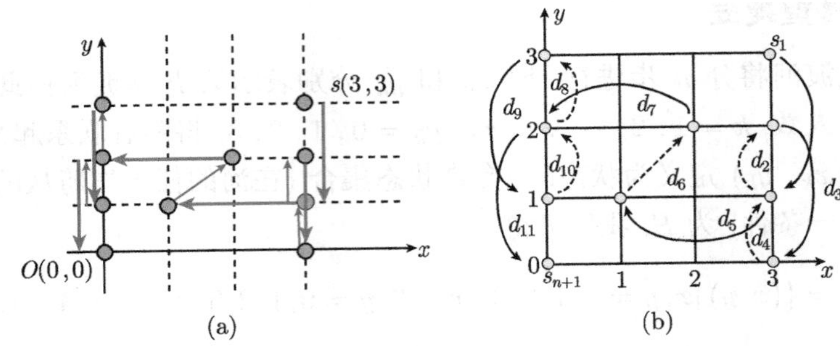

图 12-7 模型图解示意

(a) 在 xOy 平面坐标中, 以 "●" 表示可取状态, 从 $s(3,3)$ 经奇数次转移到达 $O(0,0)$. 奇数次转移时向左或下移动 1 或 2 格而落在一个可取状态上, 偶数次转移时向右或上移动 1 或 2 格而落在一个可取状态上. 为了区分起见, 用⟶表示奇数次转移, 用⟶表示第偶数次转移; (b) 状态 $s=(x,y)\sim 16$ 个格点中的允许状态为 10 个○点. 允许决策 $\sim$ 移动 1 或 2 格; k 为奇数, 左下移; k 为偶数, 右上移. $d_1,\cdots,d_{11}$ 给出安全渡河方案

12.4 经济计划制订与国民收入增长

12.4.1 问题的提出

某公司与客户签订了一项在未来某时刻提交一定数量产品的合同, 在制订生产计划时要考虑生产和贮存两种费用. 生产费用通常取决于生产率 (单位时间的产量), 生产率越高生产费用越大; 贮存费用自然由已经生产出来的产品数量决定, 产品数量越多贮存费用越大. 所谓生产计划简单地规定为到每一时刻为止的累积产量, 它与每单位时间 (每天) 的产量可以相互推算. 为了使完成合同所需的生产费用与贮存费用之和最小, 该公司如何制订生产计划?

12.4.2 问题分析与假设

把开始生产的时刻记为 $t=0$, 约定提交产品的时刻为 $t=T$, 到时刻 T 该公司向客户提交数量为 Q 的产品. 到时刻 $t(0\leqslant t\leqslant T)$ 为止的累积产量记为 $x(t)$, 显然, $x(t)$ 就是上述生产计划, 而且 $x(0)=0$, $x(T)=Q$. 由于一段时间 $[t,t+\Delta t](\Delta t>0)$ 的平均生产率是这段时间新增产量 $x(t+\Delta t)-x(t)$ 与这段时间 Δt 的比值 $[x(t+\Delta t)-x(t)]/\Delta t$, 于是时刻 t 的生产率就是 $\lim\limits_{\Delta t\to 0}[x(t+\Delta t)-x(t)]/\Delta t$, 即 $\mathrm{d}x(t)/\mathrm{d}t$ 或 $x'(t)$. 由于生产费用取决于生产率, 所以时刻 $t(0\leqslant t\leqslant T)$ 单位时间的生产费用是关于 $x'(t)$ 的函数, 记为 $f(x'(t))$. 又贮存费用由已经生产出来

的产品数量决定, 所以时刻 $t(0 \leqslant t \leqslant T)$ 单位时间的贮存费用是关于 $x(t)$ 的函数, 记为 $g(x(t))$. 利用定积分, 从 $t=0$ 到 $t=T$ 的生产费用、贮存费用分别为 $\int_0^T f(x'(t))\mathrm{d}t$, $\int_0^T g(x(t))\mathrm{d}t$, 于是从 $t=0$ 到 $t=T$ 的总费用为

$$C(x(t))=\int_0^T [f(x'(t))+g(x(t))]\mathrm{d}t. \tag{12.4.1}$$

为了确定 $f(x'(t))$, $g(x(t))$ 的形式, 作如下假设:

(1) 单位时间的生产率提高一个单位所需的生产费用与这时的生产率成正比, 比例系数为 $2k_1$. 在需求饱满、生产率很高的工厂里这个假设是合理的.

(2) 贮存费与贮存量也就是累积产量成正比, 比例系数为 k_2, k_2 是单位数量产品单位时间的贮存费.

12.4.3 模型建立

由假设 (1), 生产费用 $f(x'(t))$ 对生产率 $x'(t)$ 的变化率与生产率 $x'(t)$ 成正比, 比例系数为 $2k_1$, 即

$$\frac{\mathrm{d}f(x'(t))}{\mathrm{d}x'(t)}=2k_1x'(t),$$

于是

$$f(x'(t))=k_1x'^2(t)+c_0, \tag{12.4.2}$$

其中 c_0 为非负常数.

由假设 (2), 有

$$g(x(t))=k_2x(t), \tag{12.4.3}$$

将式 (12.4.2) 和式 (12.4.3) 代入式 (12.4.1), 有

$$C(x(t))=c_0T+\int_0^T [k_1x'^2(t)+k_2x(t)]\mathrm{d}t, \tag{12.4.4}$$

注意到 $x(0)=0$, $x(T)=Q$, 于是所建模型为

$$\begin{aligned}&\underset{x(t)}{\mathrm{Min}} \quad C(x(t))=c_0T+\int_0^T [k_1x'^2(t)+k_2x(t)]\mathrm{d}t,\\ &\text{s.t.} \quad x(t)=0, \quad x(T)=Q.\end{aligned} \tag{12.4.5}$$

模型 (12.4.5) 为泛函极值问题.

12.4.4 模型求解

对于泛函极值问题

$$\begin{aligned}&\underset{x(t)}{\text{Min}} \quad J(x(t))=\int_a^b F(t,x(t),x'(t))\mathrm{d}t,\\&\text{s.t.} \quad x(a)=x_1, \quad x(b)=x_2,\end{aligned} \tag{12.4.6}$$

其中 $F(t,x(t),x'(t))$ 具有连续的二阶偏导数, 容许函数集 S 为满足 $x(a)=x_1$, $x(b)=x_2$ 的二阶可微函数集合. 由变分法, 泛函 $J(x(t))=\int_a^b F(t,x(t),x'(t))\mathrm{d}t$ 关于 $x(t)$ 取得极值的必要条件是 $F(t,x(t),x'(t))$ 满足如下欧拉 (Euler) 方程:

$$\frac{\partial F}{\partial x(t)}+\frac{\mathrm{d}}{\mathrm{d}t}\frac{\partial F}{\partial x'(t)}=0. \tag{12.4.7}$$

把 $F(t,x(t),x'(t))=k_1x'^2(t)+k_2x(t)$ 代入欧拉方程 (12.4.7), 有

$$k_2-2k_1x''(t)=0, \quad x(0)=0, \quad x(T)=Q, \tag{12.4.8}$$

其解为

$$x(t)=\frac{k_2}{4k_1}t^2+\frac{4k_1Q-k_2T^2}{4k_1T}t, \tag{12.4.9}$$

解式 (12.4.9) 要成为使总费用 $C(x(t))$ 最小的生产计划, 还需满足条件

$$x(t)\geqslant 0, \quad 0\leqslant t\leqslant T. \tag{12.4.10}$$

显然, 对于式 (12.4.9) 表达的 $x(t)$, 条件 (12.4.10) 等价于条件 $x'(0)\geqslant 0$, 即

$$Q\geqslant\frac{k_2T^2}{4k_1}, \tag{12.4.11}$$

于是仅当条件 (12.4.11) 成立时, 式 (12.4.9) 表达的 $x(t)$ 才是最优生产计划.

解释 设 $x(t)$ 是最优生产计划, 则满足 $k_2-2k_1x''(t)=0$ 或 $k_2=\dfrac{\mathrm{d}}{\mathrm{d}t}\dfrac{\mathrm{d}f(x'(t))}{\mathrm{d}x'(t)}$. $\mathrm{d}f(x'(t))/\mathrm{d}x'(t)$ 是单位时间内生产率提高一个单位所需的生产费用 (边际成本), 而 k_2 是单位数量产品单位时间的贮存费 (边际贮存). 于是 $k_2=\dfrac{\mathrm{d}}{\mathrm{d}t}\dfrac{\mathrm{d}f(x'(t))}{\mathrm{d}x'(t)}$ 表明, 使边际成本的变化率等于边际贮存的生产计划是最优生产计划.

问题 条件 (12.4.11) 不成立时, 最优生产计划是什么?

12.4.5　国民收入增长问题 (泛函条件极值问题)

国民经济收入主要用于两个方面：扩大再生产的积累资金，满足人民生活需要的消费资金. 自然产生问题，如何确定积累资金与消费资金的比例，使国民经济收入得到最快的增长？

将时刻 t 的国民经济收入记作 $g(t)$，特别 $g(0)=g_0$，其中用于积累资金的部分记作 $y(t)$，则 $u(t)=y(t)/g(t)$ 称为积累率.

时刻 t 国民经济收入的增长率 $g'(t)$ 取决于时刻 t 的国民经济收入 $g(t)$ 和积累率 $u(t)$，可以表示为

$$g'(t)=h(t,g(t),u(t)). \tag{12.4.12}$$

考虑一段时间 T(如一个五年或一个十年计划)，使国民经济收入 $g(t)$ 由初值 g_0 增长到 $g(T)$，于是模型为

$$\begin{aligned}&\operatorname*{Max}_{u(t)} \quad g(T),\\ &\text{s.t.}\begin{cases} g(0)=g_0,\\ g'(t)=h(t,g(t),u(t)).\end{cases}\end{aligned} \tag{12.4.13}$$

其对偶问题为

$$\begin{aligned}&\operatorname*{Min}_{u(t)} \quad J(u(t))=T=\int_0^T \mathrm{d}t,\\ &\text{s.t.}\begin{cases} g(0)=g_0, g(T)=g_1,\\ g'(t)=h(t,g(t),u(t)).\end{cases}\end{aligned} \tag{12.4.14}$$

这是条件泛函极值问题.

对于条件泛函极值问题

$$\begin{aligned}&\operatorname*{Min}_{u(t),u(t)} \quad J(u(t),u(t))=\int_{t_1}^{t_2} F(t,x(t),u(t))\mathrm{d}t,\\ &\text{s.t.}\begin{cases} x(t_1)=x_0, x(t_2)=x_1,\\ x'(t)=f(t,x(t),u(t)).\end{cases}\end{aligned} \tag{12.4.15}$$

其中 $F(t,x(t),u(t))$, $f(t,x(t),u(t))$ 具有连续的一阶偏导数，容许函数集 S 为满足 $x(t_1)=x_0$，$x(t_2)=x_1$ 的一阶可微函数集合，容许函数集 U 为一阶可微函数集合.

引入乘子 $\lambda(t)$, 构造泛函

$$J(x(t),u(t))=\int_{t_1}^{t_2}[F(t,x(t),u(t))+\lambda(t)(f(t,x(t),u(t))-x'(t))]\mathrm{d}t, \quad (12.4.16)$$

记

$$H(t,x(t),u(t))=F(t,x(t),u(t))+\lambda(t)f(t,x(t),u(t)), \quad (12.4.17)$$

称为**哈密顿** (Hamilton) **函数**. 由变分法, 泛函 $J(x(t),u(t))$ 取得极值的必要条件是哈密顿函数满足如下欧拉方程:

$$\begin{cases}\dfrac{\mathrm{d}}{\mathrm{d}x}\left(H-\lambda\dfrac{\mathrm{d}x}{\mathrm{d}t}\right)-\dfrac{\mathrm{d}}{\mathrm{d}t}\dfrac{\mathrm{d}}{\mathrm{d}x'(t)}\left(H-\lambda\dfrac{\mathrm{d}x}{\mathrm{d}t}\right)=0,\\ \dfrac{\mathrm{d}}{\mathrm{d}u}\left(H-\lambda\dfrac{\mathrm{d}x}{\mathrm{d}t}\right)-\dfrac{\mathrm{d}}{\mathrm{d}t}\dfrac{\mathrm{d}}{\mathrm{d}u'(t)}\left(H-\lambda\dfrac{\mathrm{d}x}{\mathrm{d}t}\right)=0.\end{cases} \quad (12.4.18)$$

对于条件泛函极值问题 (12.4.14), 构造哈密顿函数

$$H(t,x(t),u(t))=1+\lambda(t)f(t,x(t),u(t)),$$

由欧拉方程 (12.4.18), 有

$$\begin{cases}\lambda'(t)=-\lambda(t)\dfrac{\mathrm{d}}{\mathrm{d}g(t)}h(t,g(t),u(t)),\\ \lambda(t)\dfrac{\mathrm{d}}{\mathrm{d}u(t)}h(t,g(t),u(t))=0,\\ g(0)=g_0,g(T)=g_1,\\ g'(t)=h(t,g(t),u(t)),\end{cases} \quad (12.4.19)$$

由此求解最优控制函数 $u(t)$ 和最优状态 $g(t)$.

特别地, 取 $h(t,g(t),u(t))=u(t)(a-bu(t))g(t)$, 其中 a, b 为常数, 可由统计数据或经验确定. 此时由式 (12.4.19) 解得

$$u(t)=\frac{a}{2b}, \quad (12.4.20)$$

$$g(t)=x_0\mathrm{e}^{\frac{a^2}{4b}t}. \quad (12.4.21)$$

第 13 章

随 机 模 型

现实世界的变化受着众多因素的影响, 这些因素根据其自身的特性及人们对它们的了解程度, 可分为确定的和随机的. 如果从建模的背景、目的和手段来看, 主要因素是确定的, 而随机因素可以忽略或者随机因素的影响可以简单地以平均值的作用出现, 则建立确定性模型.

如果随机因素对研究对象的影响必须考虑, 且可以通过分析实际对象内在的因果关系, 建立合乎机理规律的数学模型, 就应该建立一类随机模型——概率模型; 如果由于客观事物内部规律的复杂性及人们认识程度的限制, 无法分析实际对象内在的因果关系, 那么通常的办法是搜集大量的数据, 基于对数据的统计分析去建立另一类随机模型——统计模型.

本章将首先介绍概率模型的三个案例: 传送系统的效率、轧钢中的浪费、航空公司的预订票策略; 其次对教学评估和保险公司人寿险设计问题建立统计回归模型中的逐步回归模型和多项式回归模型. 另外本章所要用到的概率统计知识, 可以从任何一本概率论与数理统计教科书上找到.

13.1 传送系统的效率

13.1.1 问题的提出

这个问题来自机械化生产车间里一个常见的场景, 排列整齐的工作台旁工人们生产同一件产品, 工作台上方一条传送带在运转, 带上设置着若干钩子, 工人们将产品挂在经过他上方的钩子上带走 (图 13-1). 当生产进入稳定状态后, 每个工人生产出一件产品所需时间是不变的, 而他要挂产品的时刻却是随机的. 衡量这种传送系统的效率可以看它能否及时把工人们生产的产品带走, 显然在工人数目不变的情况下传送带速度越快, 带上钩子越多, 效率会越高.

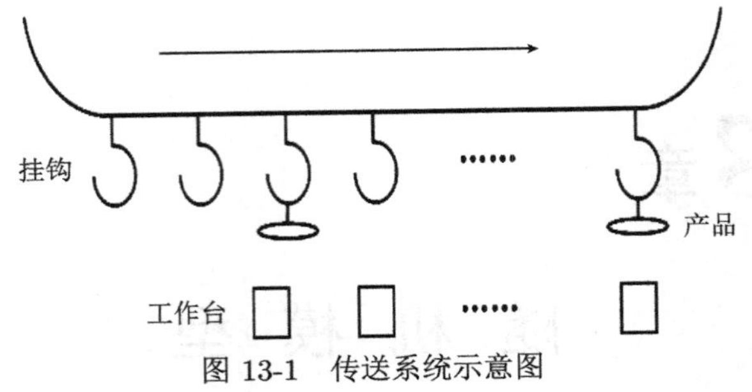

图 13-1　传送系统示意图

请在生产进入稳定状态后, 构造一个衡量这种传送系统的效率的指标, 并在适当的简化假设下建立数学模型来研究提高传送系统的效率的途径.

13.1.2　问题分析

生产进入稳定状态后, 为保证生产系统的周期性运转, 需要假设工人们的生产周期 (即生产一件产品的时间) 相同, 且工人在生产出一件产品后, 要么恰好有空钩子经过他的工作台, 使他可以将产品挂上带走, 要么没有空钩子经过迫使他将产品放下并立即投入下一件产品的生产.

工人们的生产周期虽然相同, 但是由于各种随机因素的干扰, 在稳定状态下, 他们生产完一件产品的时刻就不会一致, 可以认为是随机的并且在一个生产周期内任一时刻的可能性是一样的.

由以上分析, 传送系统长期运转的效率等价于一个周期的效率, 而一个周期的效率可以用它在一个周期内能带走的产品数与一周期内生产的全部产品数之比来描述.

13.1.3　模型假设

(1) n 个工作台均匀排列, n 个工人生产相互独立, 生产周期是常数.

(2) 生产进入稳定状态, 即每个工人生产出一件产品的时刻在一个周期内是等可能的.

(3) 一周期内 m 个均匀排列的挂钩通过每一工作台的上方, 到达第一个工作台上方的挂钩都是空的.

(4) 每个工人在生产完一件产品时都能且只能触到一只挂钩, 若这只挂钩是空的, 则可将产品挂上运走; 若该钩非空 (已被前面的工人挂上产品), 则这件产品被放下, 永远退出传送系统.

13.1.4 模型建立与求解

可以定义传送系统效率为一个周期内带走的产品数与生产的产品总数之比. 易知一周期内生产的产品总数为 n, 另设一周期内运走的产品数为 s, 则传送系统效率为 $D=s/n$. 为了确定 D, 只需从钩子的角度来确定 s 即可.

若设一个周期内任一个钩子非空的概率为 p, 则 $s=mp$, 其中 m 为挂钩的个数. 下面利用挂钩数 m、工人数 n 来确定 p 的表达式. 首先设一个周期内任一个钩子非空的逆事件 (即一个周期内该钩子为空) 的概率为 q. 事实上, 任一个钩子被一个工人触到的概率是 $1/m$, 则任一个钩子不被一个工人触到的概率是 $1-1/m$, 利用独立性可知, $q=(1-1/m)^n$, 从而利用原事件与逆事件的概率关系得 $p=1-q=1-(1-1/m)^n$.

综上得传送系统效率指标为

$$D=\frac{s}{n}=\frac{mp}{n}=\frac{m}{n}\left[1-\left(1-\frac{1}{m}\right)^n\right]. \tag{13.1.1}$$

特别在一个周期内的钩子数相对于工人数较大 (即 n/m 较小) 时, 可以得到传送系统效率指标 D 的比较简单的结果为

$$D=\frac{m}{n}\left[1-\left(1-\frac{1}{m}\right)^n\right]\approx\frac{m}{n}\left[1-\left(1-\frac{n}{m}+\frac{n(n-1)}{2m^2}\right)\right]=1-\frac{n-1}{2m}. \tag{13.1.2}$$

注 上式"≈"处是将多项式 $(1-1/m)^n$ 展开后只取前三项所得. 由式 (13.1.2), 当 $n\gg 1$ 时, 可得传送系统效率指标为

$$D\approx 1-\frac{n}{2m}. \tag{13.1.3}$$

例如, 当 $n=10$, $m=40$ 时, 分别利用式 (13.1.3) 和式 (13.1.1) 可得到 D 的近似解和精确解分别为 87.5%和 89.4%.

13.1.5 评注

定义一个周期内未带走的产品数与生产的产品总数的比例为 E, 则 $E=1-D$. 当 $n\gg 1$ 时, 由式 (13.1.3) 得 $E\approx n/(2m)$. 可见此时 E 与 n 成正比例, 与 m 成反比例. 所以当工人数 n 固定时, 可采用增加钩子数 m 的方法来提高传送系统的效率.

13.1.6 问题

设工人数 n 不变, 要想提高传送系统效率 D, 一种办法是增加一个周期通过工作台的钩子数 m, 比如增加一倍, 其他条件不变; 另一种办法是在原来放置一只钩子的地方放置两只钩子 (或放置一只有两个相同挂钩的钩子), 其他条件不变, 于是工人在任何时候都可以触到两只钩子, 只要其中有一只是空的, 工人就可以挂上产品. 请建立数学模型比较这两种方法.

13.2 轧钢中的浪费

13.2.1 问题的提出

轧制钢坯变成成品钢材通常要经过两道工序：第一道是粗轧 (热轧), 即形成钢材的雏形; 第二道是精轧 (冷轧), 即得到规定长度的钢材. 粗轧时由于设备、环境等随机因素的影响, 钢材雏形的长度大体上服从正态分布, 其均值可以在轧制过程中由轧机调整. 另外, 其方差或标准差是由设备的精度确定不能随意改动. 容易知道钢材轧制中可以由以下两种情况造成浪费：情况一, 粗轧后的钢材长度大于规定长度, 精轧时把多余的部分切掉, 形成浪费; 情况二, 粗轧后的钢材长度小于规定长度, 则整根无用, 造成更大浪费.

请用数学模型研究如何调整粗轧后钢材长度的均值使得经过两道工序后得到成品钢材时造成的总浪费最小. 上述问题化成数学问题为：已知成品钢材的规定长度 l 和粗轧后钢材长度的标准差 σ, 如何调整粗轧后钢材长度的均值, 使得总浪费最小.

13.2.2 问题分析

记粗轧后钢材长度的均值为 m(待定), 另设粗轧后钢材长度为 X, 则 X 服从均值为 m, 方差为 σ^2 的正态分布, 即 $X \sim N(m,\sigma^2)$. 设 X 的密度函数为 $p(x)$, 则 $p(x) = 1/(\sqrt{2\pi}\sigma)\exp\left\{-(x-m)^2/(2\sigma^2)\right\}$.

显然, 这是一个优化模型, 关键在于选择适当的目标函数, 并用 l, σ 和 m 把目标函数进行表达.

首先尝试以两种浪费长度之和作为目标函数. 根据轧制过程中的两种浪费情况, 一是当 $X \geqslant l$ 时, 精轧时要切掉长为 $X-l$ 的钢材, 且切掉多余部分的概率为 $P(X \geqslant l) \triangleq P$, P 是图 13-2 中的阴影部分的面积; 二是当 $X < l$ 时, 长度为

X 的整根钢材报废, 且整根报废的概率为 $P(X < l) \triangleq P'$, 其中 $P + P' = 1$. 根据图 13-2 分析, 有以下结论成立：m 变大时密度曲线右移, 则概率 P 变大而 P' 变小; m 变小时密度曲线左移, 则概率 P 变小而 P' 变大. 于是必存在一个最佳的 m, 使得两部分浪费综合起来最小.

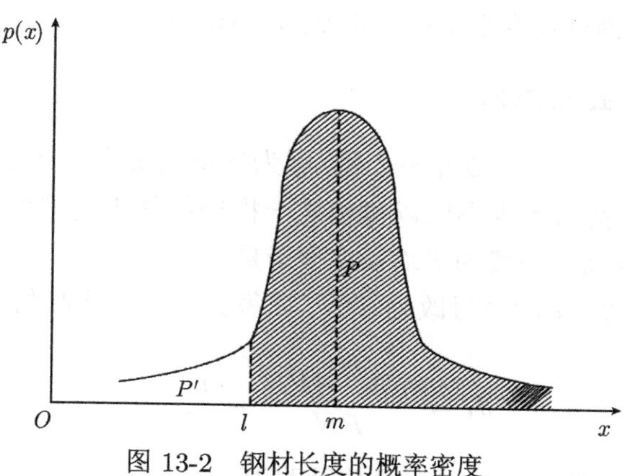

图 13-2 钢材长度的概率密度

据前分析, 轧制过程中的钢材浪费长度 $g(X) = \begin{cases} X - l, & X \geqslant l, \\ X, & X < l, \end{cases}$ 故平均总浪费长度为

$$\begin{aligned} E(g(X)) &= \int_l^{+\infty} (x - l)p(x)\mathrm{d}x + \int_{-\infty}^l xp(x)\mathrm{d}x \\ &= \int_{-\infty}^{+\infty} xp(x)\mathrm{d}x - l\int_l^{+\infty} p(x)\mathrm{d}x \\ &= E(X) - lP = m - lP \triangleq W. \end{aligned} \tag{13.2.1}$$

注 实际中钢材长度不可能取负, 但因为通常 $l, m \gg \sigma$, X 取负值的概率很小, 故从计算方便角度式 (13.2.1) 中第一个等号处的第二个积分的下限取为 $-\infty$, 而非 0.

其实, 可以通过以下一个直观的办法得到平均总浪费长度. 设想总共粗轧了 N 根钢材 (N 很大), 所用钢材平均总长为 mN, N 根中可以轧出成品材的只有 PN 根, 成品材总长为 lPN. 于是浪费的总长度为 $mN - lPN$, 平均每粗轧一根钢材浪费长度为

$$W = \frac{mN - lPN}{N} = m - lP. \tag{13.2.2}$$

13.2.3 模型假设

(1) 成品材的规定长度和粗轧后钢材长度的均值均远远大于粗轧后钢材长度的标准差;

(2) 粗轧后的钢材长度大于规定长度, 精轧时把多余的长度切掉;

(3) 粗轧后的钢材长度小于规定长度, 则整根报废.

13.2.4 模型建立与求解

实际上以 W 为目标函数并不合适, 因为轧钢的最终产品是成品材, 从追求效益的角度来说, 浪费的多少不应以每粗轧一根钢材的平均浪费量为衡量标准, 而应以每得到一根成品材浪费的平均长度来衡量.

故将式 (13.2.2) 中的分母改为 PN, 以每获得一根成品材浪费的平均长度作为合适的目标函数

$$J_1=\frac{mN-lPN}{PN}=\frac{m}{P}-l. \tag{13.2.3}$$

由于 l 是已知常数, 所以目标函数可改为

$$J(m)=\frac{m}{P}=\frac{m}{P(X\geqslant l)}\triangleq\frac{m}{P(m)}. \tag{13.2.4}$$

下求最佳的 m 值 m^*, 其满足 $J(m^*)=\min\limits_{m}\{m/P(m)\}$. 为求解方便起见, 令 $\mu=m/\sigma$, $\lambda=l/\sigma$, 则式 (13.2.4) 变为下式:

$$\begin{aligned}J(\mu)&=\frac{\mu\sigma}{P(X\geqslant l)}=\frac{\mu\sigma}{P((X-m)/\sigma\geqslant(l-m)/\sigma)}\\&=\frac{\mu\sigma}{1-P((X-m)/\sigma<(l-m)/\sigma)}=\frac{\mu\sigma}{1-\Phi(\lambda-\mu)},\end{aligned} \tag{13.2.5}$$

其中 $\Phi(z)$ 是标准正态分布随机变量 $(X-m)/\sigma$ 的分布函数, 这是因为 $X\sim N(m,\sigma^2)$, 所以 $(X-m)/\sigma\sim N(0,1)$, 即

$$\Phi(z)=\int_{-\infty}^{z}\phi(x)\mathrm{d}x,\quad \phi(x)=\frac{1}{\sqrt{2\pi}}\mathrm{e}^{-\frac{x^2}{2}}.$$

再设 $z=\lambda-\mu$, 则式 (13.2.5) 化为

$$J(z)=\frac{\sigma(\lambda-z)}{1-\Phi(z)}, \tag{13.2.6}$$

所以对目标函数 $J(m)$ 求最优值 m^* 的问题可转化为求函数 $J(z)=\sigma(\lambda-z)/[1-\Phi(z)]$ 的极值问题. 利用微分法, 并注意到 $\Phi'(z)=\phi(z)$ 得

$$J'(z)=\left(\frac{\sigma(\lambda-z)}{1-\Phi(z)}\right)'=\frac{-\sigma\left(1-\Phi(z)\right)+\sigma(\lambda-z)\phi(z)}{\left(1-\Phi(z)\right)^2}=0,$$

所以最优值 z^* 应满足方程

$$\lambda-z=\frac{1-\Phi(z)}{\phi(z)}\triangleq F(z).$$

$F(z)$ 可根据 Φ 值 (查标准正态分布的分布函数表) 和 ϕ 制成表格 (表 13-1) 或绘出图形 (图 13-3). 由表或图可以得到 $\lambda-z=F(z)$ 的根, 再利用 $z=\lambda-\mu$ 和 $\mu=m/\sigma$ 得到 m 的最优值 m^*.

表 13-1 $F(z)$ 值简表

z	−3.0	−2.5	−2.0	−1.5	−1.0	−0.5
$F(z)$	227.0	56.79	18.10	7.206	3.477	1.680
z	0	0.5	1.0	1.5	2.0	2.5
$F(z)$	1.253	0.876	0.656	0.516	0.420	0.355

值得一提的是, 对于给定的 $\lambda>F(0)=1.253$, 方程 $\lambda-z=F(z)$ 不止一个根. 但可以证明, 只有唯一负根 $z^*<0$, 才使 $J(z)$ 取得极小值.

例如, 取 $l=2.0$ m 和 $\sigma=0.2$ m, 求调整粗轧后钢材长度的均值 m 为多少时, 使得总浪费最小. 此时 $\lambda=l/\sigma=10$, 解出 $z^*=-1.78$(需要更精细的 $F(z)$ 表), 如图 13-3 所示. 可算得 $\mu^*=11.78$, $m^*=2.36$.

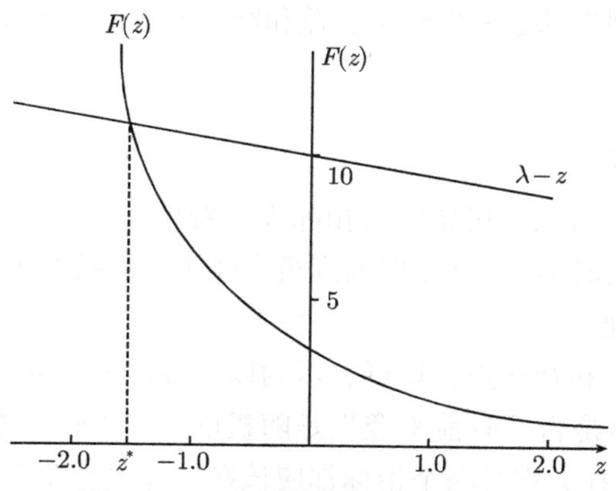

图 13-3 $F(z)$ 的图形和图形解法图

13.2.5 评注

模型中假定当粗轧后钢材长度小于规定长度时就整根浪费, 实际上这种钢材还常常能轧成较小规格如长度为 $l_1(< l)$ 的成品材, 只有钢材长度小于 l_1 时才整根报废, 当然上述情况模型建立与求解就更复杂了.

另外, 生活上类似轧钢浪费问题的现象有很多, 如从家到火车站赶火车, 到早和到晚均不经济, 此时在途中要受到各种随机因素干扰的情况下, 如何决定出发时间呢?

13.3 航空公司的预订票策略

13.3.1 问题的提出

在激烈的市场竞争中, 航空公司为争取更多的客源而开展的一个优质服务项目是预订票业务. 公司承诺, 预先订购机票的乘客如果未能按时前来登机, 可以乘坐下一班机或退票, 无需附加任何费用. 当然, 也可以订票时只订座, 登机时才付款. 但是, 此种预订票业务在下面的两种情况下会给航空公司带来损失.

开展预订票业务时, 对于一次航班, 若公司限制预订票的数量恰好等于飞机的容量, 那么总会有一些订了机票的乘客不按时前来登机, 致使飞机因不满员飞行而利润降低, 甚至亏本. 而如果不限制预订票数量, 那么当持票按时前来登机的乘客数超过飞机容量时, 必然会引起那些不能飞走的乘客的抱怨, 公司不管以什么方式补救, 也会导致声誉受损和一定的经济损失, 如客源减少、挤掉以后班机的乘客、公司无偿供应食宿、付给一定的赔偿金等.

试建立数学模型在综合考虑经济利益和社会声誉两个因素来研究预订票数量的最佳限额.

13.3.2 问题分析

公司的经济利益可以用机票收入扣除飞行费用和赔偿金后的利润来衡量, 社会声誉可以用持票按时前来登机, 但因满员不能飞走的乘客 (以下称被挤掉者) 限制在一定数量为标准.

注意到经济利益和社会声誉均可表示为以不按时来的乘客数作为自变量的函数, 而预订票的乘客是否按时前来登机是随机的, 所以不按时来的乘客数是随机变量, 即经济利益和社会声誉两个指标都应该在统计平均意义下衡量.

综上所述, 这是个双目标优化问题, 决策变量是预订票数量的限额.

13.3.3 模型假设

(1) 飞机容量为常数 n, 飞行费用为常数 r, r 与乘客数量无关 (实际上关系很小), 机票价格 g 为常数, 且按照 $g = r/(\lambda n)$ 来制订, 其中 $\lambda(< 1)$ 是利润调节因子, 如 $\lambda = 0.6$ 表示飞机 60%满员率就不亏本;

(2) 预订票数量的限额为常数 $m(> n)$, 每位乘客不按时前来登机的概率为 p, 各位乘客是否按时前来登机相互独立;

(3) 每位被挤掉者获得的赔偿金为常数 b.

13.3.4 模型建立与求解

1. 公司的经济利益指标

设预订票数量的限额为 m 情况下预订票后不按时来的乘客数为 X, 由假设 (2) 易知 X 服从二项分布, 即 $X \sim B(m,p)$, 则机票收入扣除飞行费用和赔偿金后的利润可表示为 X 作为自变量的函数形式

$$g(X) = \begin{cases} (m-X)g - r, & m - X \leqslant n, \\ ng - r - (m - X - n)b, & m - X > n, \end{cases} \tag{13.3.1}$$

所以平均利润为 $E(g(X)) \triangleq S(m)$, 即

$$\begin{aligned} S(m) = & \sum_{k=0}^{m-n-1} [(ng-r) - (m-k-n)b]\, P(X=k) \\ & + \sum_{k=m-n}^{m} [(m-k)g - r]\, P(X=k), \end{aligned} \tag{13.3.2}$$

其中 $P(X=k) = \mathrm{C}_m^k p^k q^{m-k}$, $q = 1-p$.

由概率论知识有 $\sum\limits_{k=0}^{m} P(X=k) = 1$, $\sum\limits_{k=0}^{m} kP(X=k) = E(X) = mp$ 成立, 所以易得

$$S(m) = qmg - r - (g+b)\sum_{k=0}^{m-n-1} (m-k-n)P(X=k), \tag{13.3.3}$$

当 n, g, r 和 $P(X=k)$ 给定后可以求 m 使 $S(m)$ 最大.

2. 公司的社会声誉指标

综合考虑社会声誉和经济利益两方面, 应该要求被挤掉的乘客不要太多, 而由于被挤掉者的数量是随机的, 可以用被挤掉的乘客数超过若干人的概率作为度量指标. 记被挤掉的乘客数超过 j 人的概率为 $P_j(m)$, 因为被挤掉的乘客数超过 j 人, 等价于 m 位预订票的乘客中不按时前来登机的不超过 $m-n-j-1$ 人, 所以

$$P_j(m) = \sum_{k=0}^{m-n-j-1} P(X=k), \tag{13.3.4}$$

对于给定的 n, j, 显然, 当 $m=n+j$ 时不会有被挤掉的乘客, 即 $P_j(m)=0$. 而当 m 变大时 $P_j(m)$ 单调增加.

综上所述, 这是一个双目标优化问题, 且分别以 $S(m)$ 和 $P_j(m)$ 作为两个目标函数, 但是可以将 $P_j(m)$ 不超过某给定值作为约束条件, 以 $S(m)$ 为单目标函数来求解.

13.3.5 模型求解

为了减少 $S(m)$ 中的参数个数, 取 $S(m)$ 除以飞行费用 r 为新的目标函数 $J(m)$, 其含义是单位费用获得的平均利润, 注意到假设 (1) 中有 $g=r/(\lambda n)$, 由式 (13.3.3) 可得

$$J(m) = \frac{1}{\lambda n}\left[qm - \left(1+\frac{b}{g}\right)\sum_{k=0}^{m-n-1}(m-k-n)P(X=k)\right] - 1, \tag{13.3.5}$$

其中 b/g 是赔偿金占机票价格的比例. 问题化为给定 λ, n, p, b/g, 求 m 使得 $J(m)$ 最大, 而约束条件为

$$P_j(m) = \sum_{k=0}^{m-n-j-1} P(X=k) \leqslant \alpha, \tag{13.3.6}$$

其中 α 是小于 1 的正数.

模型 (13.3.5), (13.3.6) 无法解析求解, 因此设定几组数据, 用计算机作数值计算. 取 $n=300$, $\lambda=0.6$, $p=0.05$ 或 0.1, $b/g=0.2$ 或 0.4, 计算 $J(m)$, $P_5(m)$, $P_{10}(m)$, 结果见表 13-2.

表 13-2 $n=300$ 时的计算结果

m	$p=0.05$			
	J		P_5	P_{10}
	$b/g=0.2$	$b/g=0.4$		
300	0.5833	0.5833	0	0
302	0.5939	0.5939	0	0
304	0.6044	0.6044	0	0
306	0.6150	0.6150	0.0000	0
308	0.6254	0.6254	0.0000	0
310	0.6353	0.6351	0.0007	0
312	0.6439	0.6434	0.0066	0.0000
314	0.6503	0.6492	0.0341	0.0002
316	0.6540	0.6517	0.1123	0.0023
318	**0.6551**	**0.6512**	**0.2612**	**0.0160**
320	0.6543	0.6485	0.4630	0.0650
322	0.6523	0.6445	0.6666	0.1780
324	0.6499	0.6398	0.8250	0.3583
326	0.6472	0.6350	0.9224	0.5681
328	0.6444	0.6300	0.9708	0.7533
330	0.6417	0.6250	0.9907	0.8810

m	$p=0.1$			
	J		P_5	P_{10}
	$b/g=0.2$	$b/g=0.4$		
300	0.5000	0.5000	0	0
302	0.5100	0.5100	0	0
304	0.5200	0.5200	0	0
306	0.5300	0.5300	0.0000	0
308	0.5400	0.5400	0.0000	0
310	0.5500	0.5500	0.0000	0
312	0.5600	0.5600	0.0000	0.0000
314	0.5700	0.5700	0.0000	0.0000
316	0.5800	0.5800	0.0000	0.0000
318	0.5899	0.5899	0.0001	0.0000
320	0.5998	0.5997	0.0006	0.0000
322	0.6093	0.6091	0.0027	0.0000
324	0.6181	0.6178	0.0097	0.0002
326	0.6258	0.6252	0.0287	0.0013
328	0.6320	0.6307	0.0699	0.0052
330	**0.6362**	**0.6339**	**0.1439**	**0.0171**
332	0.6384	0.6348	0.2548	0.0458
334	0.6388	0.6336	0.3956	0.1024
336	0.6377	0.6306	0.5484	0.1949
338	0.6356	0.6265	0.6917	0.3224

续表

m	$p=0.1$			
	J		P_5	P_{10}
	$b/g=0.2$	$b/g=0.4$		
340	0.6329	0.6217	0.8086	0.4719
342	0.6298	0.6165	0.8923	0.6225
344	0.6266	0.6110	0.9451	0.7542

取 n =150 其他不变, 得表 13-3.

表 13-3 $n=150$ 时的计算结果

m	$p=0.05$			
	J		P_5	P_{10}
	$b/g=0.2$	$b/g=0.4$		
150	0.5833	0.5833	0	0
152	0.6044	0.6044	0	0
154	0.6245	0.6244	0	0
156	0.6408	0.6399	0.0005	0
158	0.6500	0.6470	0.0182	0
160	**0.6519**	**0.6457**	**0.1256**	**0**
162	0.6490	0.6389	0.3729	0.0041
164	0.6443	0.6298	0.6638	0.0548
166	0.6389	0.6200	0.8678	0.2344
168	0.6333	0.6100	0.9615	0.5228
170	0.6278	0.6000	0.9915	0.7809
m	$p=0.1$			
	J		P_5	P_{10}
	$b/g=0.2$	$b/g=0.4$		
150	0.5000	0.5000	0	0
152	0.5200	0.5200	0	0
154	0.5400	0.5400	0	0
156	0.5600	0.5600	0.0000	0
158	0.5797	0.5797	0.0000	0
160	0.5985	0.5982	0.0005	0
162	0.6148	0.6139	0.0056	0.0000
164	0.6267	0.6245	0.0307	0.0001
166	**0.6330**	**0.6285**	**0.1060**	**0.0019**
168	0.6340	0.6263	0.2545	0.0140
170	0.6311	0.6196	0.4602	0.0600
172	0.6259	0.6103	0.6694	0.1709
174	0.6198	0.5998	0.8308	0.3530
176	0.6133	0.5888	0.9279	0.5682

13.3.6 结果分析

(1) 对于所取的各个 n, p, b/g, 平均利润 $J(m)$ 随着 m 的变大都是先增加再减少, 但是在最大值附近变化很小, 而被挤掉的乘客数超过 5 人和 10 人的概率增加得相当快, 所以应该参考 $J(m)$ 的最大值, 给定约束条件式 (13.3.6) 中可以接受的 α, 确定合适的 m.

(2) 对于一定的 n, p, 当 b/g 由 0.2 增加到 0.4 时 $J(m)$ 的减少不超过 2%, 所以不妨付给被挤掉的乘客以较多的赔偿金, 赢得社会声誉.

(3) 综合考虑经济效益和社会声誉, 给定 $P_5(m) < 0.2$, $P_{10}(m) < 0.05$, 由表 13-2 知, 对于 $n = 300$, 若估计 $p = 0.05$, 取 $m = 316$; 若估计 $p = 0.1$, 取 $m = 330$. 由表 13-3 知, 对于 $n = 150$, 若估计 $p = 0.05$, 取 $m = 160$; 若估计 $p = 0.1$, 取 $m = 166$(表中的黑体数字).

13.3.7 评注

本节在基本合理的假设下对一个两目标的优化问题作了简化处理, 即使这样, 得到的模型也无法解析地求解, 幸而数值计算的结果已满足我们对问题进行分析的需要.

与航空公司的预订票策略相类似的事情, 在日常商务活动中并不少见, 旅馆、汽车出租公司 (指将汽车租给顾客使用) 等为争夺顾客也可以如此处理.

13.4 教 学 评 估

13.4.1 问题的提出

为了考评教师的教学质量, 教学研究部门设计了一张教学评估表, 对学生进行一次问卷调查, 要求学生对 12 位教师的 15 门课程 (其中 3 位教师有两门课) 按以下 7 项内容打分, 分值为 1~5 分 (5 分最好, 1 分最差).

收回问卷调查表后, 得到了学生对 12 位教师、15 门课程各项评分的平均值, 见表 13-4.

表 13-4 12 位教师、15 门课程各项评分的平均值

教师号	课程号	X_1	X_2	X_3	X_4	X_5	X_6	Y
1	201	4.46	4.42	4.23	4.10	4.56	4.37	4.11
2	224	4.11	3.82	3.29	3.60	3.99	3.82	3.38
3	301	3.58	3.31	3.24	3.76	4.39	3.75	3.17
4	301	4.42	4.37	4.34	4.40	3.63	4.27	4.39

续表

教师号	课程号	X_1	X_2	X_3	X_4	X_5	X_6	Y
5	301	4.62	4.47	4.53	4.67	4.63	4.57	4.69
6	309	3.18	3.82	3.92	3.62	3.50	4.14	3.25
7	311	2.47	2.79	3.58	3.50	2.84	3.84	2.84
8	311	4.29	3.92	4.05	3.76	2.76	4.11	3.95
9	312	4.41	4.36	4.27	4.75	4.59	4.11	4.18
10	312	4.59	4.34	4.24	4.39	2.64	4.38	4.44
11	333	4.55	4.45	4.43	4.57	4.45	4.40	4.47
12	424	4.67	4.64	4.52	4.39	3.48	4.21	4.61
3	351	3.71	3.41	3.39	4.18	4.06	4.06	3.17
4	411	4.28	4.45	4.10	4.07	3.76	4.43	4.15
9	424	4.24	4.38	4.35	4.48	4.15	4.50	4.33

表 13-4 中 X_1 为课程内容组织的合理性; X_2 为主要问题展开的逻辑性; X_3 为回答学生问题的有效性; X_4 为课下交流的有助性; X_5 为教科书的帮助性; X_6 为考试评分的公正性; Y 为对教师的总体评价.

教学研究部门认为, 所列各项具体内容 $X_1 \sim X_6$ 不一定每项都对教师总体评价 Y 有显著影响, 并且各项内容之间也可能存在很强的相关性, 他们希望得到一个总体评价与各项具体内容之间的模型, 该模型应尽量简单和有效, 且由此能给教师一些合理的建议, 以提高总体评价.

13.4.2 关于逐步回归和模型建立

在多元线性回归分析中, 并不是所有自变量都对因变量有显著的影响, 这就存在如何挑选出对因变量有显著影响的自变量问题. 逐步回归法则是一种众多自变量中有效地选择重要变量的方法.

逐步回归的基本思想是有进有出. 具体做法是将变量一个一个引入, 当每引入一个自变量后, 对已选入的变量要进行逐个检验, 当原引入的变量由于后面变量的引入而变得不再显著时, 要将其剔除. 引入一个变量或从回归方程中剔除一个变量, 为逐步回归的一步, 每一步都要进行 t 检验, 以确保每次引入新的变量之前回归方程中只包含显著的变量. 这个过程反复进行, 直到既无显著的自变量选入回归方程, 也无不显著的自变量从回归方程中剔除为止.

逐步回归的计算实施过程可以利用 Excel 软件在计算机上分步完成, 实现步骤如下:

第 1 步, 把相关数据录入 Excel 数据编辑器 (见图 13-4).

12位老师、15门课程各项评分的平均值

教师号	课程号	X1	X2	X3	X4	x5	X6	Y
1	201	4.46	4.42	4.23	4.1	4.56	4.37	4.11
2	224	4.11	3.82	3.29	3.6	3.99	3.82	3.38
3	301	3.58	3.31	3.24	3.76	4.39	3.75	3.17
4	301	4.42	4.37	4.34	4.4	3.63	4.27	4.39
5	301	4.62	4.47	4.53	4.67	4.63	4.57	4.69
6	309	3.18	3.82	3.92	3.62	3.5	4.14	3.25
7	311	2.47	2.79	3.58	3.5	2.84	3.84	2.84
8	311	4.29	3.92	4.05	3.76	2.76	4.11	3.95
9	312	4.41	4.36	4.27	4.75	4.59	4.11	4.18
10	312	4.59	4.34	4.24	4.39	2.64	4.38	4.44
11	333	4.55	4.45	4.43	4.57	4.45	4.4	4.47
12	424	4.67	4.64	4.52	4.39	3.48	4.21	4.61
3	351	3.71	3.41	3.39	4.18	4.06	4.06	3.17
4	411	4.28	4.45	4.1	4.07	3.76	4.43	4.15
9	424	4.24	4.38	4.35	4.48	4.15	4.5	4.33

图 13-4 教学评估数据

第 2 步, 依次单击数据—数据分析—回归, 进入回归对话框 (图 13-5), 将 Y 值和 $X_1 \sim X_6$ 值分别选入对应的变量对话框, 指定输出区域, 然后选择确定 (图 13-6).

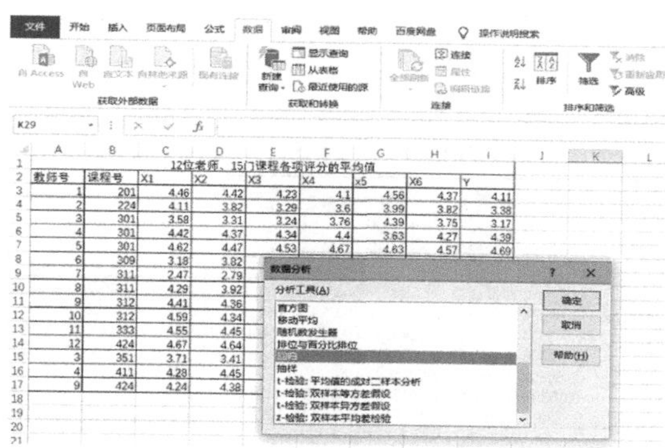

图 13-5 选取回归

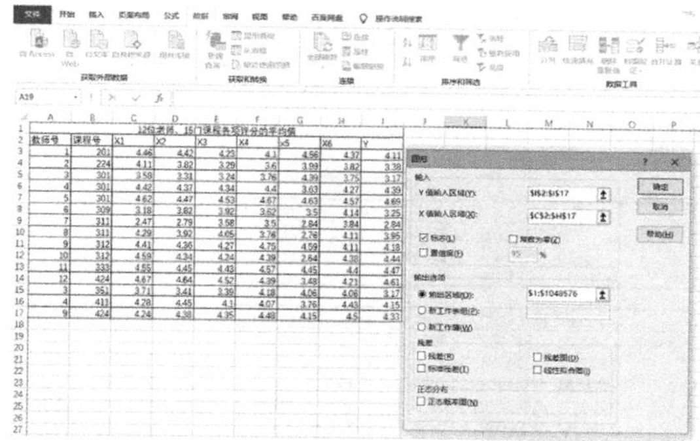

图 13-6 选取变量对话框, 指定输出区域

第 3 步, 手动剔除自变量, 逐步剔除回归系数绝对值最小且未通过检验的变量, 先由图 13-7(1) 剔除自变量 X_5, 再依次由图 13-7(2)、图 13-7(3)、图 13-7(4) 剔除自变量 X_4, X_2, X_6.

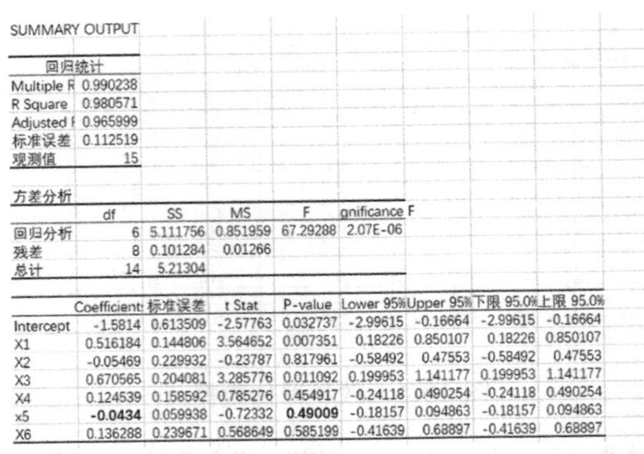

SUMMARY OUTPUT

回归统计	
Multiple R	0.990238
R Square	0.980571
Adjusted R	0.965999
标准误差	0.112519
观测值	15

方差分析

	df	SS	MS	F	gnificance F
回归分析	6	5.111756	0.851959	67.29288	2.07E-06
残差	8	0.101284	0.01266		
总计	14	5.21304			

	Coefficient:	标准误差	t Stat	P-value	Lower 95%	Upper 95%	下限 95.0%	上限 95.0%
Intercept	-1.5814	0.613509	-2.57763	0.032737	-2.99615	-0.16664	-2.99615	-0.16664
X1	0.516184	0.144806	3.564652	0.007351	0.18226	0.850107	0.18226	0.850107
X2	-0.05469	0.229932	-0.23787	0.817961	-0.58492	0.47553	-0.58492	0.47553
X3	0.670565	0.204081	3.285776	0.011092	0.199953	1.141177	0.199953	1.141177
X4	0.124539	0.158592	0.785276	0.454917	-0.24118	0.490254	-0.24118	0.490254
x5	**-0.0434**	0.059938	-0.72332	**0.49009**	-0.18157	0.094863	-0.18157	0.094863
X6	0.136288	0.239671	0.568649	0.585199	-0.41639	0.68897	-0.41639	0.68897

(1) 剔除自变量 X_5

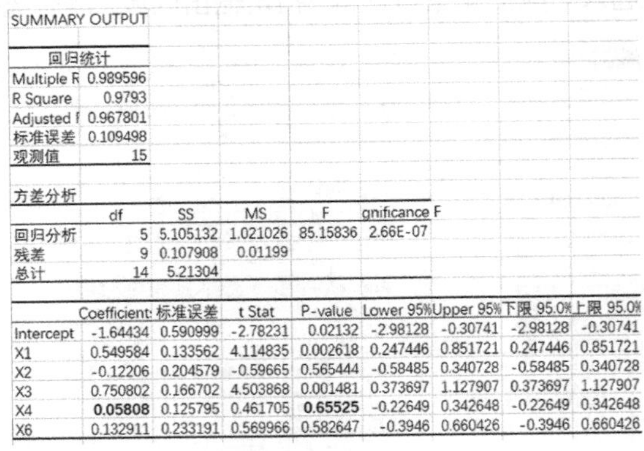

SUMMARY OUTPUT

回归统计	
Multiple R	0.989596
R Square	0.9793
Adjusted R	0.967801
标准误差	0.109498
观测值	15

方差分析

	df	SS	MS	F	gnificance F
回归分析	5	5.105132	1.021026	85.15836	2.66E-07
残差	9	0.107908	0.01199		
总计	14	5.21304			

	Coefficient:	标准误差	t Stat	P-value	Lower 95%	Upper 95%	下限 95.0%	上限 95.0%
Intercept	-1.64434	0.590999	-2.78231	0.02132	-2.98128	-0.30741	-2.98128	-0.30741
X1	0.549584	0.133562	4.114835	0.002618	0.247446	0.851721	0.247446	0.851721
X2	-0.12206	0.204579	-0.59665	0.565444	-0.58485	0.340728	-0.58485	0.340728
X3	0.750802	0.166702	4.503868	0.001481	0.373697	1.127907	0.373697	1.127907
X4	**0.05808**	0.125795	0.461705	**0.65525**	-0.22649	0.342648	-0.22649	0.342648
X6	0.132911	0.233191	0.569966	0.582647	-0.3946	0.660426	-0.3946	0.660426

(2) 剔除自变量 X_4

SUMMARY OUTPUT

回归统计	
Multiple R	0.989348
R Square	0.97881
Adjusted R	0.970334
标准误差	0.105102
观测值	15

方差分析

	df	SS	MS	F	gnificance F
回归分析	4	5.102576	1.275644	115.481	2.52E-08
残差	10	0.110464	0.011046		
总计	14	5.21304			

	Coefficient:	标准误差	t Stat	P-value	Lower 95%	Upper 95%	下限 95.0%	上限 95.0%
Intercept	-1.62141	0.565266	-2.86841	0.016714	-2.8809	-0.36192	-2.8809	-0.36192
X1	0.577426	0.114388	5.047967	0.000501	0.322554	0.832298	0.322554	0.832298
X2	**-0.1461**	0.189894	-0.76944	**0.45942**	-0.56922	0.276998	-0.56922	0.276998
X3	0.780315	0.147779	5.280293	0.000357	0.451043	1.109586	0.451043	1.109586
X6	0.152564	0.220069	0.693255	0.503932	-0.33778	0.642908	-0.33778	0.642908

(3) 剔除自变量 X_2

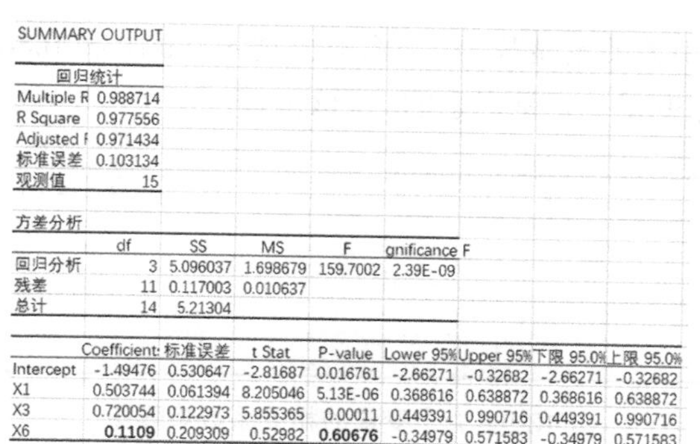

SUMMARY OUTPUT

回归统计	
Multiple R	0.988714
R Square	0.977556
Adjusted R	0.971434
标准误差	0.103134
观测值	15

方差分析

	df	SS	MS	F	gnificance F
回归分析	3	5.096037	1.698679	159.7002	2.39E-09
残差	11	0.117003	0.010637		
总计	14	5.21304			

	Coefficient	标准误差	t Stat	P-value	Lower 95%	Upper 95%	下限 95.0%	上限 95.0%
Intercept	-1.49476	0.530647	-2.81687	0.016761	-2.66271	-0.32682	-2.66271	-0.32682
X1	0.503744	0.061394	8.205046	5.13E-06	0.368616	0.638872	0.368616	0.638872
X3	0.720054	0.122973	5.855365	0.00011	0.449391	0.990716	0.449391	0.990716
X6	**0.1109**	0.209309	0.52982	**0.60676**	-0.34979	0.571583	-0.34979	0.571583

(4) 剔除自变量 X_6

图 13-7 剔除自变量

第 4 步, 用剩余变量 X_1, X_3 对 Y 做回归, 结果见图 13-8, 可以看出利用逐步回归最终得到的模型为 $Y=-1.247+0.510X_1+0.768X_3$.

回归操作视频-87

SUMMARY OUTPUT

回归统计	
Multiple R	0.988424
R Square	0.976983
Adjusted R	0.973147
标准误差	0.099995
观测值	15

方差分析

	df	SS	MS	F	gnificance F
回归分析	2	5.093051	2.546525	254.6755	1.49E-10
残差	12	0.119989	0.009999		
总计	14	5.21304			

	Coefficient	标准误差	t Stat	P-value	Lower 95%	Upper 95%	下限 95.0%	上限 95.0%
Intercept	-1.24708	0.24344	-5.12273	0.000252	-1.77749	-0.71667	-1.77749	-0.71667
X1	0.509906	0.058448	8.72407	1.53E-06	0.382558	0.637254	0.382558	0.637254
X3	0.767794	0.081139	9.462675	6.48E-07	0.591007	0.944581	0.591007	0.944581

图 13-8 逐步回归最终结果

13.4.3 模型解释

在最终模型中回归变量只有 X_1, X_3, 是一个简单易用的模型, 据此可把课程内容组织的合理性 X_1 和回答学生问题的有效性 X_3 列入考评体系的重点. 上述模型表明, X_1 的分值每增加 1 分, 对教师的总体评价就增加约 0.51 分;X_3 的分值每增加 1 分, 对教师的总体评价就增加约 0.77 分, 应建议教师注意这两方面的工作.

下面解释其他自变量没有进入模型的原因, 利用 Excel 软件可以得到 Y 和 $X_1\sim X_6$ 的相关系数矩阵 (图 13-9).

一般认为两个变量的相关系数超过 0.85 时才具有显著的相关关系. 由图 13-9 知道, 与 Y 相关关系显著的只有 X_1, X_2, X_3, 而 X_2 未进入最终模型的原因是由

于它与 X_1, X_3 的相关关系显著 (相关系数分别为 0.901 和 0.850), 可以说模型中有了 X_1, X_3 以后, 变量 X_2 是多余的, 应该去掉.

	X1	X2	X3	X4	x5	X6	Y
X1	1						
X2	0.900834	1					
X3	0.675211	0.85037	1				
X4	0.736099	0.739893	0.749924	1			
x5	0.291016	0.277532	0.080841	0.437001	1		
X6	0.647081	0.802565	0.848988	0.704106	0.187181	1	
Y	0.897347	0.93631	0.911591	0.821932	0.178335	0.824593	1

图 13-9　7 个变量的相关系数矩阵图

13.4.4　评注

如果初步看来影响因变量的因素较多, 并得到了大量的数据, 为了建立一个有效的、便于应用的模型, 可以利用逐步回归方法只选取那些影响显著的自变量入围.

13.5　保险公司人寿险设计

13.5.1　问题的提出

表 13-5 列出了某城市 18 位 35~44 岁经理的年平均收入 x_1 万元, 风险偏好度 x_2 和人寿保险额 y 万元的数据, 其中风险偏好度是根据发给每个经理的问卷调查表综合评估得到的, 它的数值越大, 就越偏爱高风险. 研究人员想研究此年龄段中的经理所投保的人寿保险额与平均收入及风险偏好度之间的关系. 研究者预计, 经理的年均收入和人寿保险额之间存在着二次关系, 并有把握地认为风险偏好度对人寿保险额有线性效应, 但对风险偏好度对人寿保险额是否有二次效应以及两个自变量是否对人寿保险额有交互效应, 心中没底.

表 13-5　人寿保险设计数据分析表

序号	y	x_1	x_2	序号	y	x_1	x_2
1	196	66.290	7	10	49	37.408	5
2	63	40.964	5	11	105	54.376	2
3	252	72.996	10	12	98	46.186	7
4	84	45.010	6	13	77	46.130	4
5	126	57.204	4	14	14	30.366	3
6	14	26.852	5	15	56	39.060	5
7	49	38.122	4	16	245	79.380	1
8	49	35.840	6	17	133	52.766	8
9	266	75.796	9	18	133	55.916	6

请通过表 13-5 中的数据来建立一个合适的回归模型, 验证上面的看法, 并给出进一步的分析.

13.5.2 关于多项式回归模型

研究一个因变量与一个或多个自变量间多项式的回归分析方法, 称为**多项式回归**. 如果自变量只有一个时, 称为**一元多项式回归**; 如果自变量有多个时, 称为**多元多项式回归**.

一元 m 次多项式回归方程为

$$y = b_0 + b_1 x + b_2 x^2 + \cdots + b_m x^m. \tag{13.5.1}$$

二元二次多项式回归方程为

$$y = b_0 + b_1 x_1 + b_2 x_2 + b_3 x_1^2 + b_4 x_2^2 + b_5 x_1 x_2, \tag{13.5.2}$$

其中回归模型中有线性效应项 x_1, x_2; 二次效应项 x_1^2, x_2^2; 交互效应项 $x_1 x_2$.

在一元回归分析中, 如果因变量 y 与自变量 x 的关系为非线性的, 但是又找不到适当的函数曲线来拟合, 则可以采用一元多项式回归. 多项式回归的最大优点就是可以通过增加 x 的高次项对实测点进行逼近, 直至满意为止. 事实上, 多项式回归可以处理相当一类非线性问题, 它在回归分析中占有重要的地位, 因为任一函数都可以分段用多项式来逼近. 因此, 在通常的实际问题中, 不论因变量与其他自变量的关系如何, 总可以用多项式回归来进行分析.

多项式回归模型是一种重要的曲线回归模型, 它通常容易转化为一般的多元线性回归来处理.

对于一元 m 次多项式回归方程 (13.5.1), 令 $x_1 = x$, $x_2 = x^2$, $\cdots$, $x_m = x^m$, 则式 (13.5.1) 就转化为 m 元线性回归方程

$$y = b_0 + b_1 x_1 + b_2 x_2 + \cdots + b_m x_m.$$

令 $z_1 = x_1, z_2 = x_2, z_3 = x_1^2, z_4 = x_2^2$, $z_5 = x_1 x_2$, 则对于二元二次多项式回归方程 (13.5.2) 就转化为 5 元线性回归方程

$$y = b_0 + b_1 z_1 + b_2 z_2 + b_3 z_3 + b_4 z_4 + b_5 z_5.$$

13.5.3 模型建立

虽然研究者预计, 经理的年均收入和人寿保险额之间存在着二次关系, 并有把握地认为风险偏好度对人寿保险额有线性效应, 但对风险偏好度对人寿保险额是否有二次效应以及两个自变量是否对人寿保险额有交互效应, 心中没底. 因此下面拟合一个二阶多项式回归模型

$$y = b_0 + b_1x_1 + b_2x_2 + b_3x_1^2 + b_4x_2^2 + b_5x_1x_2,$$

并打算检验是否有交互效应, 是否有二次效应.

首先获得 x_1, x_2, x_1^2, x_2^2, x_1x_2 的数据表 (图 13-10), 回归采用逐个引入自变量的方式, 这样可以清楚地看到各项对回归的贡献, 使显著性检验更加明确. 依次引入自变量 x_1, x_2, x_1^2, x_2^2, x_1x_2, 方法如下：在线性回归对话框中, 选 y 入因变量框和 x_1 入自变量框, 然后单击下一张, 此时自变量框变为空白, 再把 x_1, x_2 同时选入自变量框, 再单击下一张, 自变量框又变为空白, 再把 x_1, x_2, x_1^2 同时选入自变量框, $\cdots$, 如此依次引入自变量, 直至把 x_1, x_2, x_1^2, x_2^2, x_1x_2 均选入自变量框. 单击确定后得部分输出结果 (图 13-11). 此处显著性水平计算机默认取 $\alpha = 0.05$.

人寿保险设计数据分析表

	y	x1	x2	x1*x1	x2*x2	x1*x2
1	196	66.29	7	4394.364	49	464.03
2	63	40.964	5	1678.049	25	204.82
3	252	72.996	10	5328.416	100	729.96
4	84	45.01	6	2025.9	36	270.06
5	126	57.204	4	3272.298	16	228.816
6	14	26.852	5	721.0299	25	134.26
7	49	38.122	4	1453.287	16	152.488
8	49	35.84	6	1284.506	36	215.04
9	266	75.796	9	5745.034	81	682.164
10	49	37.408	5	1399.358	25	187.04
11	105	54.376	2	2956.749	4	108.752
12	98	46.186	7	2133.147	49	323.302
13	77	46.13	4	2127.977	16	184.52
14	14	30.366	3	922.094	9	91.098
15	56	39.06	5	1525.684	25	195.3
16	245	79.38	1	6301.184	1	79.38
17	133	52.766	8	2784.251	64	422.128
18	133	55.916	6	3126.599	36	335.496

图 13-10 五个变量数据表

由图 13-11 可看出, 模型 1～ 模型 3 所有自变量通过显著性检验; 而模型 4、模型 5 均有自变量未通过显著性检验 (P-value = 0.347 > 0.05; P-value = 0.192 > 0.05, P-value = 0.186 > 0.05). 所有风险偏好度对人寿保险额没有二次效应以及

两个自变量对人寿保险额也没有交互效应, 最终模型为

$$y = -62.349 + 0.84x_1 + 5.685x_2 + 0.037x_1^2.$$

	非标准化系数			标准系数	
模型	B	标准误差	试用版	t	Sig
1（常量）		-140.550	12.170	-11.549	0.000
X1		5.040	0.233	21.644	0.000
2（常量）		-158.768	8.324	-19.074	0.000
X1		4.843	0.149	32.472	0.000
X2		5.201	1.007	5.166	0.000
3（常量）		-62.349	5.200	-11.989	0.000
X1		0.840	0.207	4.052	0.001
X2		5.685	0.198	28.738	0.000
X1X1		0.037	0.002	19.515	0.000
4（常量）		-60.910	5.414	-11.250	0.000
X1		0.930	0.227	4.090	0.001
X2		4.453	1.278	3.483	0.004
X1X1		0.036	0.002	15.815	0.000
X2X2		0.116	0.119	0.975	0.347
5（常量）		-65.386	6.123	-10.679	0.000
X1		1.017	0.228	4.460	0.001
X2		5.217	1.349	3.868	0.002
X1X1		0.036	0.002	16.342	0.000
X2X2		0.166	0.120	1.383	0.192
X1X2		-0.020	0.014	-1.401	0.186

图 13-11　各模型系数显著性检验图

另由该模型的标准化回归系数看出, 年平均收入的二次效应对人寿保险额的影响程度最大.

13.5.4 评注

如果怀疑自变量的平方项、交互项等也对因变量有显著影响时, 可以通过建立多项式回归模型引入平方项和交互项等, 进而检验是否存在二次效应和交互效应.

第14章

离散数学模型

在建立数学模型时,如果用到代数学、图论、网络、运筹学等数学工具或选择离散变量,那么所建立的数学模型称为离散数学模型.

对于难以完全用定量进行分析的复杂问题,如就业单位选择问题,本章首先,介绍一种定性和定量相结合的、系统化的、层次化的分析方法——层次分析法;其次,利用有向图中的双向连通竞赛图的邻接矩阵计算各级得分向量来解决篮球单循环比赛的排名;再次,利用对边赋权的无向图的最短路原理解决多阶段生产计划这类动态优化问题;最后,利用任意两点间的最短路长度作为该两点间边的权构造一个完全图,用若干条闭链覆盖图上所有的顶点,并使某些指标达到最优而解决灾区慰问路线确定问题.

14.1 层次分析法与就业单位选择

课堂教学视频-90

层次分析法 (analytic hierarchy process, AHP) 是美国著名运筹学家 Saaty 于 20 世纪 70 年代中期提出的一种定性和定量相结合的、系统化的、层次化的分析方法,它是将半定性、半定量问题转化为定量问题的行之有效的一种方法,使人们的思维过程层次化. 根据对一定客观事实的判断,通过逐层比较多种关联因素,就每一层次的相对重要性给予定量表示,利用数学方法确定表达每一层次的全体元素的相对重要性次序的数值,并通过排序结果进行分析,解决问题. 层次分析法为分析、决策、预测或控制事物的发展提供定量依据,它特别适用于那些难以完全用定量进行分析的复杂问题,为解决这类问题提供一种简便实用的方法. 因此,它在计算、制订计划、资源分配、排序、政策分析、军事管理、冲突求解及决策、预报等领域都有广泛的应用.

14.1.1　层次分析法

1. 层次分析法的基本思想与步骤

层次分析法解决问题的基本思想与人们对一个多层次、多因素、复杂的决策问题的思维过程基本一致, 最突出的特点是分层比较、综合优化. 其解决问题的基本步骤如下:

第一, 分析系统中各因素之间的关系, 建立系统的递阶层次结构, 一般层次结构分为三层, 第一层为目标层, 第二层为准则层, 第三层为方案层;

第二, 构造两两比较矩阵 (判断矩阵), 对于同一层次的各因素关于上一层中某一准则 (目标) 的重要性进行两两比较, 构造出两两比较的判断矩阵;

第三, 由判断矩阵计算被比较因素对每一准则 (目标) 的相对比重, 并进行判断矩阵的一致性检验;

第四, 计算方案层对目标层的组合比重和组合一致性检验, 并进行排序.

2. 层次结构图

利用层次分析法研究问题时, 首先要把与问题有关的各种因素层次化, 然后构造出一个树状结构的层次结构模型, 称为**层次结构图**. 一般问题的层次结构图分为三层, 如图 14-1 所示.

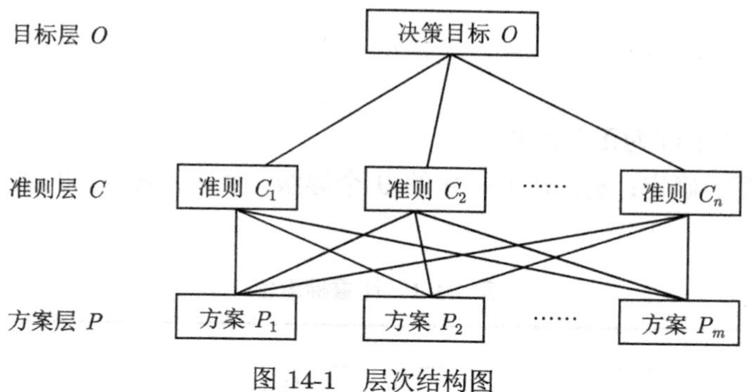

图 14-1　层次结构图

最高层为目标层 O, 问题决策的目标或理想结果, 只有一个元素.

中间层为准则层 C, 包括为实现目标所涉及的中间环节各因素, 每一因素为一准则, 当准则多于 9 个时可分为若干个子层.

最低层为方案层 P, 方案层是为实现目标而供选择的各种措施, 即为决策方案.

一般说来, 各层次之间的各因素, 有的相关联, 有的不一定相关联; 各层次的元素个数未必一定相同. 实际中, 主要是根据问题的性质和各相关因素的类别来确定.

3. 构造比较矩阵

由于同层次元素间无支配关系, 即内部独立, 所以必须考察某一层面各个因素对上一层面各因素的影响或某一层面各个因素对下一层面各因素的制约. 注意到层次结构是由上而下的支配关系形成的一个递阶层次, 只要考虑同一层面各个因素对上一层面某一因素的影响.

构造比较矩阵主要是通过比较同一层次上的各因素对上一层相关因素的影响作用, 而不是把所有因素放在一起比较, 即将同一层的各因素进行两两对比. 比较时采用相对尺度标准度量, 尽可能地避免不同性质的因素之间相互比较的困难. 同时, 要尽量依据实际问题具体情况, 减少由于决策人主观因素对结果造成的影响.

设要比较 n 个因素 $C_1, C_2, \cdots, C_n$ 对上一层 (如目标层) O 的影响程度, 即要确定它在 O 中所占的比重. 对任意两个因素 C_i 和 C_j, 用 a_{ij} 表示 C_i 和 C_j 对 O 的影响程度之比, 按 $1 \sim 9$ 的比重标度来度量 $a_{ij}(i,j=1,2,\cdots,n)$. 于是, 可得到两两成对比较矩阵 $\boldsymbol{A}=(a_{ij})_{n\times n}$, 又称为**判断矩阵**. 显然,

$$a_{ij}>0, \quad a_{ji}=\frac{1}{a_{ij}}, \quad a_{ii}=1, \quad i,j=1,2,\cdots,n,$$

因此, 又称判断矩阵为**正互反矩阵**.

比重标度的确定：a_{ij} 取 $1\sim 9$ 的 9 个等级, 而 a_{ji} 取 a_{ij} 的倒数 (表 14-1), 这是 1-9 标度.

表 14-1　比重标度值

标度 a_{ij}	含义
1	C_i 与 C_j 的影响相同
3	C_i 比 C_j 的影响稍强
5	C_i 比 C_j 的影响强
7	C_i 比 C_j 的影响明显地强
9	C_i 比 C_j 的影响绝对地强
$2,4,6,8$	C_i 与 C_j 的影响之比在上述两个相邻等级之间
$1/2,1/3,\cdots,1/9$	C_i 与 C_j 的影响之比为上面 a_{ij} 的倒数

由正互反矩阵的性质可知，只要确定 $\boldsymbol{A}$ 的上 (或下) 三角的 $n(n-1)/2$ 个元素即可. 在特殊情况下，如果判断矩阵 $\boldsymbol{A}$ 的元素具有传递性，即满足

$$a_{ik}a_{kj}=a_{ij},\quad i,j,k=1,2,\cdots,n,$$

则称 $\boldsymbol{A}$ 为**一致性矩阵**，简称为**一致阵**.

4. 相对比重向量确定

比重向量通常采用和法、求根法 (几何平均法) 及特征根法来确定，本书使用特征根法.

设想把一大石头 Z 分成 n 个小块 $C_1,C_2,\cdots,C_n$，其质量分别为 $w_1,w_2,\cdots,w_n$，则将 n 块小石头作两两比较，记 C_i 与 C_j 的相对重量为 $a_{ij}=w_i/w_j(i,j=1,2,\cdots,n)$，于是可得成对比较矩阵

$$\boldsymbol{A}=\begin{pmatrix}\dfrac{w_1}{w_1} & \dfrac{w_1}{w_2} & \cdots & \dfrac{w_1}{w_n}\\ \dfrac{w_2}{w_1} & \dfrac{w_2}{w_2} & \cdots & \dfrac{w_2}{w_n}\\ \vdots & \vdots & & \vdots\\ \dfrac{w_n}{w_1} & \dfrac{w_n}{w_2} & \cdots & \dfrac{w_n}{w_n}\end{pmatrix}.$$

显然，$\boldsymbol{A}$ 为一致性正互反矩阵，记 $\boldsymbol{w}=(w_1,w_2,\cdots,w_n)^{\mathrm{T}}$，即为比重向量，且

$$A\boldsymbol{w}=n\boldsymbol{w}.$$

这表明 $\boldsymbol{w}$ 为矩阵 $\boldsymbol{A}$ 的特征向量，且 n 为特征根.

事实上，对于一般的判断矩阵 $\boldsymbol{A}$ 有 $\boldsymbol{A}\boldsymbol{w}=\lambda_{\max}\boldsymbol{w}$，这里 $\lambda_{\max}$ 是 $\boldsymbol{A}$ 的最大特征根，$\boldsymbol{w}$ 为 $\boldsymbol{A}$ 属于最大特征根 $\lambda_{\max}$ 的特征向量.

将 $\boldsymbol{w}$ 归一化后可近似地作为 $\boldsymbol{A}$ 的比重向量，这种方法称为**特征根法** (这是一种最常用的方法).

由高等代数的知识可知，如果 $\boldsymbol{A}$ 为一致的正互反矩阵，则有下列性质.

性质 14.1.1 $\operatorname{rank}(\boldsymbol{A})=R(\boldsymbol{A})=1$，即 A 的每一行 (或列) 均为任一指定行 (或列) 的整数倍.

性质 14.1.2 $\boldsymbol{A}$ 的最大特征根为 $\lambda_{\max}=n$，其余的特征根均为 0.

性质 14.1.3 若 $\boldsymbol{A}$ 的最大特征根 $\lambda_{\max}=n$ 对应的特征向量为

$$\boldsymbol{w}=(w_1,w_2,\cdots,w_n)^{\mathrm{T}},$$

则

$$a_{ij}=\frac{w_i}{w_j},\quad i,j=1,2,\cdots,n.$$

由此可得下面定理.

定理 14.1.1 设 n 阶方阵 $\boldsymbol{A}>\boldsymbol{O}$, $\lambda_{\max}$ 为 $\boldsymbol{A}$ 的最大特征根, 则

(1) $\lambda_{\max}>0$, 而且它所对应的特征向量为正向量;

(2) $\lambda_{\max}$ 为 $\boldsymbol{A}$ 的单特征根, 且 $\lambda_{\max}\geqslant n$;

(3) $\lambda_{\max}$ 对应的特征向量除差一个常数因子外是唯一的.

定理 14.1.2 n 阶正互反矩阵 $\boldsymbol{A}=(a_{ij})_{n\times n}$ 是一致阵的必要充分条件是 $\lambda_{\max}=n$.

5. 一致性检验

通常情况下, 由实际得到的判断矩阵不一定是一致阵, 即不一定满足传递性和一致性. 实际中, 也不必要求一致性绝对地成立, 但要求大体上是一致的, 即不一致的程度应在容许的范围内. 主要考察以下指标

(1) 一致性指标: $\mathrm{CI}=(\lambda_{\max}-n)/(n-1)$;

(2) 随机一致性指标: RI, 通常由实际经验给定, 如表 14-2 所示;

(3) 一致性比率指标: $\mathrm{CR}=\mathrm{CI}/\mathrm{RI}$, 当 $\mathrm{CR}<0.10$ 时, 认为判断矩阵的一致性是可以接受的, 相应地 $\lambda_{\max}$ 对应的特征向量可以作为排序的比重向量.

表 14-2 随机一致性指标

n	1	2	3	4	5	6	7	8	9	10	11	12
RI	0	0	0.58	0.90	1.12	1.24	1.32	1.41	1.45	1.49	1.51	1.59

6. 计算组合比重向量和组合一致性检验

设第 $k-1$ 层上 n_{k-1} 个元素对总目标的排序比重向量为

$$\boldsymbol{w}^{(k-1)}=(w_1^{(k-1)},w_2^{(k-1)},\cdots,w_{n_{k-1}}^{(k-1)})^{\mathrm{T}}.$$

设第 k 层上 n_k 个元素对上一层 (第 $k-1$ 层) 上第 j 个元素的排序比重向量为

$$\boldsymbol{p}_j^{(k)} = (p_{1j}^{(k)}, p_{2j}^{(k)}, \cdots, p_{n_k j}^{(k)})^{\mathrm{T}}, \quad j = 1, 2, \cdots, n_{k-1},$$

则矩阵

$$\boldsymbol{P}^{(k)} = \left(\boldsymbol{p}_1^{(k)}, \boldsymbol{p}_2^{(k)}, \cdots, \boldsymbol{p}_{n_{k-1}}^{(k)}\right)$$

是 $n_k \times n_{k-1}$ 阶矩阵, 表示第 k 层上的元素对上一层 (第 $k-1$ 层) 上各元素的排序比重向量. 那么第 k 层上的元素对总目标的排序比重向量为

$$\boldsymbol{w}^{(k)} = \boldsymbol{P}^{(k)} \boldsymbol{w}^{(k-1)} = (w_1^{(k)}, w_2^{(k)}, \cdots, w_{n_k}^{(k)})^{\mathrm{T}}.$$

对任意的 $k > 2$ 有一般公式

$$\boldsymbol{w}^{(k)} = \boldsymbol{P}^{(k)} \cdot \boldsymbol{P}^{(k-1)} \cdots \boldsymbol{P}^{(3)} \boldsymbol{w}^{(2)},$$

其中 $\boldsymbol{w}^{(2)}$ 是第二层上各元素对目标层的总排序向量.

设 k 层的一致性指标为 $\mathrm{CI}_1^{(k)}$, $\mathrm{CI}_2^{(k)}$, $\cdots$, $\mathrm{CI}_{n_{k-1}}^{(k)}$, 随机一致性指标为 $\mathrm{RI}_1^{(k)}$, $\mathrm{RI}_2^{(k)}$, $\cdots$, $\mathrm{RI}_{n_{k-1}}^{(k)}$, 则第 k 层对目标层 (最高层) 的组合一致性指标为

$$\mathrm{CI}^{(k)} = (\mathrm{CI}_1^{(k)}, \mathrm{CI}_2^{(k)}, \cdots, \mathrm{CI}_{n_{k-1}}^{(k)}) \cdot \boldsymbol{w}^{(k-1)}.$$

组合随机一致性指标为

$$\mathrm{RI}^{(k)} = (\mathrm{RI}_1^{(k)}, \mathrm{RI}_2^{(k)}, \cdots, \mathrm{RI}_{n_{k-1}}^{(k)}) \cdot \boldsymbol{w}^{(k-1)}.$$

组合一致性比率指标为

$$\mathrm{CR}^{(k)} = \mathrm{CR}^{(k-1)} + \frac{\mathrm{CI}^{(k)}}{\mathrm{RI}^{(k)}}, \quad k \geqslant 3.$$

当 $\mathrm{CR}^{(k)} < 0.10$ 时, 则认为整个层次的判断矩阵通过一致性检验.

14.1.2　层次分析法的应用——就业单位选择

1. 问题的提出

大多数即将毕业的大学生都会面临这样的问题：有若干工作单位如何选择.

请用层次分析法提出一种决策方法, 以便于大学生们科学地选择就业单位, 找到满意的工作.

2. 问题分析

大学生们要从若干工作单位中挑选满意的就业单位, 如果没有决策依据或准则, 那么就难以挑选满意的就业单位. 因此, 确定准则就很重要. 大学生们接受党和人民教育多年, 感受到党和政府对他们成长的帮助, 所以发挥自己的聪明才智为国家作贡献成为相当一部分大学生的首要选择; 也有一部分大学生希望实现自己的人生价值, 所以考虑工作单位时需适合个人的兴趣来自我发展; 大学生们也是人, 是人就需要生活, 就需要收入; 此外, 大学生们对工作单位还会考虑声誉、地理位置、人际关系等.

由此, 挑选满意的就业单位的准则为作出贡献、自我发展、收入与福利、单位声誉、单位位置、人际关系.

3. 建立层次结构模型

以满意的就业单位为目标, 作出贡献、自我发展、收入与福利、单位声誉、单位位置、人际关系为挑选满意的就业单位的准则, 待选择的单位有 n 个. 据此, 就可以建立层次结构模型, 见图 14-2.

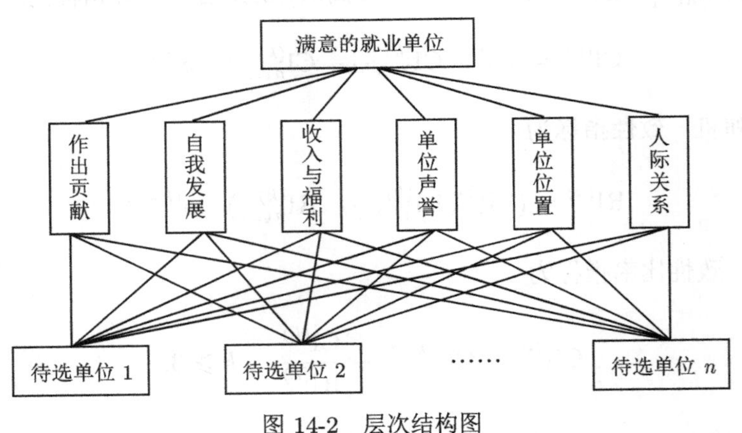

图 14-2　层次结构图

4. 构造比较矩阵

每一位大学生可以依据自己的家庭情况、社会关系、个人能力, 通过比较准则层上的各因素对目标层因素的影响作用构造比较矩阵 $\boldsymbol{A}$.

依据对 n 个待选择单位的了解, 通过比较 n 个待选择单位分别对准则层的 6 个准则作出贡献、自我发展、收入与福利、单位声誉、单位位置、人际关系的影响作用分别构造比较矩阵 $\boldsymbol{B}_1, \boldsymbol{B}_2, \boldsymbol{B}_3, \boldsymbol{B}_4, \boldsymbol{B}_5, \boldsymbol{B}_6$.

在构造比较矩阵时一定要实事求是, 不必要求比较矩阵为一致阵.

5. 其他

对构造的比较矩阵, 可以用 MATLAB 软件包计算其特征值与特征向量 (参阅例 2.2.6)、进行一致性检验. 如果通过一致性检验, 可以计算组合比重向量, 进行组合一致性检验. 只要基本通过组合一致性检验, 由组合比重向量对待选择单位排序, 那么满意的就业单位就可确定.

14.1.3　评注

利用 1-9 标度构造成对比较矩阵, 常常会出现成对比较矩阵不是一致性正互反矩阵. 解决这个问题的一个有效办法是使用指数标度. 关于指数标度, 请同学们课后查阅广西大学吕跃进教授等学者的论文.

14.2　篮球单循环比赛的排名

14.2.1　问题的提出

n 支篮球队进行单循环赛, 每场比赛只计胜负, 没有平局. 在比赛结束后如何根据球队之间的比赛胜负结果排列名次?

14.2.2　问题初步认识

篮球比赛排列名次通常的方法是依据得分, 即胜一场得 2 分、负一场得 1 分, 累计各队总得分, 由总得分从高到低排列名次. 这种方法遇到几支篮球队总得分相同而且这几支篮球队之间出现胜负循环时, 无法排列名次.

描述比赛胜负结果比较直观的方法是用图的顶点表示球队, 而用连接两个顶点的、以箭头标明方向的边表示两支球队的比赛胜负结果. 图 14-3 给出了 6 支球队的比赛胜负结果, 即 1 号队战胜了 2, 4, 5, 6 号球队, 而输给了 3 号球队; 5 号队战胜了 3, 6 号球队, 而输给了 1, 2, 4 号球队. 排名次的另一个方法是在图 14-3 中顺箭头方向寻找一条通过全部 6 个顶点的路径, 例如 $3 \to 1 \to 2 \to 4 \to 5 \to 6$, 这表示 3 号球队战胜了 1 号球队, 1 号球队战胜了 2 号球队, $\cdots$, 于是 3 号球队为第一名, 1 号球队为第二名, $\cdots$. 但是还可以找出其他通过全部 6 个顶点的路径, 如 $1 \to 4 \to 6 \to 3 \to 2 \to 5$, $4 \to 5 \to 6 \to 3 \to 1 \to 2$, 所以用这种方法也不能排列名次.

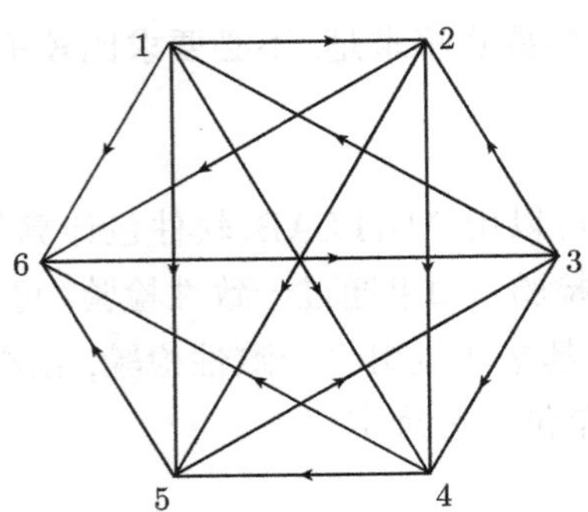

图 14-3　6 支球队的比赛胜负结果

因此, 需寻求更好的方法来排列名次.

14.2.3　问题分析与建立模型

在每条边上都标出方向的图称为**有向图**, 每对顶点之间都由一条边相连的有向图称为**竞赛图**. 只计胜负、没有平局的单循环比赛的结果可用竞赛图表示, 如图 14-3 所示. 问题归结为如何由竞赛图排出顶点的顺序 (相应球队的名次).

14.2.4　竞赛图及其性质, 模型部分求解

首先, 两个顶点的竞赛图容易排出顶点的顺序, 从而排出 1 号球队、2 号球队的名次.

3 个顶点的竞赛图, 在不考虑顶点标号时只有图 14-4(1)、图 14-4(2) 两种情况. 对于图 14-4(1), 三个队的名次排序为 1 号球队为第一名、2 号球队为第二名、3 号球队为第三名, 简记为 {1, 2, 3}. 对于图 14-4(2), 三个队都一胜一负, 他们的名次相同 (实际排名时依据小分排名).

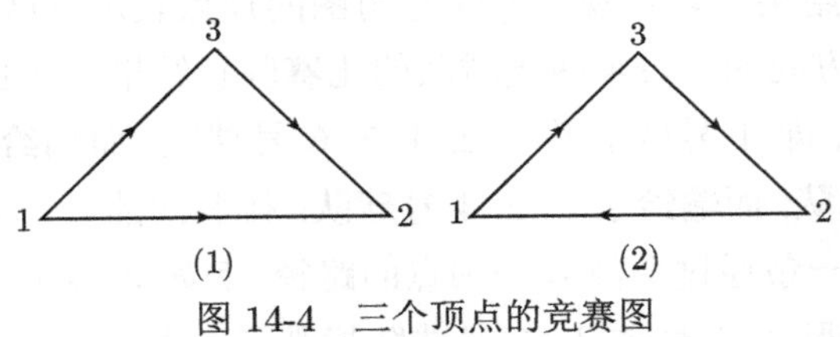

图 14-4　三个顶点的竞赛图

4 个顶点的竞赛图, 在不考虑顶点标号时有图 14-5(1)~(4) 四种情况, 下面分别讨论.

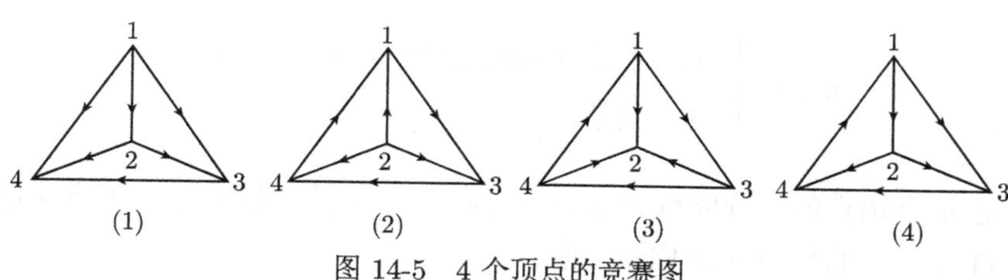

图 14-5　4 个顶点的竞赛图

图 14-5 中 (1) 图有唯一的通过全部 4 个顶点的有向路径 $1 \to 2 \to 3 \to 4$, 这种路径称为**完全路径**. 4 个队得分为 $(3,2,1,0)$, 名次排序显然为 $\{1,2,3,4\}$;

对于图 14-5(2), 2 号球队显然排为第一名, 其余三个球队名次相同 (实际排名时依据小分排名). 4 个队得分为 $(1,3,1,1)$, 名次排序显然为 $\{2,(1,3,4)\}$;

对于图 14-5(3), 2 号球队显然排为第 4 名, 其余三个球队名次相同 (实际排名时依据小分排名). 4 个队得分为 $(2,0,2,2)$, 名次排序显然为 $\{(1,3,4),2\}$;

对于图 14-5(4), 有不唯一的通过全部 4 个顶点的有向路径, 如 $1 \to 2 \to 3 \to 4$, $3 \to 4 \to 1 \to 2$, 无法名次排序. 4 个队得分为 $(2,2,1,1)$, 名次排序只能为 $\{(1,2),(3,4)\}$, 这不合理. 这种情况下面重点研究.

可以看到, 图 14-5(4) 具有图 14-5 中其他三个图所没有的性质, 对于任何一对顶点, 存在两条有向路径 (每条路径有一条或几条边构成), 使两顶点可以相互连通, 这种有向图称为**双向连通图**.

5 个顶点及 5 个顶点以上的竞赛图尽管复杂, 但基本类型只有图 14-5 中的三种, 第一种, 有唯一完全路径的竞赛图; 第二种, 双向连通的竞赛图; 第三种, 不是第一、第二种的其他的竞赛图.

一般地, n 个顶点的竞赛图具有以下性质.

性质 14.2.1　竞赛图必定存在完全路径.

性质 14.2.2　若存在唯一的完全路径, 则由完全路径确定的顶点顺序, 与按得分多少排列的次序相一致. 此处一个顶点的得分指由它按箭头方向引出边的数目.

显然, 性质 14.2.2 给出了第一种类型的竞赛图的名次排序方法, 第三种类型的竞赛图的名次无法排序, 下面解决第二种类型的竞赛图的名次排序.

14.2.5　双向连通竞赛图的名次排序

下面用代数方法研究 $n(n \geqslant 4)$ 个顶点的双向连通竞赛图.

定义竞赛图的邻接矩阵 $\boldsymbol{A} = (a_{ij})_{n\times n}$ 如下:

$$a_{ij}=\begin{cases}1, & \text{存在从顶点}i\text{到顶点}j\text{的有向边},\\ 0, & \text{其他}.\end{cases}$$

若记 n 个顶点的得分向量为 $\boldsymbol{s}=(s_1,s_2,\cdots,s_n)^{\mathrm{T}}$, 其中 s_i 是顶点 i 的得分, 记 $\boldsymbol{e}=(1,1,\cdots,1)^{\mathrm{T}}$ 为 n 维向量, 则

$$\boldsymbol{s}=\boldsymbol{A}\boldsymbol{e}.$$

此式给出了由邻接矩阵计算得分向量的方法.

记 $\boldsymbol{s}=\boldsymbol{s}^{(1)}$, 称为 $n(n\geqslant 4)$ 个顶点的双向连通竞赛图的一级得分向量, 进一步计算

$$\boldsymbol{s}^{(2)}=\boldsymbol{A}\boldsymbol{s}^{(1)},$$

称为 $n(n\geqslant 4)$ 个顶点的双向连通竞赛图的二级得分向量. 每支球队的二级得分是它战胜的各个球队的 (一级) 得分之和, 与一级得分相比, 二级得分更有理由作为排名次的依据. 继续下去, 可以定义 k 级得分向量

$$\boldsymbol{s}^{(k)}=\boldsymbol{A}\boldsymbol{s}^{(k-1)}=\boldsymbol{A}^k\boldsymbol{e},\quad k=1,2,\cdots,$$

k 越大, 用 $\boldsymbol{s}^{(k)}$ 作为排名次的依据就越合理. 如果 $k\to+\infty$ 时 $\boldsymbol{s}^{(k)}$(归一化) 收敛于某个极限得分向量, 则可用此极限得分向量作为排名次的依据.

极限得分向量存在吗? 答案是肯定的, 这是因为对于 $n(n\geqslant 4)$ 个顶点的双向连通竞赛图, 存在正整数 r, 使得邻接矩阵 $\boldsymbol{A}$ 满足 $\boldsymbol{A}^r>\boldsymbol{O}$. 这样的矩阵称为**素阵**. 素阵具有以下性质.

性质 14.2.3 素阵 $\boldsymbol{A}$ 的最大特征根为正单根 λ, λ 对应归一化特征向量 $\boldsymbol{s}$, 且 $\lim\limits_{k\to\infty}\dfrac{\boldsymbol{A}^k\boldsymbol{e}}{\lambda^k}=\boldsymbol{s}$.

与 $\boldsymbol{s}^{(k)}=\boldsymbol{A}\boldsymbol{s}^{(k-1)}=\boldsymbol{A}^k\boldsymbol{e}$ 比较可知, k 级得分向量 $\boldsymbol{s}^{(k)}$(归一化) 当 $k\to+\infty$ 时趋向于 A 的最大特征根 λ 对应归一化特征向量 $\boldsymbol{s}$, $\boldsymbol{s}$ 就是作为排名次依据的极限得分向量.

14.2.6 实例问题的解决

对于图 14-3 给出的 6 支球队的比赛胜负结果, 其竞赛图是双向连通的. 写出邻接矩阵

$$A = \begin{pmatrix} 0 & 1 & 0 & 1 & 1 & 1 \\ 0 & 0 & 0 & 1 & 1 & 1 \\ 1 & 1 & 0 & 1 & 0 & 0 \\ 0 & 0 & 0 & 0 & 1 & 1 \\ 0 & 0 & 1 & 0 & 0 & 1 \\ 0 & 0 & 1 & 0 & 0 & 0 \end{pmatrix}.$$

可以计算出其各级得分向量为

$$s^{(1)} = (4,3,3,2,2,1)^{\mathrm{T}}, \quad s^{(2)} = (8,5,9,3,4,3)^{\mathrm{T}},$$

$$s^{(3)} = (15,10,16,7,12,9)^{\mathrm{T}}, \quad s^{(4)} = (38,28,32,21,25,16)^{\mathrm{T}}.$$

进一步计算出 A 的最大特征根 $\lambda = 2.232$, 归一化特征向量

$$s = (0.238, 0.164, 0.231, 0.113, 0.150, 0.104)^{\mathrm{T}},$$

排名次序为 {1, 3, 2, 5, 4, 6}.

14.2.7 评注

注意定理 14.1.1 和性质 14.2.3 反映的共同性质.

14.3 多阶段生产计划

14.3.1 问题的提出

已知时段 t 某产品的需求量为 $d_t(t = 1, 2, \cdots, T)$, 任一时段如果生产该产品需支付生产准备费 c_0, 而且生产每单位产品的生产成本为 k; 如果满足本时段需求后有剩余, 每时段每单位产品需支付贮存费 h_0. 设每时段最大生产能力为 X_{m}, 最大贮存量为 I_{m}, 并且第 1 时段初有库存量 i_1, 试制订该产品的生产计划, 即每时段的产量, 使 T 个时段的总费用最小.

为了通过具体的计算说明解决这类问题的方法, 可设 $T = 3$, $d_1 = 2$, $d_2 = 1$, $d_3 = 2$ 个单位, $c_0 = 3$ 千元, $k = 2$ 千元/单位,$X_{\mathrm{m}} = 4$ 个单位, $I_{\mathrm{m}} = 3$ 个单位, $i_1 = 1$ 个单位, $h_0 = 1$ 千元/(单位 · 时段).

14.3.2 问题分析与求解

记时段 $t(t=1,2,3)$ 的产量为 x_t, 当 $x_t>0$ 时生产费用为 $c(x_t)=c_0+kx_t=3+2x_t$, 而当 $x_t=0$ 时 $c(0)=0$. 记时段 $t(t=1,2,3)$ 初的贮存量为 i_t, 满足时段 t 的需求量 d_t 后, 时段 $t+1$ 初 (即时段 t 末) 的贮存量为 $i_{t+1}=i_t+x_t-d_t$, 于是时段 t 的贮存费为 $h(i_t)=h_0\cdot(i_t+x_t-d_t)=i_t+x_t-d_t$, 并且 $x_t\leqslant X_{\rm m}=4$, $i_t\leqslant I_{\rm m}=3$.

为了简单地求解这个多阶段生产计划问题, 将此问题由后向前分解为一个个单时段问题.

首先, 考虑最后一个时段 (时段 3), 对于时段 3 初的贮存量 i_3, 记时段 3 的最小费用为 $f_3(i_3)$, 产量为 $x_3(i_3)$. 为了使 3 个时段的总费用最小, 时段 3 末的贮存量显然为 0, 并且时段 3 的产量只需满足需求 $d_3=2$ 即可, 所以可以只考虑 $i_3=0,1,2$ 三种情况, 不难计算出

$$\begin{aligned}&f_3(0)=c(2)=3+2\times2=7,\quad x_3(0)=2,\\&f_3(1)=c(1)=3+2\times1=5,\quad x_3(1)=1,\\&f_3(2)=c(0)=0,\quad x_3(2)=0.\end{aligned}\tag{14.3.1}$$

其次, 考虑倒数第二个时段 (时段 2), 对于时段 2 初的贮存量 i_2, 产量为 x_2, 因为 $d_2=1$, 时段 2 末的贮存量为 i_2+x_2-1, 于是时段 2 的费用为生产费和贮存费之和 $c(x_2)+h(i_2)$, 其中 $h(i_2)=i_2+x_2-1$. 时段 2 和时段 3 的最小费用之和为 $f_2(i_2)$, 时段 3 的最小费用 $f_3(i_3)=f_3(i_2+x_2-1)$, 所以

$$f_2(i_2)=\min_{x_2}\{c(x_2)+h(i_2)+f_3(i_2+x_2-1)\},\tag{14.3.2}$$

$f_2(i_2)$ 的计算见表 14-3, 由 $d_2=1,d_3=2$ 知,$1\leqslant i_2+x_2\leqslant 3$, 自然满足 $x_2\leqslant X_{\rm m}=4, i_2\leqslant I_{\rm m}=3$. 对于每个 i_2, 表 14-3 中 $c(x_2)+h(i_2)+f_3(i_2+x_2-1)$ 的最小值以斜黑体标明, 此为 $f_2(i_2)$, 对应的 x_2 记为 $x_2(i_2)$.

表 14-3 $f_2(i_2)$ 的计算

i_2	x_2	$c(x_2)$	$h(i_2)$	$f_3(i_2+x_2-1)$	$c+h+f_3$	$f_2(i_2),x_2(i_2)$
0	1	5	0	7	12	
0	2	7	1	5	13	
0	3	9	2	0	***11***	$f_2(0)=11,x_2(0)=3$

续表

i_2	x_2	$c(x_2)$	$h(i_2)$	$f_3(i_2+x_2-1)$	$c+h+f_3$	$f_2(i_2), x_2(i_2)$
1	0	0	0	7	**7**	$f_2(1)=7, x_2(1)=0$
1	1	5	1	5	11	
1	2	7	2	0	9	
2	0	0	1	5	**6**	$f_2(2)=6, x_2(2)=0$
2	1	5	2	0	7	
3	0	0	2	0	**2**	$f_2(3)=2, x_2(3)=0$

最后考虑时段 1, 对于时段 1 初的贮存量 i_1, 产量为 x_1, 因为 $d_1=2$, 时段 1 末的贮存量为 i_1+x_1-2, 于是时段 1 的费用为生产费和贮存费之和 $c(x_1)+h(i_1)$, 其中 $h(i_1)=i_1+x_1-2$. 时段 1~2 和时段 3 的最小费用之和为 $f_1(i_1)$, 注意到时段 2 和时段 3 的最小费用 $f_2(i_2)=f_2(i_1+x_1-2)$, 所以

$$f_1(i_1)=\min_{x_1}\{c(x_1)+h(i_1)+f_2(i_1+x_1-2)\}. \tag{14.3.3}$$

$f_1(i_1)$ 的计算见表 14-4, 由 $d_1=2, d_2=1, d_3=2$ 知, $2\leqslant i_1+x_1\leqslant 5$, 自然满足 $x_1\leqslant X_{\rm m}=4, i_1\leqslant I_m=3$. 对于每个 i_1, 表 14-4 中 $c(x_1)+h(i_1)+f_2(i_1+x_1-2)$ 的最小值以斜黑体标明, 此为 $f_1(i_1)$, 对应的 x_1 记为 $x_1(i_1)$.

表 14-4　$f_1(i_1)$ 的计算

i_1	x_1	$c(x_1)$	$h(i_1)$	$f_2(i_1+x_1-2)$	$c+h+f_2$	$f_1(i_1), x_1(i_1)$
1	1	5	0	11	16	
1	2	7	1	7	**15**	$f_1(1)=15, x_1(1)=2$
1	3	9	2	6	17	
1	4	11	3	2	16	

由表 14-4 可知, 3 个时段总费用的最小值为 $f_1(1)=15$, 达到这个最小值的生产计划, 即 3 个时段的产量可如下得到, 由表 14-4, $x_1(1)=2$; 时段 2 初的贮存量 $i_2=i_1+x_1-2=1+2-2=1$, 由表 14-3, $x_2(i_2)=x_2(1)=0$; 时段 3 初的贮存量 $i_3=i_2+x_2-1=1+0-1=0$, 由式 (14.3.1), $x_3(i_3)=x_3(0)=2$, 即最优生产计划是, 3 个时段的产量依次为 $x_1=2, x_2=0, x_3=2$.

结果表明, 最优生产计划是时段 1 生产 2 单位产品, 加上原有的贮存量 1 单位产品, 用以满足时段 1 及时段 2 的需求; 时段 2 不生产; 时段 3 生产 2 单位产品, 满足时段 3 的需求. 显然, 不是每个时段都生产满足本时段的需求产品, 这是由于生产准备费的缘故.

14.3.3 最短路问题

上面对多阶段生产计划问题的求解方法, 本质上是赋权无向图的最短路径问题, 如图 14-6 所示. 对于赋权图的最短路问题, 迪杰斯特拉 (E.W.Dijkstra) 于 1959 年提出了标号法这一有效算法, 实现了这一问题的短时间求解.

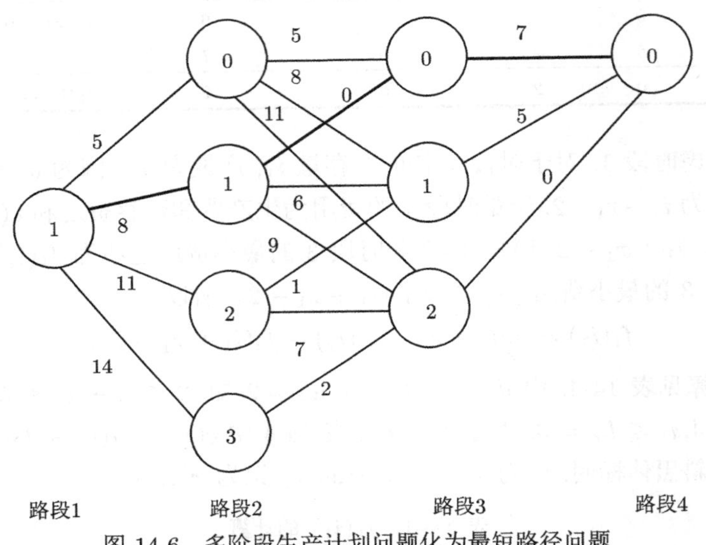

图 14-6 多阶段生产计划问题化为最短路径问题

每时段初的贮存量看作各个路段的不同站点, 路段 1 只有站点 1, 路段 2 有站点 0、站点 1、站点 2、站点 3 共 4 个站点, 路段 3 有站点 0、站点 1、站点 2 共三个站点, 而时段 3 末的贮存量为 0 看作路段 4 的站点 0, 图 14-6 中这些站点用圆圈及里面的数字表示. 从一个路段的每一站点可以到达下一路段的哪一站点, 由时段初的贮存量、本时段的生产量及需求量确定, 图 14-6 中用站点间的直线段连接, 再将本时段的生产费与贮存费之和作为两站点间的距离, 标在站点间的连线旁. 这样, 求各时段生产计划使总费用最小, 就化为从路段 1 的站点 1 到路段 4 的站点 0 的一条最短路径.

最短路径问题先从后向前求解, 路段 3 每个站点到路段 4 的站点 0 的最短距离相当于式 (14.3.1) 中的 $f_3(i_3)$, 相应的路径为 $x_3(i_3)(i_3=0,1,2)$; 路段 2 每个站点到路段 4 的站点 0 的最短距离相当于式 (14.3.2) 中的 $f_2(i_2)$, 相应的路径为 $x_2(i_2)(i_2=0,1,2,3)$; 路段 1 每个站点到路段 4 的站点 0 的最短距离相当于表 14-4 中的 $f_1(1)$, 相应的路径为 $x_1(1)$. 再从前向后确定最短路径: $i_1=1$, $x_1(1)=2\rightarrow i_2=1$, $x_2(1)=0\rightarrow i_3=0$, $x_3(0)=2\rightarrow i_4=0$, 即图 14-6 中粗线标

出的路径. 可以看出, 这种方法不仅找到了从起点到终点的最短距离与最短路径, 而且表 14-3、表 14-4 中计算的 $f_3(i_2)$, $x_3(i_2)$, $f_1(i_1)$, $x_1(i_1)$ 给出了从路段 2、路段 1 每个站点到路段 4 的站点 0 的最短距离和最短路径.

以上方法基于这样一个事实, 如果 $i_1=1\to i_2=1\to i_3=0\to i_4=0$ 是从 $i_1=1$ 到 $i_4=0$ 的最短路径, 那么它的任一子路径, 如 $i_2=1\to i_3=0\to i_4=0$ 是从 $i_2=1$ 到 $i_4=0$ 的最短路径.

14.3.4 确定需求下多阶段生产计划的一般模型

对于寻求 T 个时段生产计划使总费用最小的问题, 仍采用上面关于生产量、需求量、贮存量、生产费、贮存费及最大生产量、最大贮存量的记号, 求解方法如下.

第一步, 根据对时段 T 末贮存量的要求, 确定 $f_{T+1}(i_{T+1})$ (本问题中取 0);

第二步, 时段从后向前地计算最小费用, 按下列公式递推:

$$\begin{aligned}&f_t(i_t)=\min_{x_t}\{c(x_t)+h(i_t)+f_{t+1}(i_{t+1})\},\quad i_{t+1}=i_t+x_t-d_t,\\&x_t\leqslant X_{\mathrm{m}},i_t\leqslant I_{\mathrm{m}},\quad t=T,T-1,\cdots,1,\end{aligned}\tag{14.3.4}$$

得到从时段 t 到时段 T 的最小费用 $f_t(i_t)$ 及相应的 $x_t(i_t)$, 若时段 1 初的贮存量为 i_1, 则 $f_1(i_1)$ 为 T 个时段总费用的最小值;

第三步, 时段从前向后地确定最优生产计划, 已知 i_1, 由 $x_t(i_t)$ 及 $i_{t+1}=i_t+x_t-d_t$ 得到 x_t, $t=1,2,\cdots,T$.

14.3.5 随机需求下多阶段生产计划问题

如果每个时段的需求量是随机的, 那么对于确定的生产量, 各时段的贮存量也是随机的, 于是贮存费乃至总费用都是随机的. 因此这一优化问题的目标函数应该是总费用的数学期望值最小, 此随机优化问题可以用随机动态规划求解. 事先对各时段的各种需求的概率明确的话, 各时段贮存费的数学期望就能计算. 余下同确定需求下多阶段生产计划的计算一样得到 T 个时段总费用的数学期望的最小值. 达到这个最小值的生产计划, 应依据上一时段的需求量是随机的, 从而下一时段的贮存量也是随机的, 通过分析确定.

注意确定性需求下得到的最优生产计划在开始时就完全确定了, 而随机性需求下得到的最优生产计划只有当每个时段初的贮存量知道后才能确定, 这是两者的根本区别.

设需求量为 1 单位, 2 单位的概率分别为 1/3, 2/3, 利用上面第二时段中的数据, 请同学们课后计算 3 个时段总费用的数学期望的最小值, 确定达到这个最小值的生产计划.

14.3.6 评注

上面寻求多阶段生产计划的方法称为**动态规划**, 它是求解多阶段优化决策问题的有效工具.

建立动态规划模型的主要步骤为: 划分阶段, 定义状态 (如贮存量) 和决策 (如生产量), 建立状态转移律 (如 $i_{t+1} = i_t + x_t - d_t$), 确定允许状态集合和允许决策集合 (如 $x_t \leqslant X_{\mathrm{m}}$, $i_t \leqslant I_{\mathrm{m}}$); 列出最优方程并确定终端条件 (如式 (14.3.4) 及 $f_{T+1}(i_{T+1})$), 其中如何选择状态是关键的一步, 状态应能描述过程的特征, 可以直接或间接观测并且具有无后效性, 即当某阶段的状态给定后, 过程以后的演变与该阶段以前的状态无关.

动态规划模型常用来求解经济管理中的货物贮存、设备更新、资源分配、任务均衡、水库调度、系统可靠性等问题, 在离散系统最优控制中也有广泛的应用.

在 12.3 节介绍了商人安全渡河问题, 请同学们用动态规划方法或最短路原理重新解决.

14.4 灾区慰问路线确定

1998 年夏季, 我国长江、嫩江、松花江流域的广大地区遭受了特大水灾. 作为 1998 年全国大学生数学建模竞赛 B 题的“灾情巡视路线”问题就是在这样的背景下构思而成的.

14.4.1 问题提出

某县遭受水灾, 为了解灾情, 组织自救, 县政府决定派有关部门到全县各乡镇、村巡视. 巡视路线指从县政府所在地出发, 走遍各乡 (镇)、村又回到县政府所在地的路线 (该县公路交通网络见图 14-7).

(1) 若分 3 组巡视, 试设计总路程最短且尽可能均衡的巡视路线.

(2) 假定巡视人员在各乡 (镇) 停留时间 $T = 2$ h, 在各村停留时间 $t = 1$ h, 汽车行驶速度为 $V = 35$ km/h. 要在 24 h 内完成巡视, 至少分几组, 给出这种分组下最佳巡视路线.

(3) 在上述有关 T, t, V 的假定下, 如果巡视人员足够多, 完成巡视的最短时间是多少, 给出在这种最短的时间完成巡视要求下, 你认为最佳的巡视路线.

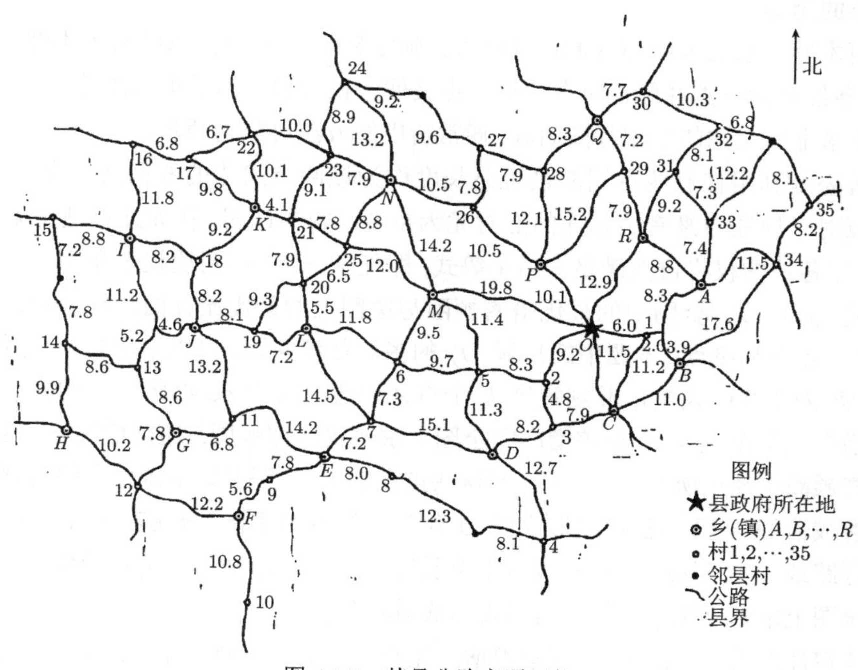

图 14-7　某县公路交通网络

14.4.2　假设

(1) 公路不考虑等级差别, 也不受灾情或交通情况的影响;

(2) 各条公路段上汽车行驶速度可以认为是均匀的;

(3) 各巡视组巡视的乡 (镇) 村不受行政区划的影响, 即某乡 (镇) 与隶属于它的村不一定要分在同一组内;

(4) 各巡视组保持统一行动, 即不允许一个巡视组再分成若干小组.

14.4.3　问题分析

这是一类图上的点的行遍性问题, 也就是要用若干条闭链覆盖图上所有的顶点, 并使某些指标达到最优.

点的行遍性问题在图论和组合最优化中分别称为**哈密顿问题**和**旅行商问题**. 所谓哈密顿问题, 就是研究图中是否存在经过所有顶点恰好一次的圈或路, 这种

圈或路 (如果存在) 分别称为哈密顿圈和哈密顿路, 简称为 **H 圈**和 **H 路**. 而旅行商问题通常是指在赋权图上经过所有顶点至少一次, 且使总长度 (即边权之和) 达到最小的闭链.

而本题所求的分组巡视的最佳路线, 则与多旅行商问题 (MTSP) 类似, 也就是 m 条经过同一点并覆盖所有其他顶点又使边权之和达到最小的闭链.

求解非完全图的多旅行商问题, 通常所用的方法可分为两步.

首先是利用任意两点间的最短路长度作为该两点间边的权构造一个完全图. 这一点对于原图中没有边相连的点对尤为重要. 容易证明, 在如此构造出来的完全图中, 各边的权将自然满足三角不等式, 即任意三点间, 两边权之和不小于第三边的权, 并且该完全图中的最优哈密顿圈与原图上的最优旅行商路线等价. 第二步, 以一点为起终点 (本题中的县城 O) 的多旅行商问题, 可以采用将该点视作 k 个点 (k 为旅行商人数), 并规定这 k 个点之间边的权为 ∞,再将前述的完全图拓展成增广完全图. 然后, 在该增广完全图上求最优哈密顿圈. 通常情况下, 这个最优哈密顿圈将经过所有点各一次, 而这些点在圈上又不相邻. 因此, 它们将把这个圈分解成恰好 k 段. 这 k 段形成以 O 作为起终点的闭链, 分别对应 k 个旅行商的旅行路线. 并且这些旅行路线对于总长度最短的目标来说一定是最优的. 在拓展完全图上求解最优哈密顿圈可以表示成 0-1 规划.

值得注意的是, 用 0-1 规划求得增广完全图上的最优解, 也就是多旅行商问题的最优解, 能使 k 条旅行路线的总路程达到最小, 但是这 k 条路线的均衡性可能相当差. 因此, 当要求均衡性较好的解还需要做大量的调整工作.

哈密顿问题和旅行商问题都属 NP 完全类, 即问题的求解没有多项式时间算法. 对于本题的规模 (包括县城共有 53 个点, 再加上构造增广完全图时添加的 $k-1$ 个点), 要想求得真正的最优解是不现实的. 为此只能采用启发式算法, 求得近似最优解.

单旅行商问题的近似算法, 有分枝定界、最小插入、最小生成树、对换调优、最近邻点、神经网络、模拟退火、遗传算法等方法. 容易证明, 单旅行商的最优路线长度, 必定是多旅行商最优路线总长度的下界. 已知的一条原图的单旅行商最优路线的近似解为 O–P–29 –R–31–33–A–34–35–32–30–Q–28–27–26–N–24–23–21–K–22–17–16–I–15 –I–18–J–19–L–20–25–M–6–7–E–11–G–13–14–H–12–F–10–F–9–E–8–4–D–5–2–3–C–B–1–O, 其长度为 514 km.

14.4.4　问题 1 的解决

问题 1 是要求设计分三组巡视时使总路程最短且各组尽可能均衡的巡视路线，有两个目标. 若记三组的巡视路线长度从小到大分别为 C_1, C_2, C_3，则该两目标的数学表达式为 $\min(C_1+C_2+C_3)$ 和 $\min(C_3-C_1)$. 但是这两个目标又是相互矛盾的，也就是不可能同时达到最小. 因此具体求解时，应两者兼顾，用多目标的方法处理. 为简单起见，根据实际问题灾情巡视的背景，一种较为合理的考虑是转换成一个目标函数，即 $\min C_3$. 由问题分析可知，可以认为仅仅一组巡视，而另外两组不动，这时总路程最短，但这样均衡性极差. 为转化问题，加入两个虚拟点代表县城，则求三组的问题可以转化为对 55 个点求一组的路线问题. 对一组的路线的求解可化为"货郎担"问题，可通过经典的求"货郎担"问题的近似算法进行求解. 但通过计算机的求解发现这三个县城点在整个路线中相邻很近，很难给出规则保证三个点在整个路线中的均衡性. 因此考虑将该图分为三个区域，分别对每个区域进行求解，则问题的关键就转化为如何对图进行区域划分.

方法一，直接判断法. 对给出的图可以直观地进行分块，手工给出其初始解. 很显然，由于县城位置偏向一边，则若分为三组，县城远离的一边分为两块的可能性比临近县城的一边大得多. 这样可以得到手工给出的分为三组巡视的路线及所走的路程如下：

I: O–1–B–A–34–35–33–31–32–30–Q–28–27–26–P–29–R–O, 168 km;

II: O–M–N–24–23–22–17–16–I–15–I–18–K–21–20–25–M–O, 176.7 km;

III: O–2–5–6–7–L–19–J–11–G–13–14–H–12–F–10–F–9–E–8–4–D–3–C–O, 2-237.5 km.

各组所走路程总和为 582.2 km，均衡度为 0.34.

方法二，逐步加入法. 该方法的思想为任取最外围一点，以逆时针为搜索方向，假定搜索尽量走方向变化最小的路线，即先加入本区域最外围的点，然后在内部逐步加入新的点，最后得到本区域的所有点.

该方法首先必须确定巡视要分为几组，并且规定各组必须经过县城，然后用上述方法确定各区域的范围. 以这种方法得到三组巡视的路线及所走的路程如下：

I: O–C–B–A–34–35–32–30–Q–29–R–31–33–A–1–O, 136.5 km;

II: O–P–28–27–26–N–24–23–22–17–16–I–15–I–18–K–21–20–25–M–O, 191.1 km;

III: O–2–3–D–4–8–E–9–F–10–F–12–H–14–13–G–11–J–19–L–7–6–5–2–O,

232.1 km.

各组所走路程总和为 559.7 km, 均衡度为 0.54.

方法三, 基于最小生成树的深度优先搜索法. 根据逐步加入法所得的结果, 规定每组所走路程的上限; 选择最小生成树中任一点为起点, 将该点与 O 点的最短路程赋值进行深度优先搜索. 三组巡视的路线及所走的路程如下:

I: O–1–B–A–34–35–33–31–32–30–Q–29–R–O, 125.5 km;

II: O–P–28–27–26–N–24–23–21–K–22–17–16–I–15–I–18–J–19–L–20–25–M–O, 212.2 km;

III: O–2–3–D–5–6–7–E–11–G–13–14–H–12–F–10–F–9–E–8–4–D–3–C–O, 215.9 km.

各组所走路程总和为 553.6 km, 均衡度为 0.49.

方法四, 启发式算法. 以上求出的路线都是没有考虑均衡情况下的解, 因而可以采用启发式算法对初始路线进行调整, 从而减小均衡度即提高各组巡视路程的均衡程度以获得满足要求的较佳路线. 采用如下边界调整法对初始路线进行调整, 边界调整主要目标就是在边界对各区域进行调整, 以提高各组的均衡程度. 比较上述几种方法生成的路线, 这里主要对方法三的路线进行调整. 对调整规定如下准则:

(1) 为增强相邻区域的可调整性, 规定首先对相邻边界点较多的两区域进行调整;

(2) 优先对路线路程最小的区域 I 和路线路程最大的区域 III 之间进行调整, 若区域之间的相邻点相对较少, 则通过第三个区域 II 进行 I, II 和 III, II 之间的调整进行;

(3) 规定调整结束的标志为距离均衡度小于 0.2.

根据以上准则, 方法三的路线调整后得到的优化路线及所走的路程如下:

I: O–C–B–A–34–35–32–30–Q–28–27–26–P–29–R–31–33–A–1–O, 179.0 km;

II: O–M–N–24–23–21–K–22–17–16–I–15–I–18–J–19–L–20–25–M–O, 197.7 km;

III: O–2–5–6–7–E–11–G–13–14–H–12–F–10–F–9–E–8–4–D–3–2–O, 210.5 km.

各组所走路程总和为 587.2 km, 均衡度为 0.16.

14.4.5 问题 2 的解决

原图的单旅行商路线长度是分组巡视总路程的下界, 而已知的单旅行商路线长度均在 500 km 以上, 因此各组花在汽车行驶上的时间之和将超过 14 h, 加上在

各乡 (镇)、村的停留时间 69 h, 各组所需时间之和将大于 83 h. 若分成三组, 就不可能在 24 h 内完成巡视. 于是, 所求的最小分组数为 4.

若记 C_j 为第 j 组的巡视路线长度, m_j, n_j 分别为该组停留的乡 (镇) 和村数, 则第 j 组所花时间为 $h_j = 2m_j + n_j + C_j/V(j = 1, 2, 3, 4)$. 同问题 1, 最佳要求还是两目标, 即 $\min(h_1 + h_2 + h_3 + h_4)$ 和 $\min\{\max\limits_j h_j\}$.

假若仍然以后者作为主要目标来考虑, 那么乡村数的均衡性和各组路程的均衡性就依然是分组的主要依据, 参照问题一求解的方法和所得的结果, 并对各组的交界作适当的调整, 用计算机搜索的方法容易得到较好的解. 一个比较好的分组方案为

I: O–C–3–D–4–8–E–9–F–10–(F–9–E)–7–6–5–2–O, $C_1 = 158.8$ km, $h_1 = 21.54$ h;

II: O–(2–5–6)–L–19–J–13–14–H–12–G–11–(J–19)–20–25–M–O, $C_2 = 176.3$km, $h_2 = 22.04$ h;

III: O–(P)–28–27–24–23–22–17–16–I–15–(I)–18–K–21–(23)–N–26–(P)–O, $C_3 = 180.3$ km, $h_3 = 22.15$ h;

IV: O–1–B–34–35–32–30–Q–29–R–31–33–A–(1–O)–P–O, $C_4 = 146.1$ km, $h_4 = 22.17$ h.

以上各组巡视路线中括号的点为只经过不停留的点, 各组的巡视时间均在 22 左右, 极差仅 0.23 h, 以 $\min\{\max\limits_j h_j\}$ 为标准而言, 是已知的最好方案之一.

14.4.6　问题 3 的解决

问题 3 是在上述时间参数假设下, 如果有足够多的巡视人员, 要求出完成巡视的最短时间, 并给出在最短时间限制下的最佳巡视路线.

事实上, 完成巡视的最短时间受到单独巡视离县城最远的乡 (镇) 所需时间的制约. 采用图上求最短路径的 Dijkstra 算法, 可以求得从县城到各点的距离. 离县城最远的乡为 H 点, 距离为 77.5 km. 因此, 单独巡视该乡所需时间为 $h_{\mathrm{H}} = 77.5 \times 2/35 + 2 = 6.43$ (h)(离县城最远的村为 14, 若单独巡视所需时间要小于 6.43 h), 即使人员足够多, 分组再细, 完成巡视至少需要 6.43 h. 于是, 问题便成为在 6.43 h 内完成巡视所需的最少分组数和巡视方案.

容易验证, 要在 6.43 h 内完成巡视, 有些点 (如 I, J, H) 只能单独作为一组, 时间不允许在别的乡村停留. 而绝大部分乡村可以和其他乡村分在同一组内, 并在限定时间内完成巡视.

把能够放在同一组内巡视的乡村称为一个可行集, 这种可行集是原图点集 V 的一个子集. 显然, 原题所求的最少分组数便是点集的可行集最小覆盖问题. 同旅行商问题一样, 子集覆盖问题也属 NP 完全类. 因此求该问题的最优解也是在短时间内做不到的. 采用计算机作近似搜索仍不失为较常用的办法. 关于该问题的研究, 见华东理工大学俞文魮教授在《数学的实践与认识》发表的文章, 此文章还证明了本题的最小覆盖数为 22. 参照点在图中从县城出发的最短路树上的位置, 采用就近归组的搜索方法, 容易得到最优解 22 组的分组方法及相应的巡视路线, 见表 14-5.

表 14-5 最优解 22 组的分组方法及相应的巡视路线

组号	巡视乡 (镇)、村	巡视路线	巡视时间/h
1	H	O–H–O	6.43
2	14, 13	O–14–13–O	6.15
3	15, 16	O–15–16–O	6.31
4	12, 11	O–12–11–O	5.94
5	10, 8	O–10–8–O	6.22
6	G	O–G–O	5.58
7	I	O–I–O	5.49
8	F, 9	O–F–9–O	6.15
9	J, 18	O–J–18–O	6.30
10	17, 22, 23	O–17–22–23–O	6.12
11	19, L	O–19–L–O	5.64
12	24, K	O–24–K–O	6.15
13	E, 7, 6	O–E–7–6–O	6.38
14	21, 20, 25	O–21–20–25–O	5.45
15	35, 34, A	O–35–34–A–O	6.06
16	30, Q, 28	O–30–Q–28–O	6.11
17	4, D, 5	O–4–D–5–O	6.18
18	N, 26, 27	O–N–26–27–O	6.22
19	32, 31, 33	O–32–31–33–O	4.98
20	P, 29, R	O–P–29–R–O	6.32
21	2, 3, M	O–2–3–M–O	5.67
22	1, B, C	O–1–B–C–O	5.98

14.4.7 进一步的问题

在巡视组数已定的情况下尽快完成巡视, 讨论参数 T, t 和 V 的改变对最佳巡视路线的影响.

14.4.8　模型的应用

某市市区有如图 14-8 所示的交通线路和公交站点图, 公交站点早已设定 (所有的公交站点已经考虑了居民点、商场、医院、学校、工厂等), 由于道路的规划已定, 所以不可以随意增加新的公交站点, 而且也不需要设定新的公交站点. 相邻站点间的距离如图 14-8 已知, 要求设计出合理的公交线路, 在公交车平均车速为 20 km/h. 途中每站用于上下客的平均停留时间为 20 s 的假设下, 使每条公交线路总用时不超过 40 min(注：从始发站到终点站), 且几组公交线路的总路程较小, 均衡度较低.

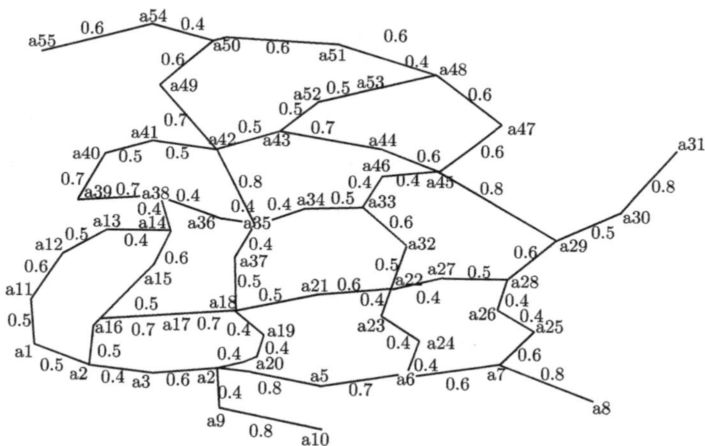

图 14-8　某市市区交通线路和站点图

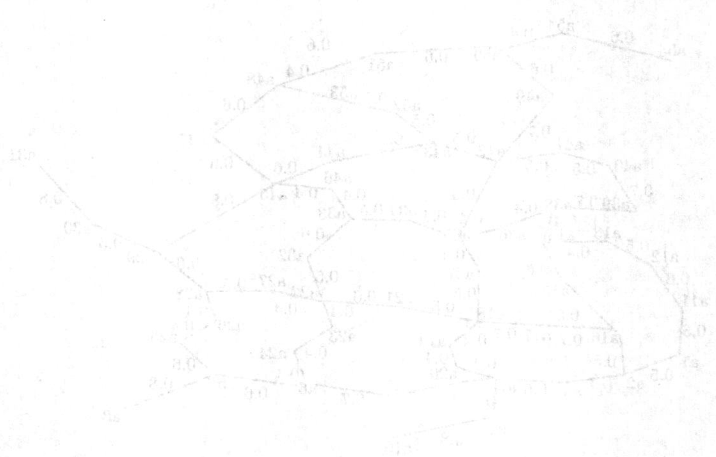

第三篇　研究性学习与课程设计

第 15 章 研究性学习

在数学实验或数学建模的学习过程需要学生们相互讨论、相互合作, 在此基础上完成实验或建立模型解决问题. 无论是讨论还是合作, 都是在教师引导下的学习. 在教师指导下的讨论与合作, 莫过于研究性学习.

本章首先, 介绍研究性学习的概念、要求与特点、教学中的注意事项; 其次, 对艾滋病的治疗效果这一问题通过运用数理统计的原理, 利用数学实验和数学建模的方法和技巧, 研究艾滋病治疗方案的疗效; 最后, 对三次函数的图形归纳, 利用导数研究极值 (包括极大值和极小值), 寻找一元三次方程有 1, 2, 3 个实根的充要条件.

15.1 研究性学习概述

研究性学习是同学们在老师指导下, 从课程学习和社会实践中选择和确定研究专题, 主动地获取知识、应用知识、解决问题的一种学习活动. 研究性学习与社会实践、社区服务、技术技能教育共同构成“综合实践活动”. 研究性学习不同于一般的综合课程, 虽然在很多情况下, 它涉及的知识是综合的, 但是它不是几门学科综合而成的课程. 不等同于实践实验课程, 虽然它是学生开展自主活动, 但它不是一般的学习活动, 而是以科学研究为主的课题研究活动. 它也不等同于案例课程, 虽然也以问题为载体, 但不是接受性学习, 而是以研究为主要学习方式的教学环节.

研究性学习强调知识的联系和运用, 同学们通过研究性学习, 不但知道如何运用学过的知识, 还会很自然地在已经学过的知识之间建立一定的联系, 而且为了解决问题还会主动地去学习新的知识.

“研究”这个词本身就具有挑战性, 而学生们的选题往往是平时自己最感兴趣

的, 这样就能充分调动学生的学习积极性. 与同学们熟悉的学习方式相比, 研究性学习对同学们提出了完全不同的要求:

在研究性学习中“学什么”要由同学们自己选择; 在研究性学习中“怎么学”要由同学们自己设计; 在研究性学习中“学到什么程度”要由同学们自己作出预测和规定.

研究性学习是教育科研领域中一个崭新的课题, 为了进一步阐明研究性学习的内涵与范畴, 有必要总结研究性学习的几个特点.

(1) 重视问题的提出和解决. 在研究性学习中, 老师会要组织学生从学习和生活中选择和确定他们感兴趣的研究专题, 去发现问题和提出问题, 这些问题可以是课堂内教材内容的拓展延伸, 也可能是对校外各种自然和社会现象的探究; 可以是纯思辨性的, 也可以是实践操作的; 可以是已经证明的结论, 也可以是未知的知识领域. 在研究性学习中, 问题是同学们学习的重要载体, 同学们在解决问题的过程中会涉及多种知识, 这些知识的选择、积累和运用完全以问题为中心, 呈现横向的、相互交叉的状态.

(2) 重视学生的自主学习. 研究性学习主要不是学习书本知识, 而是强调学生动手动脑的实践过程, 它不能依靠教师传授知识和技能, 而是强调学生自主学习的行为与过程.

(3) 重视学生之间的交流与协作. 由于研究性学习是问题解决的学习, 学生面临的是复杂的综合性问题, 这就需要依靠同学之间分工协作. 这时, 协作既是学习的手段, 也是学习的目的, 通过协作学习和研究, 同学之间可以相互取长补短, 取得高质量的成果, 与此同时, 在共同参与的过程中, 同学们还需要了解小组其他同学的个性, 学会相互交流、协作. 这种交流、协作包括交流、协作的精神与交流、协作的能力. 例如, 彼此尊重、理解以及容忍的态度, 表达、倾听与说服他人的方式方法, 制订并执行合作研究方案的能力等.

对于研究性学习过程, 老师会简要介绍问题产生的背景, 介绍可能用到的数学理论和研究方法, 提出需要研究或讨论的问题, 老师会要求同学们自己观察、自己尝试、自己得出结论. 老师在学生动手研究中应了解学生的思维进程, 对考虑不周或方法错误的学生或小组会及时帮助, 对遇到困难的学生或小组会加以引导, 对问题研究意见不统一的小组通过梳理各种意见帮助统一意见.

15.2 艾滋病治疗方案的疗效

15.2.1 问题产生的背景与研究性学习目的

艾滋病 (acquired immune deficiency syndrome, AIDS) 已经成为威胁全人类的重大传染病, 艾滋病是由艾滋病病毒 (医学全称为“人类免疫缺陷病毒”(human immunodeficiency virus, HIV)) 引起的. 这种病毒破坏人的免疫系统, 使人体丧失抵抗各种疾病的能力, 从而严重危害人的生命. 人类免疫系统的 CD4 细胞在抵御 HIV 的入侵中起着重要作用, 当 CD4 被 HIV 感染而裂解时, 其数量会急剧减少, HIV 将迅速增加, 导致 AIDS 发作. 自 1987 年 3 月第一种艾滋病病毒药物齐多夫定 (zidovudine, AZT) 问世以来, 已通过美国食品与药物管理局 (Food and Drug Administration, FDA) 批准用于艾滋病临床治疗的药物有 4 大类 27 种. 艾滋病患者的抗病毒治疗方案也从最初的 AZT 单药治疗, 过渡到 AZT、去羟肌苷 (didanosine, ddi)、司坦夫定 (stavudine, D4T)、拉米夫定 (lamivudine, 3TC) 的二联组合治疗, 到现在的高效抗反转录病毒治疗 (highly active anti-retroviral therapy, HAART).

1996 年, HAART 用于临床, 从此艾滋病的发病和死亡率明显下降, 患者的免疫功能得到重建, 生存质量得到明显的改善. 但是 HAART 只能控制 HIV 的复制, 不能将感染者体内的病毒完全清除, 需要长期或终身服药. 同时, 药物毒副作用、耐药性、依从性等问题也限制了它的应用. 研究者致力于更安全、有效的治疗性疫苗的研究, 以期能代替 HAART. 但就目前的研究进展来看, HAART 仍是目前和今后一段时间内艾滋病最主要和最有效的治疗手段. 人感染艾滋病病毒后会经历急性感染期、无症状期、持续性淋巴结肿大期和症状期四个时期. 为尽量减少 HAART 方案的不足, 优化治疗方案, 提高疗效, 何时开始进行抗病毒治疗、选择哪种治疗方案显得尤为重要, 问题的解决需要建立在对于疗效科学预测的基础之上.

根据资料和数据显示, HIV 和 CD4 存在很强的相关性. 一般情况下, CD4 增加到最大的时候, HIV 都会降低到最低点. 艾滋病治疗的目的, 就是要尽量减少人体内 HIV 的数量, 同时产生更多的 CD4, 至少要有效地降低 CD4 减少的速度, 以提高人体免疫能力. 研究发现, 血浆病毒载量和 CD4+T 淋巴细胞计数 (简称 CD4 数量, 这里用 CD4 表示) 是影响艾滋病进展的最主要因素, 也是选择开始治疗时机的主要参考指标.

同学们已经学习了常微分方程、数理统计等课程，正在学习数学实验与数学建模课程. 希望结合数学实验与数学建模的学习对艾滋病治疗方案的疗效进行研究，利用统计方法，通过若干阶段的研究来解决问题，自主地去探讨解决方案.

应当说明, 研究性学习所选问题的解决需要多方面的知识, 不能仅体现一门课程的主要内容、方法.

15.2.2 问题解读

2006 年，全国大学生数学建模竞赛 B 题提供了美国艾滋病医疗试验机构 ACTG 公布的两组数据 ACTG320 和 193A(2006 年赛题 B2006data.rar,http://mcm.edu.cn/html_cn/node/4ff8658168ed87e39752486e4c05bda5.html). ACTG 320(见 B2006data.rar 附件 1) 是同时服用齐多夫定、拉米夫定和茚地那韦 (indinavir)3 种药物的 300 多名病人每隔几周测试的 CD4 和 HIV 的浓度 (每毫升血液里的数量). 193A(见 B2006data.rar 附件 2) 是将 1300 多名病人随机地分为 4 组, 每组按下述 4 种疗法中的一种服药, 大约每隔 8 周测试的 CD4 浓度 (这组数据缺 HIV 浓度, 它的测试成本很高). 4 种疗法的日用药分别为：600 mg 齐多夫定或 400 mg 去羟肌苷, 这两种药按月轮换使用; 600 mg 齐多夫定加 2.25 mg 扎西他滨 (zalcitabine); 600 mg 齐多夫定加 400 mg 去羟肌苷; 600 mg 齐多夫定加 400 mg 去羟肌苷, 再加 400 mg 奈韦拉平 (nevirapine).

对艾滋病治疗方案的疗效进行研究性学习的实践, 主要解决以下三个问题：

问题 1 利用 B2006data.rar 附件 1(下简称附件 1) 的数据, 预测继续治疗的效果, 或者确定最佳治疗终止时间 (继续治疗指在测试终止后继续服药, 如果认为继续服药效果不好, 则可选择提前终止治疗);

问题 2 利用 B2006data.rar 附件 2(下简称附件 2) 的数据, 评价 4 种疗法的优劣 (仅以 CD4 为标准), 并对较优的疗法预测继续治疗的效果或者确定最佳治疗终止时间;

问题 3 艾滋病药品的主要供给商对不发达国家提供的药品价格如下：600 mg 齐多夫定 1.60 美元, 400mg 去羟肌苷 0.85 美元, 2.25 mg 扎西他滨 1.85 美元, 400 mg 奈韦拉平 1.20 美元. 如果病人需要考虑 4 种疗法的费用, 对问题 2 中的评价和预测 (或者提前终止) 有什么改变.

利用统计方法对所给数据中的病人进行分类, 运用数学实验的方法和数学建模的技巧对各类病人的疗效进行分析处理, 预测继续治疗的效果或者确定最佳治

疗终止时间, 评价 4 种疗法的优劣. 在此基础上解决三个问题.

解决艾滋病治疗方案的疗效问题的重点和关键在于如何对所给数据中的病人进行分类, 难点在于对数据的分析和处理.

15.2.3 艾滋病治疗方案的疗效问题的研究性学习步骤与方案

根据以上分析, 设计如下研究性学习步骤与实施方案.

第一步, 对于问题 1, 利用附件 1 给出的数据, 预测继续治疗的效果或者确定最佳治疗终止时间.

附件 1 给出了 300 多名病人的测量数据. 要根据此来预测继续治疗的效果, 那么则需要对这么多数据进行分析和处理.

建议 1 通过观察数据, 同学们能不能发现什么规律?

观察数据, 最常用的方法就是画出数据的散点图. 通过观察可以发现, CD4 和 HIV 的浓度是没有规律的, 有的是随着时间的变化而增加, 有的是随着时间的变化而减少, 有的则是随着时间的变化而震荡, 即有增有减. 于是便自然而然考虑到将这些数据进行分类.

建议 2 如何进行分类呢?

可以考虑按照 CD4 浓度来分类, 但是 CD4 浓度一样时, HIV 浓度是不同的. 所以按照 CD4 浓度来分明显是不可行的. 同理, 以 HIV 浓度进行分类也是不科学的. 题目中说到艾滋病治疗的目的, 是"尽量减少人体内 HIV 浓度, 同时产生更多的 CD4". CD4 和 HIV 浓度是成反比的. 要同时兼顾两方面, 于是考虑用 CD4 浓度和 HIV 浓度的比值来进行分类, 记其比值为 α, 画出 α 的散点图. 由于散点图杂乱无章, 没有规律, 不好进行处理, 所以将数据按 CD4 浓度递增的顺序重新排列, 画出散点图. 可以发现 α 是有规律的, 起始阶段增长缓慢, 然后以较快的速度增长, 最后以极快的速度增长. 可以将病人分成三类: 早期病人、中期病人和晚期病人. 找出 α 的临界点, 下面依次对各个阶段的病人进行分析处理.

建议 3 思考如何对各个阶段病人进行处理?

由于数据量非常庞大, 对于建立模型以及求解都是很困难的, 所以对数据进行压缩处理也是一个非常重要的环节. 观察附件 1 中的数据, 发现测量周期一般在 0 周、4 周、8 周左右出现的概率比较大, 还有些没有测量数据. 这些无疑对建立模型造成了阻碍, 所以试着将测量周期出现概率很小的以及测量数据不完整的数据剔除, 再进行考虑, 此时画出散点图便可以很容易地发现规律. 用这些剩余的数据进行曲线拟合, 观察曲线, 便可以得出结果, 即最佳治疗终止时间.

要求：同学们自由组合，三个人成立一个研究性学习小组，利用课后时间仔细地用 MATLAB 软件对数据进行分析、处理，以寻找规律，将数据分类. 开始着手写报告，写出问题 1 的模型假设以及模型的建立和求解过程，同时对问题 2 进行思考.

第二步，各小组汇报完成情况以及在完成过程中存在的问题，老师检查各小组撰写的报告并指出其中的不足之处，达到各小组之间相互借鉴的目的.

然后考虑问题 2，利用附件 2 给出的数据，评价 4 种疗法的优劣 (仅以 CD4 为标准)，并对较优的疗法预测继续治疗的效果，或者确定最佳治疗终止时间.

建议 4 *问题 2 与问题 1 有哪些区别?*

附件 2 中没有给出 HIV 浓度，但是给出了病人的年龄；问题 1 只要求对一种疗法进行评价，问题 2 则要对 4 种疗法进行比较；因为没有给出 HIV 浓度，所以就不能像问题 1 那样，选取 CD4 浓度和 HIV 浓度的比值来进行分类，因此要选取新的分类方法.

建议 5 *通过前面的研究，你们对问题 2 有什么想法或者有什么思路?*

因为有 4 种疗法，所以需要对 4 种疗法分别考虑，所以将 4 种疗法的数据分别提取，制成 4 个表格；还有，附件 2 中给出了病人的年龄，所以有必要对年龄进行分析，考虑年龄对治疗的影响.

建议 6 *如何考虑年龄对治疗的影响呢?*

因为数据量的庞大，所以考虑选取一部分数据来分析，当然这一部分数据必须是有代表性的，这里选取病人在第 0 周的数据进行分析.

对于疗法一，画出在第 0 周的年龄和 CD4 浓度散点图. 可以发现，各个年龄段 CD4 浓度都有多也有少，分布比较均匀，于是可以判断，病人年龄与 CD4 的数量基本无关，可以忽略这一因素. 对其他三种疗法也同样画出散点图，它们分布规律大致相同，从而肯定了我们的判断，病人年龄与 CD4 浓度基本无关，可以忽略这一因素.

当然，也可以选取病人在其他周的数据进行同样的考虑.

建议 7 *忽略年龄这一因素之后，问题便更加简化了，下面该如何对这 4 种疗法进行比较?*

因为附件 2 中只给出了 CD4 浓度，所以只需考虑 CD4 浓度这一因素.

首先考虑第一种疗法. 将病人检测的周和 CD4 浓度绘制成散点图. 从图中可以发现，在第 0 周、8 周、16 周、24 周、32 周、40 周检测的数据比较多，所以这里对在第 0, 8, 16, 24, 32, 40 周左右一周检测的数据进行考虑. 统计出每个时间

段内数据的个数以及 CD4 浓度平均值. 对周数和在该周的 CD4 浓度平均值画出散点图, 然后对这些点做曲线拟合, 寻找规律.

要求：按照教师的指引, 各小组用课后时间思考和巩固问题 2 的模型的建立和求解过程, 以书面形式表达出来, 图形和程序要存盘保存好, 同时思考问题 3 的解决方法. 有问题及时与教师联系、询问以确保进度.

第三步, 小组汇报教师检查后接着考虑问题 3. 利用艾滋病药品的主要供给商对不发达国家提供的药品价格数据, 如果病人需要考虑 4 种疗法的费用, 对问题 2 中的评价和预测 (或者提前终止) 有什么改变.

建议 8 如何将价格因素加到问题 2 的模型中进行考虑?

首先算出各种疗法的价格. 这里将单位价格使 CD4 提升的浓度作为指标.

要求：按照教师的指引, 各小组用课后时间思考问题 3 的模型的建立和求解过程, 以书面形式表达出来.

第四步, 小组汇报教师检查后要求小组学生思考此模型存在的不足. 任何模型都有优点和缺点, 这也是数学建模中不可缺少的一部分. 另外, 还要兼顾模型的实用性, 数学模型是否成功的最终目标就在于能否在实际中实施.

因为数据量的庞大, 所以在处理过程中剔除了很多的数据, 思考这些数据是否可以利用, 模型是否可以进一步改进.

要求：各小组把报告按照要求仔细修改并完成, 思考报告的不足和改进的地方.

第五步, 各小组将整篇报告交给教师, 汇报是否有更好的想法, 并作进一步的讨论.

15.2.4 艾滋病治疗方案的疗效的研究性学习过程与主要结果

1. 第一步具体的研究性学习过程和结果

先作第 0 周病人 ID 和 CD4 浓度关系图, 由图 15-1 可以看出, 散点图杂乱无章, 没有规律可循. 考虑到病人的顺序不会影响数据的处理, 所以将病人的按 CD4 含量的升序进行排列后画出散点图, 见图 15-2.

但是由于药物的作用可以分为两方面, 一方面是为了尽量减少人体内 HI 浓度, 另一方面产生更多的 CD4, 所以单独考虑 CD4 浓度是没有用的, 这里选取 HIV 和 CD4 的比值 α(CD4/HIV) 作为考虑的指标. 下面按 CD4 的升序画出

CD4/HIV 的散点图, 见图 15-3.

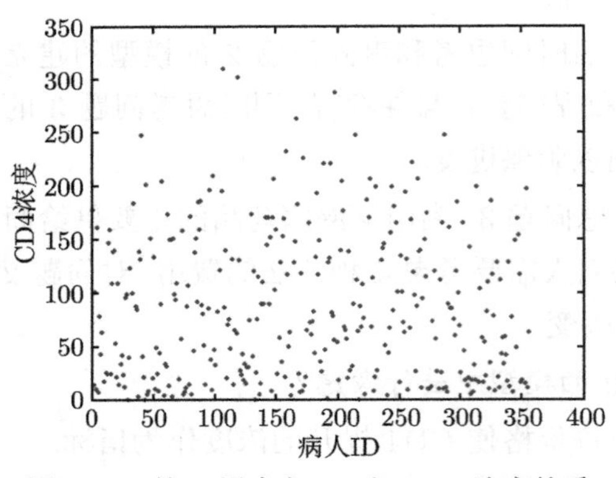

图 15-1 第 0 周病人 ID 和 CD4 浓度关系

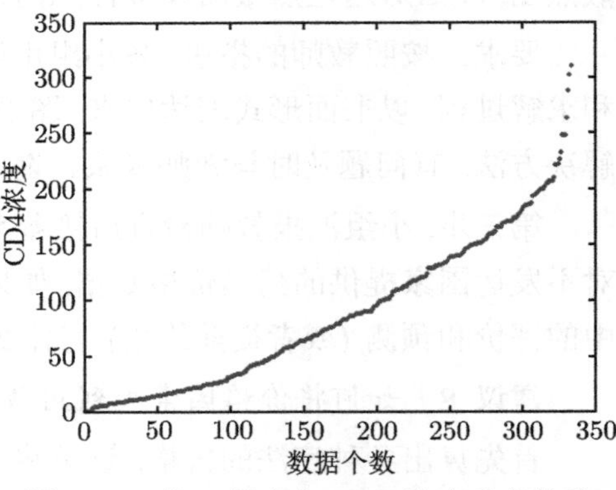

图 15-2 第 0 周病人 CD4 浓度升序关系

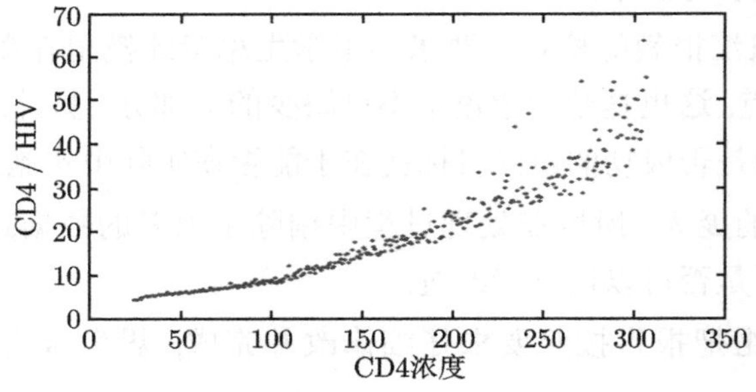

图 15-3 按 CD4 升序的 CD4/HIV 散点图

通过图 15-3 可以观察出, 病人的 α 值在起始阶段增长缓慢, 然后以较快的速度增长, 最后以极快的速度增长, 由上图可以确定 α 值的三个临界点为 5.157, 37.270. 按这两个值将病人分为三个阶段: 早期病人、中期病人、晚期病人; 分别将三个阶段病人的数据提取出来.

下面对早期病人进行考虑.

对数据进行处理, 将早期病人的检测周, 每周检测的次数统计, 见表 15-1.

表 15-1 早期病人的检测周、每周检测的次数统计表

检测周	出现次数	CD4 浓度平均值	HIV 浓度平均值	CD4 浓度平均值/HIV 浓度平均值
0	35	207.186	4.4	47.0877
1	1	169	4.4	38.4091
2	1	207	4.9	42.2449

续表

检测周	出现次数	CD4 浓度平均值	HIV 浓度平均值	CD4 浓度平均值/HIV 浓度平均值
3	5	225.4	2.4	93.9167
4	22	216	2.486	86.8866
5	9	251.556	2.4	92.4159
6	1	203	2.486	62.4615
7	6	212.167	2.722	111.6668
8	17	236.882	2.25	105.2809
9	13	262.385	2.058	127.4951
10	1	228	1.8	126.6667
22	2	190.5	2.8	68.0357
23	7	252.857	2.51	100.7398
24	14	326.643	2.37	137.824
25	5	168.6	2.32	72.6724
26	5	226.6	1.78	127.3033
37	2	257.5	3.2	80.4688
38	1	309	1.7	181.7647
39	1	480	1.7	282.3529
40	13	289	1.99	145.2261
41	5	257.8	1.7	151.6471

以出现的周为 x 轴, 周出现的次数为 y 轴, 绘制散点图, 如图 15-4 所示.

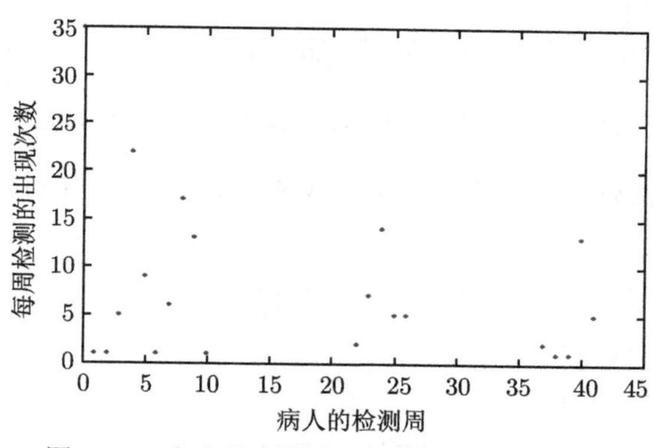

图 15-4 病人的检测周、每周检测的出现次数

由图 15-4 可以看出, 出现次数少于 5 的周共 8 个, 为了更好地拟合出 CD4/HIV 的大致变化趋势, 考虑将这部分数据剔除, 得到新的数据表, 见表 15-2.

表 15-2 早期病人的检测周、每周检测的次数不少于 5 的统计表

检测周	出现次数	CD4 浓度平均值	HIV 浓度平均值	CD4 浓度平均值/HIV 浓度平均值 (α)
0	35	207.186	4.4	47.0877
3	5	225.4	2.4	93.9167
4	22	216	2.486	86.8866
5	9	251.556	2.4	92.4159
7	6	212.167	2.722	111.6668
8	17	236.882	2.25	105.2809
9	13	262.385	2.058	127.4951
23	7	252.857	2.51	100.7398
24	14	326.643	2.37	137.824
25	5	168.6	2.32	72.6724
26	5	226.6	1.78	127.3033
40	13	289	1.99	145.2261
41	5	257.8	1.7	151.6471

画出检测周与 CD4 浓度平均值/HIV 浓度平均值的散点图, 如图 15-5 所示.

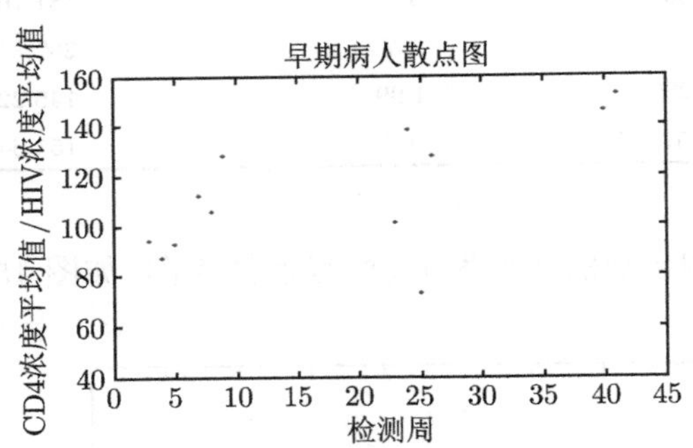

程序-91

图 15-5 检测周与 CD4 浓度平均值/HIV 浓度平均值的散点图

对这些数据进行各次多项式拟合, 运行 MATLAB 程序得到各次拟合图形, 见图 15-6.

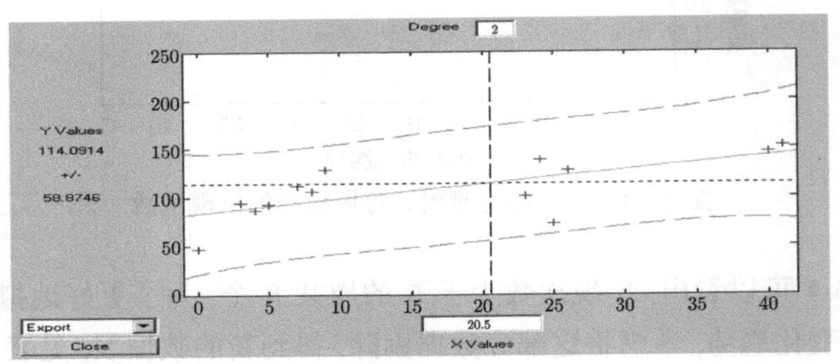

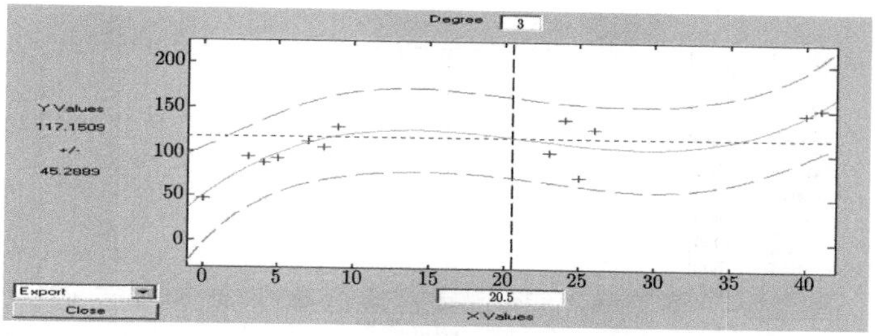

Degree 3

Y Values
117.1509
+/-
45.2889

200 150 100 50 0

0 5 10 15 20 25 30 35 40

Export
Close
20.5
X Values

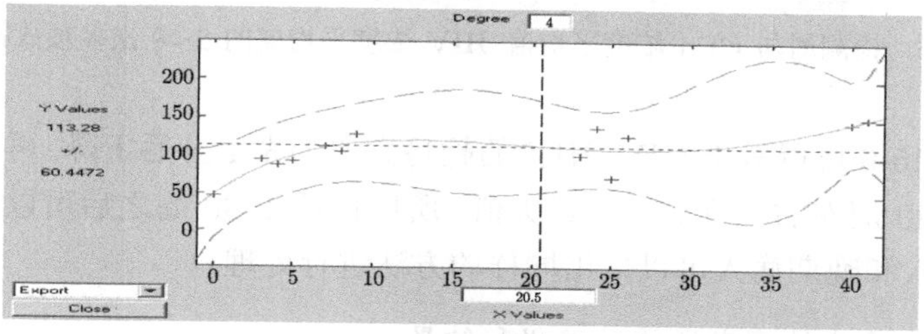

Degree 4

Y Values
113.28
+/-
60.4472

200 150 100 50 0

0 5 10 15 20 25 30 35 40

Export
Close
20.5
X Values

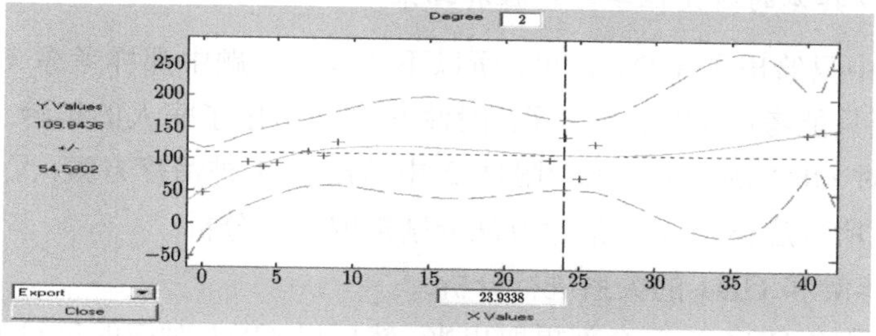

Degree 2

Y Values
109.8436
+/-
54.5802

250 200 150 100 50 0 −50

0 5 10 15 20 25 30 35 40

Export
Close
23.9338
X Values

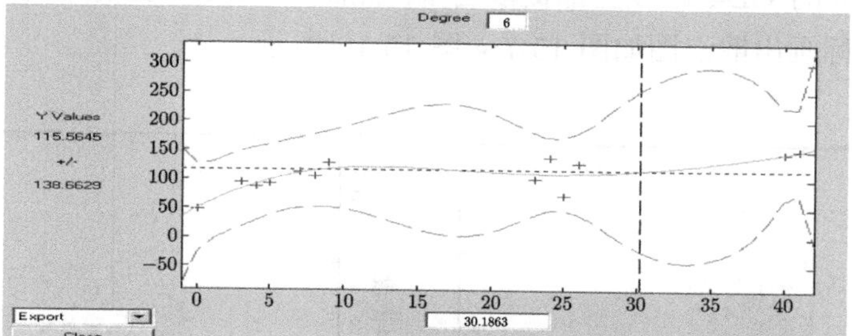

Degree 6

Y Values
115.5645
+/-
138.6629

300 250 200 150 100 50 0 −50

0 5 10 15 20 25 30 35 40

Export
Close
30.1863
X Values

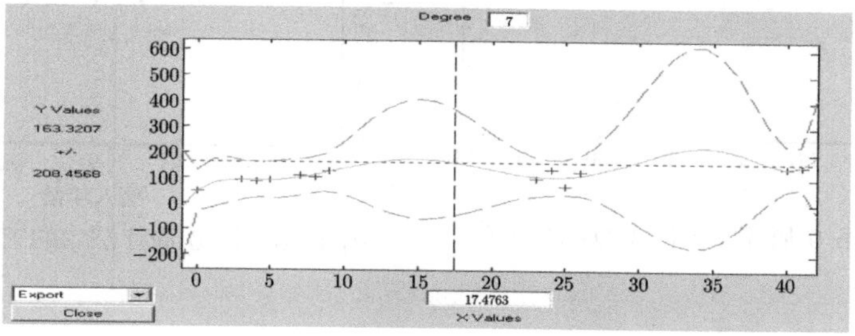

Degree 7

Y Values
163.3207
+/-
208.4568

600 500 400 300 200 100 0 −100 −200

0 5 10 15 20 25 30 35 40

Export
Close
17.4763
X Values

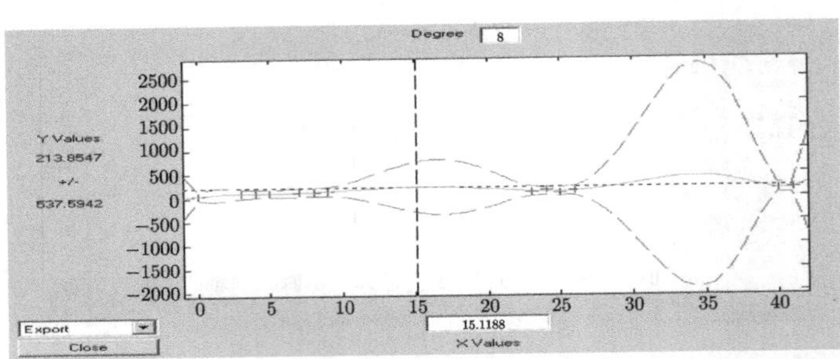

图 15-6　检测周与 CD4 浓度平均值/HIV 浓度平均值的 2~8 次多项式拟合图

根据图 15-6 可以看出 CD4/HIV 的趋势大致为先上升后下降, 再上升后下降, 直到第 30~40 周左右上升到一个最大值. 所以预计在 40 周之后可以停止用药.

中期病人和晚期病人可以采用同样的方法进行处理.

2. 第二步具体的研究性学习过程和结果

附件 2 中只给出了 CD4 浓度, 所以不能像第一题中那样考虑 CD4 和 HIV 的比值了, 而只能考虑 CD4 浓度了. 附件 2 中还给出了病人的年龄, 所以还要额外考虑年龄对 CD4 的影响. 由于附件 2 中给出了 4 种治疗方案, 又要比较 4 种方案的疗效, 所以应该把 4 种治疗方法分别提取出来分析.

下面对年龄和 CD4 的关系进行分析.

把第 0 周的 CD4 浓度全部提取出来, 然后以 CD4 对应的年龄为横坐标, 以 CD4 为纵坐标画出散点图如图 15-7~ 图 15-10 所示.

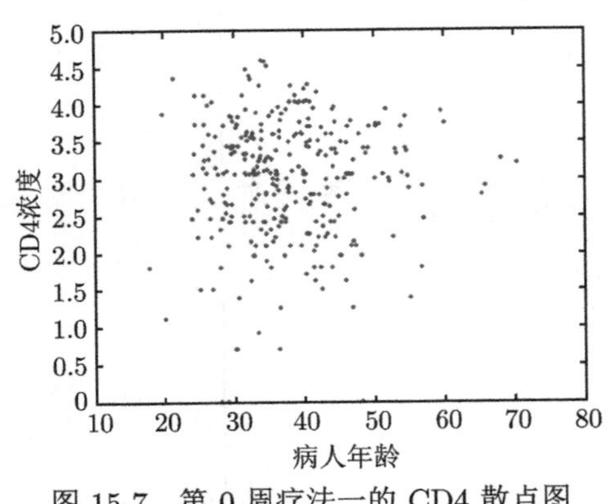

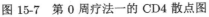

图 15-7　第 0 周疗法一的 CD4 散点图

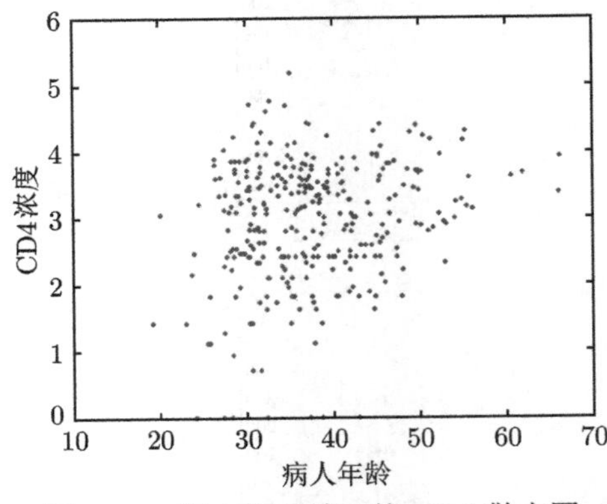

图 15-8　第 0 周疗法二的 CD4 散点图

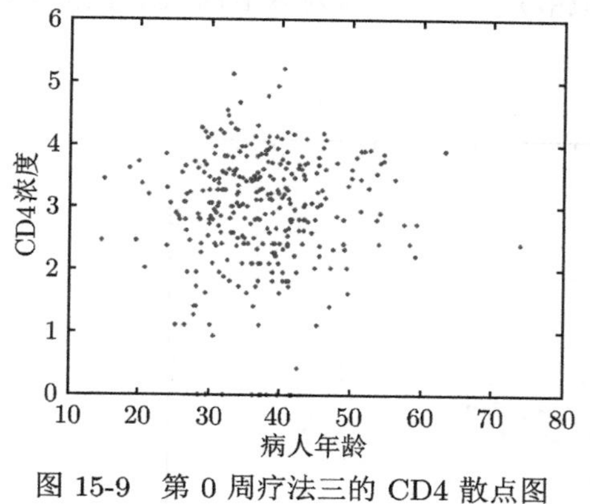

图 15-9　第 0 周疗法三的 CD4 散点图

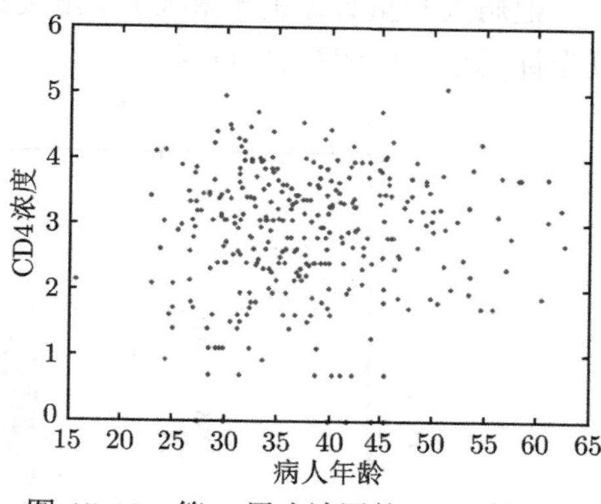

图 15-10　第 0 周疗法四的 CD4 散点图

可以看出各个年龄段的 CD4 浓度都没有什么规律, 分布比较均匀, 于是可以下结论说年龄和 CD4 浓度没有基本上没有什么关系, 考虑问题时可以忽略这个因素.

下面考虑第一种治疗方案, 即用 600 mg 齐多夫定或 400 mg 去羟肌苷轮换使用.

下面为第一种治疗方案病人的检测周, 每周检测的次数统计, 见表 15-3.

表 15-3　第一种治疗方案病人的检测周、每周检测的次数统计表

周	次数	周	次数	周	次数	周	次数	周	次数	周	次数	周	次数
0	320	8.71	6	20.7	3	24.6	6	28.3	1	35.6	2	36.6	1
3.71	1	8.86	11	20.9	1	24.7	5	28.4	1	35.7	2	36.9	2
4	3	9	11	21.6	1	25.1	1	32.4	4	28.9	2	37.1	2
4.71	1	9.14	4	21.7	1	25.3	6	32.6	5	29.1	2	37.4	1
5	1	9.29	4	21.9	2	25.4	2	32.7	4	29.9	2	37.9	1
5.71	1	9.43	4	22	2	25.6	4	32.9	4	30	2	38.1	1
6.57	4	9.57	3	22.1	1	25.7	3	33	16	30.3	2	38.4	1
6.71	2	18	2	22.3	2	25.9	1	33.1	5	30.6	2	38.7	2
6.86	2	18.4	2	22.4	2	26	8	33.3	3	30.7	1	38.9	1
7	3	18.6	2	22.7	2	26.1	5	33.4	5	30.9	6	39	3
7.14	4	18.7	3	23	5	26.3	2	33.6	3	31	5	39.1	2
7.29	4	18.9	2	23.1	1	26.4	1	33.7	3	31.1	1	39.3	3
7.43	1	19	4	23.3	2	26.6	1	33.9	4	31.3	4	39.4	1
7.57	11	19.1	3	23.4	1	26.7	1	34	7	31.4	3	39.6	6
7.71	15	19.3	1	23.6	7	26.9	3	34.3	1	31.6	7	39.7	5
7.86	22	19.4	3	23.7	8	27	4	34.4	2	31.7	12	39.9	9
8	60	19.6	1	23.9	11	27.3	1	34.6	1	31.9	13	40	13
8.14	13	19.9	1	24	25	27.4	3	34.9	3	32	26		
8.29	10	20	2	24.1	8	27.7	2	35	4	32.1	8		
8.43	8	20.3	1	24.3	8	28	2	35.1	4	32.3	13		
8.57	5	20.6	1	24.4	5	28.1	3	35.4	2	36.3	1		

把病人测量数据的周和 CD4 浓度绘成散点图, 时间周为横坐标, CD4 浓度为纵坐标, 散点图如图 15-11 所示.

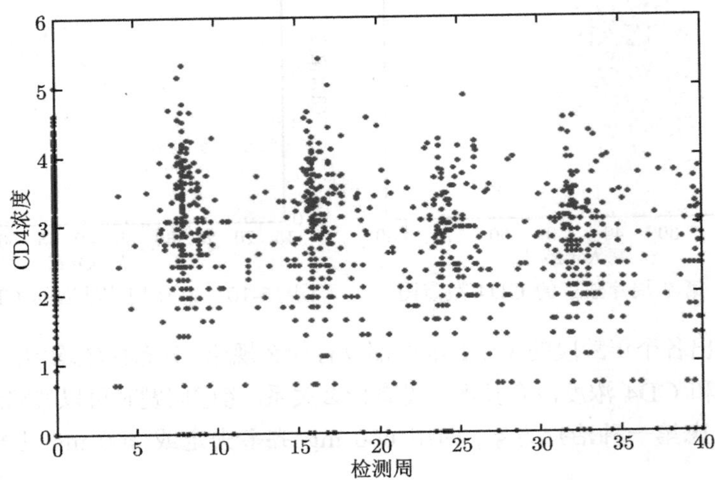

图 15-11　第一种治疗方案病人的检测周和 CD4 浓度关系

从图中可以看出第 0 周、8 周、16 周、24 周、32 周、40 周进行检测的病人比较多, 将在第 0 周、8 周、16 周、24 周、32 周、40 周左右一周检测的数据纳入该周进行处理. 统计出每个时间段数据的个数和 CD4 浓度平均值, 见表 15-4.

表 15-4　第一种治疗方案病人的时间段与检测的次数统计表

时间段	取时间点	数据个数	该时间段内 CD4 浓度平均值
[0, 1]	0	320	2.979
[7, 9]	8	184	2.905
[15, 17]	16	166	2.882
[23, 25]	24	106	2.646
[31, 33]	32	125	2.63
[39, 40]	40	42	2.241

对这些点做二次曲线拟合, 运行 MATLAB 程序得到结果:

```
a = -0.0004 0.0003 2.9611
z = 2.9611 2.9359 2.8554 2.7196 2.5286 2.2824
```

程序-92

拟合图形如图 15-12 所示.

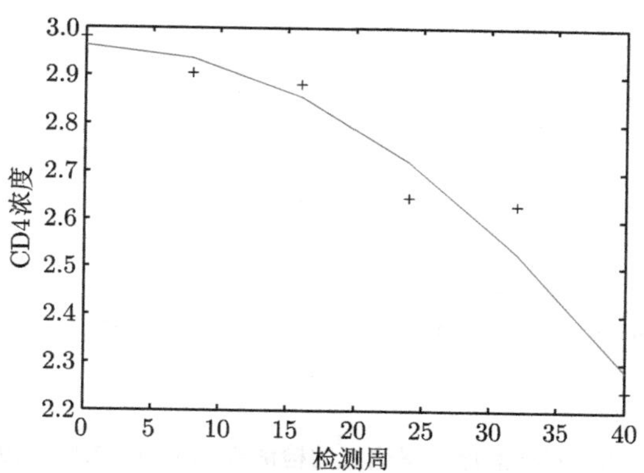

图 15-12 第一种治疗方案病人的检测周和 CD4 浓度拟合图

通过拟合图形, 可以发现, CD4 的浓度随治疗时间的增长呈现下降趋势, 所以疗法一是不理想的.

用同样的方法处理疗法二、疗法三和疗法四, 画出拟合图形. 然后将四个拟合图放在一起比较.

由图 15-13 可知, 疗法二的 CD4 浓度呈现下降趋势并且下降速度变快, 因此不是理想的疗法; 疗法三和疗法四的拟合图形相当, 都是 CD4 的值刚开始有所上升, 达到极大值点后下降, 达到极小值点后上升, 图形呈振荡形式. 但是发现疗法四中 CD4 的极大值和极小值均比疗法三的大, 所以疗法四较疗法三优.

综上所述, 得出结论, 疗法四是较优的治疗方案.

3. 第三步具体的研究性学习过程和结果

根据各种疗法的价格, 将单位价格使 CD4 浓度提升的数量作为指标. 定义

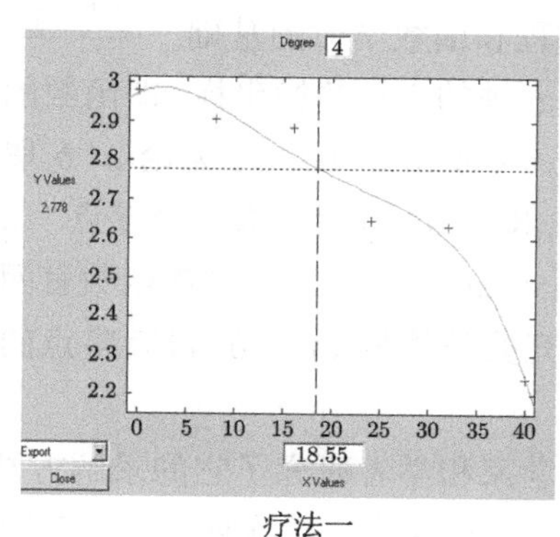

疗法一

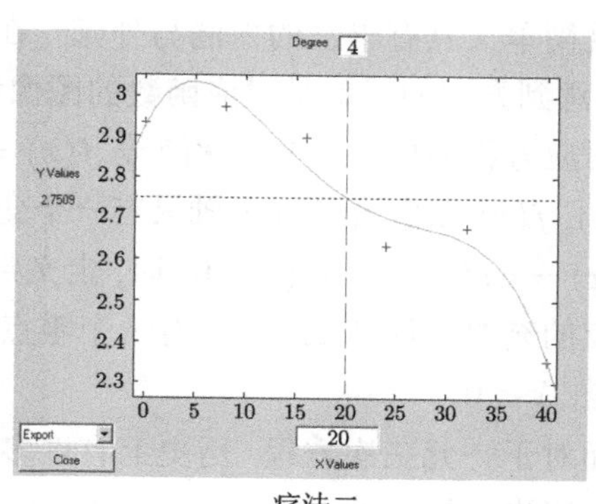

疗法二

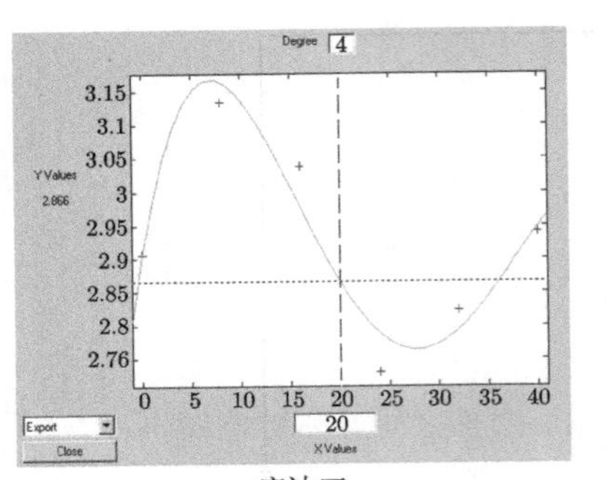

疗法三

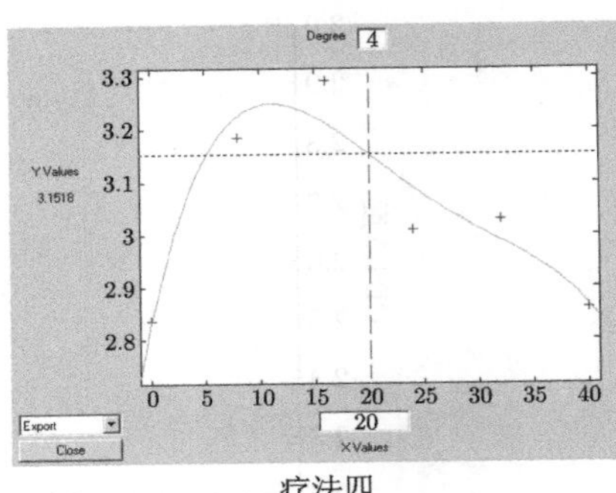

疗法四

图 15-13　四种治疗方案病人的检测周和 CD4 浓度的拟合图

$$\text{单位价格使 CD4 浓度提升的数量} = \frac{\text{拟合函数在初始时刻到}x\text{时刻 CD4 浓度的增量}}{x \times \text{价格}}$$

结合问题 2 中拟合的函数, 分别画出图形, 进行比较, 可以得出结论, 从略.

15.3　一元三次方程的实根个数

15.3.1　问题产生的背景与研究性学习目的

多项式函数在数学的很多领域中起着重要的作用. 如果能深刻地了解多项式函数, 那么利用多项式函数解决问题就能起到事半功倍的效果. 一次函数和二次函数是中学代数的基本内容之一, 它们既简单又具有丰富的内涵与外延. 在方程和函数学习的基础上, 注意到方程的根就是对应函数的图像和 x 轴的交点的横坐标, 即函数的零点就是对应方程的根. 对于一次函数 $f(x) = ax + b$ $(a \neq 0)$ 时, 无论 a, b 取何值 $(a \neq 0)$, $f(x)$ 图像始终与 x 轴只有一个交点, 即 $f(x)$ 有且只有一个零点. 二次函数 $f(x) = ax^2 + bx + c$ $(a \neq 0)$ 时, 定义判别式 $\varDelta = b^2 - 4ac$. 二次函数有两个不同零点的充要条件是 $\varDelta > 0$; 有一个零点的充要条件是 $\varDelta = 0$; 没有零点的充要条件是 $\varDelta < 0$.

而对于一元三次方程, 历史上有许多数学家和学者研究了它的求解方法, 如把一元三次方程 $ax^3 + bx^2 + cx + d = 0$ $(a \neq 0)$ 化为缺二次项的一元三次方程

$x^3+px+q=0$ 的卡当 (Cardano) 方法; 又如利用平面解析几何的知识, 用圆与抛物线 $y=x^2$ 的交点来解一元三次方程的笛卡儿 (Descartes) 方法.

一元一次方程和一元二次方程的实根个数可由一次函数和二次函数的性态来确定, 同学们自然地会提出问题 (必要时老师作引导或启发学生): 如何利用三次多项式函数的性态来确定三次多项式函数的零点个数或一元三次方程的实根个数?

学生们明确问题后老师根据教学班级的学生学习情况指导、帮助同学们进行研究性学习分组. 对该课题打算怎样实施? 各小组在此基础上提出研究计划, 收集或提供有关文献资料, 撰写开题报告. 开题报告包含问题解读、研究性学习的步骤与方案两部分.

各小组组长请老师审查开题报告, 根据老师的建议进行必要的修改. 根据各小组的研究计划, 检查进度督促做好分析或观察. 对困难的小组要及时指点, 要求各小组组长至少在实施中期主动向指导教师汇报或请教一次. 对研究论文的写作, 教师要指导学生用文字表达研究的成果, 要求各小组把研究的内容与结果一步一步地写出, 强调逻辑性与条理性. 对每个小组, 要求提供开题报告、研究笔记、研究论文、结题报告, 教师要认真审阅并给出书面评价.

很多小组的学生会简单地认为由三次函数的图形就可以确定一元三次方程实根的个数, 实际并非如此. 教师要引导学生思考二次函数的性态可以通过导数这一工具来定量研究, 从而引导学生通过使用导数定量研究三次函数来掌握三次函数的性态.

15.3.2 问题解读

研究性学习的课题是: 如何利用三次多项式函数的性态来确定一元三次方程的实根个数?

研究性学习的方法是: 对三次函数利用导数研究的方法. 从三次函数有无最大值与最小值, 介绍极值 (包括极大值和极小值)、极值点 (取得极值的点, 包括极大值点和极小值点) 等概念, 告诉学生极大值是局部最大值, 而极小值是局部最小值, 指出极值点和极值可由导数定量描述.

研究性学习的目标是: 寻找一元三次方程有 1, 2, 3 个实根的充要条件.

15.3.3 一元三次方程求解问题研究性学习的步骤与方案

第一步, 对不同的 $a(a\neq 0)$, b, c, d 利用 Mathematica 软件作出三次函数 $y=ax^3+bx^2+cx+d(a\neq 0)$ 的图形. 由三次函数的图形, 认识到一元三次方程至少有 1 个实根、最多有 3 个实根.

第二步, 归纳一元三次方程有 1, 2, 3 个实根的相应三次函数的图形特征, 想到只研究 $a>0$ 的三次函数 $y=ax^3+bx^2+cx+d$, 而且一元三次方程 $ax^3+bx^2+cx+d=0$ 实根个数与三次函数 $y=ax^3+bx^2+cx+d$ 的极大值、极小值是正、零、负有关.

第三步, 利用导数研究三次函数 $y=ax^3+bx^2+cx+d$ 的极大值、极小值, 分析极大值、极小值为正、零、负的条件.

第四步, 利用三次函数 $y=ax^3+bx^2+cx+d$ 极大值、极小值为正、零、负的条件归纳一元三次方程有 1, 2, 3 个实根的充要条件.

15.3.4 一元三次方程实根个数研究性学习过程与主要结果

设三次多项式函数

$$f(x)=ax^3+bx^2+cx+d(a\neq 0), \tag{15.3.1}$$

为了简单起见, 不妨设 $a>0$.

先考虑其导函数为

$$f'(x)=3ax^2+2bx+c, \tag{15.3.2}$$

其对应的临界方程为

$$3ax^2+2bx+c=0, \tag{15.3.3}$$

记式 (15.3.3) 的判别式为 $\varDelta_2=4(b^2-3ac)$.

1. $\varDelta_2>0$ 情形

此时方程 (15.3.3) 有两个不相等的实根 $x_1=(-b-\sqrt{b^2-3ac})/(3a)$, $x_2=(-b+\sqrt{b^2-3ac})/(3a)$, 显然, $x_1<x_2$. 由

$$f(x_1)=\frac{2b^3+27a^2c-9abc+2\sqrt{(b^2-3ac)^3}}{27a^2},$$

$$f(x_2)=\frac{2b^3+27a^2c-9abc-2\sqrt{(b^2-3ac)^3}}{27a^2}$$

可得 $f(x_1)\cdot f(x_2)=\dfrac{c[4b^3-b^2c-18abc+ac(27a+4c)]}{27a^2}$, 而且 $f(x_1)>f(x_2)$.

当 $f(x_1) < 0$ 并且 $f(x_2) < 0$ 时, 三次函数 $f(x) = ax^3+bx^2+cx+d(a>0)$ 图像如图 15-14 所示, 此时三次函数两个极值都小于 0, 并且图像与 x 轴有且只有一个交点. 当 $f(x_1) > 0$ 并且 $f(x_2) > 0$ 时, 三次函数 $f(x) = ax^3+bx^2+cx+d(a>0)$ 图像如图 15-15 所示, 此时三次函数两个极值点都大于 0, 并且图像与 x 轴有且只有一个交点.

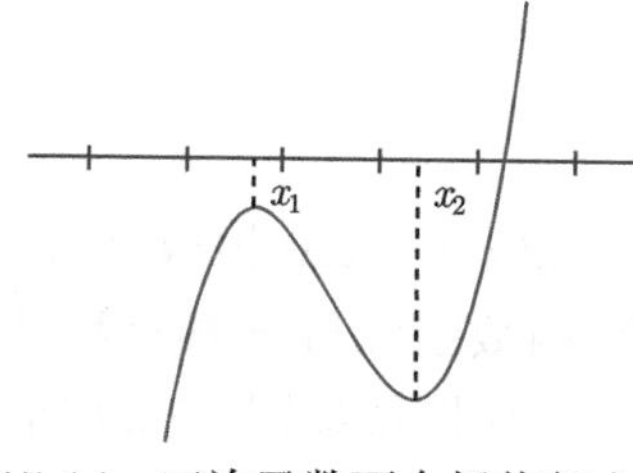

图 15-14 三次函数两个极值都小于 0

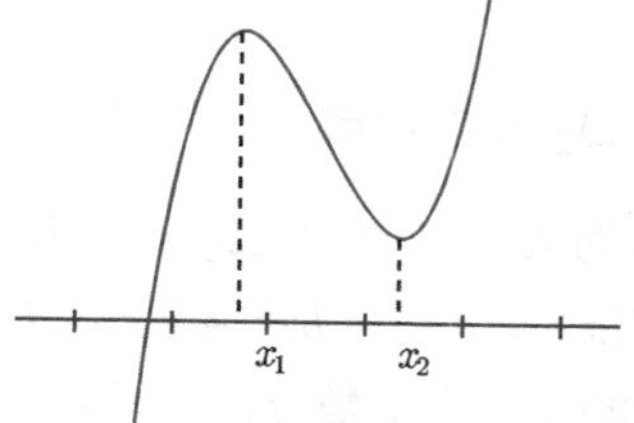

图 15-15 三次函数两个极值都大于 0

由此可知三次函数图像与 x 轴有且只有一个交点的条件是 $f(x_1)\cdot f(x_2) > 0$.

当 $f(x_1) = 0$ 且 $f(x_2) < 0$ 时, 即当 $f(x_1) = 0$ 时 (因为 $f(x_1) > f(x_2)$), 三次函数 $f(x) = ax^3+bx^2+cx+d(a>0)$ 图像如图 15-16 所示, 此时三次函数的极大值为 0, 极小值小于 0, 图像与 x 轴有且只有两个交点; 而当 $f(x_1) > 0$ 并且 $f(x_2) = 0$ 时, 即当 $f(x_2) = 0$ 时 (因为 $f(x_1) > f(x_2)$), 三次函数 $f(x) = ax^3+bx^2+cx+d(a>0)$ 图像如图 15-17 所示, 此时三次函数的极小值点等于 0, 极大值大于 0, 图像与 x 轴有且只有两个交点. 因为 $f(x_1)$, $f(x_2)$ 分别为极大值和极小值, 所以不可能同时为零. 由此三次函数图像与 x 轴有且只有两个交点的条件是 $f(x_1)\cdot f(x_2) = 0$.

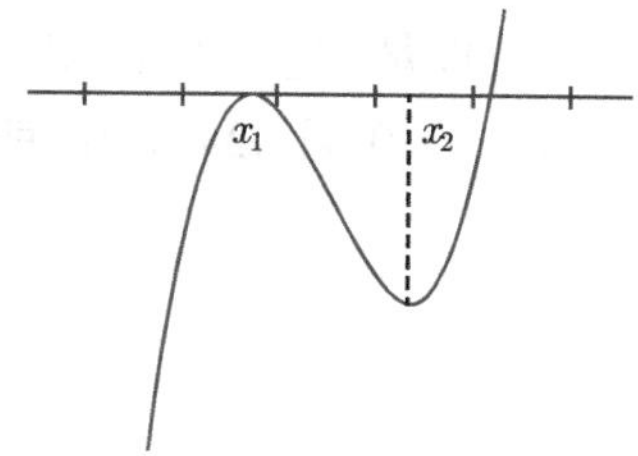

图 15-16 三次函数极大值为 0

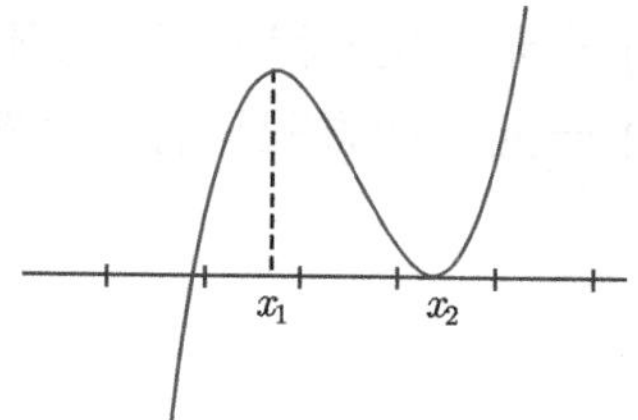

图 15-17 三次函数极小值为 0

当 $f(x_1) > 0$ 且 $f(x_2) < 0$ 时, 三次函数 $f(x) = ax^3+bx^2+cx+d(a>0)$ 图像如图 15-18 所示, 此时三次函数的图像与 x 轴有且只有三个交点. 由此总结三次函数与 x 轴有且只有三个交点的条件是 $f(x_1)\cdot f(x_2) < 0$.

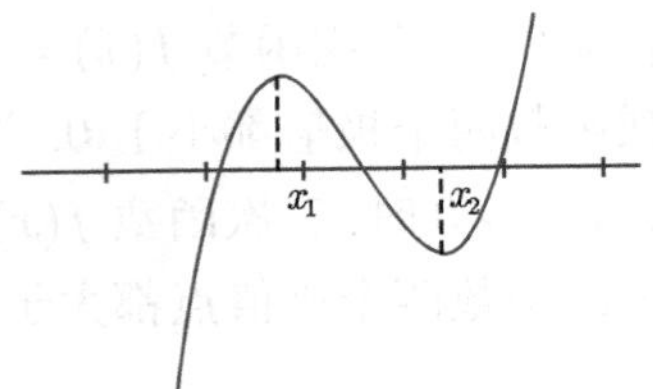

图 15-18 三次函数极大值为正极小值为负

2. $\Delta_2 \leqslant 0$ 情形

因为 $a>0$ 并且 $\Delta_2 \leqslant 0$, 所以 $f'(x)=3ax^2+2bx+c \geqslant 0$ 恒成立, 因此三次函数 $f(x)=ax^3+bx^2+cx+d(a>0)$ 是增函数, 函数图像与 x 轴有且只有一个交点, 此时三次函数 $f(x)=ax^3+bx^2+cx+d(a>0)$ 图像如图 15-19 所示.

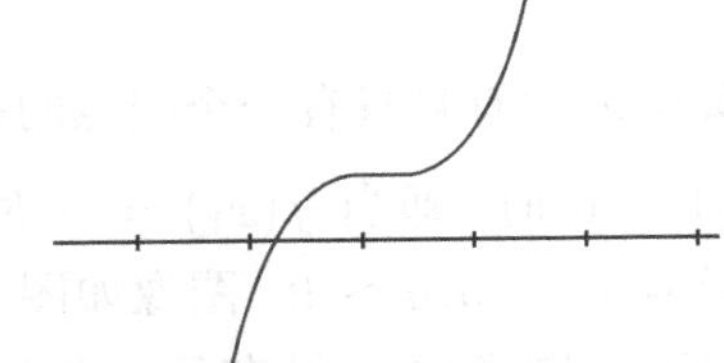

图 15-19 三次函数图像与 x 轴只有一个交点

3. 主要结论

设一元三次方程 $ax^3+bx^2+cx+d=0(a \neq 0)$, 记 $\Delta_2=4(b^2-3ac)$, $\Delta_3=c[4b^3-b^2c-18abc+ac(27a+4c)]$, 则

(1) 一元三次方程有三个互不相等的实根的充要条件是 $\Delta_2>0$ 且 $\Delta_3<0$;

(2) 一元三次方程有两个互不相等的实根的充要条件是 $\Delta_2>0$ 且 $\Delta_3=0$;

(3) 一元三次方程只有一个实根的充要条件是 $\Delta_2>0$ 且 $\Delta_3>0$, 或者 $\Delta_2 \leqslant 0$.

第 16 章

课 程 设 计

课程设计是高等学校工科各专业、部分理科专业教学计划中综合性较强的实践教学环节, 是学生学完一门专业（基础）课程后综合利用所学知识进行动手实践的教学过程. 一门课程的课程设计一般安排 1 周或 2 周的时间进行集中教学, 对学生全面牢固地掌握课堂教学内容、培养学生的实践和实际动手能力、提高学生全面素质具有重要的意义. 同学们通过数学实验、数学建模课程的学习, 学习了基本的数学实验方法和基本的数学建模方法，为了学以致用，教师根据教学要求提出课程设计问题、指导同学们进行数学实验与数学建模课程设计.

本章让学生利用数学实验技术和数学建模方法, 首先, 通过生产函数来研究某一地区或部门如何以增加投资、增加劳动力、技术革新为手段发展经济、提高生产力; 其次, 以乘车费用最小、转乘次数最少、乘车时间最短等为目标, 以北京为例, 研究城市公共交通问题.

16.1 生 产 函 数

16.1.1 问题背景与课程设计内容

发展经济、提高生产力主要有以下手段：增加投资、增加劳动力、技术革新. 一般经济增长模型是先建立产值与资金、劳动力之间的关系, 然后研究资金与劳动力的最佳分配, 使得投资效益最大.

具体地, 用 $Q(t)$, $K(t)$, $L(t)$ 分别表示某一地区或部门在时刻 t 的产值、资金和劳动力, 它们的关系可以一般地记作

$$Q(t) = F(K(t), L(t)), \tag{16.1.1}$$

其中 F 为待定函数. 对于固定的时刻 t, 上述关系可写作

$$Q = F(K, L). \tag{16.1.2}$$

为寻求 F 的函数形式, 引入记号

$$z = \frac{Q}{L}, \quad y = \frac{K}{L}, \tag{16.1.3}$$

z 是每个劳动力的产值, y 是每个劳动力的投资. 如下的假设是合理的,z 随着 y 的增加而增长, 但增长速度递减, 进而简化地把这个假设表示为

$$z = ag(y), \quad g(y) = y^{\alpha}, \quad 0 < \alpha < 1, \quad a > 0. \tag{16.1.4}$$

显然, 函数 $g(y)$ 满足上面的假设, 常数 $a > 0$ 可看成技术的作用. 由式 (16.1.3), 式 (16.1.4) 即可得到式 (16.1.2) 中 F 的具体表达式为

$$Q = aK^{\alpha}L^{1-\alpha}, \quad 0 < \alpha < 1. \tag{16.1.5}$$

这就是经济学中著名的柯布–道格拉斯 (Cobb-Douglas) 生产函数或经济增长模型.

对于上述经济增长建模的过程, 尝试通过数学实验方法和数学建模方法解决以下几个问题:

问题 1 这样的经济增长模型, 可否用其他方法建模, 有何实际的应用?

问题 2 若考虑三次产业, 应该如何建模? 有何实际的应用?

问题 3 式 (16.1.5) 中的 $1-\alpha$ 能不能改为更一般的 β? 有何实际的应用?

问题 4 若考虑技术进步对经济增长的贡献, 又该如何建立模型? 有何实际的应用?

16.1.2 课程设计的步骤与方案

首先, 在授课班级要求学生三四人自愿组成一组, 原则上班级内部组队, 且每个小组成员组成最好有一名数学基础知识扎实、逻辑推理能力强的学生, 一名计算机软件应用熟练的学生, 一名善于沟通的学生. 这样才有利于下面具体的课程设计实施过程.

1. 问题 1 的课程设计方案

建议 1 用 $Q(t), K(t), L(t)$ 分别表示某一地区或部门在时刻 t 的产值、资金和劳动力, 时间以年为单位. 因为人们关心的是它们的增长量, 不是绝对量, 所以定义

$$i_Q(t) = \frac{Q(t)}{Q(t_0)}, \quad i_K(t) = \frac{K(t)}{K(t_0)}, \quad i_L(t) = \frac{L(t)}{L(t_0)} \tag{16.1.6}$$

分别为产量指数、劳动力指数和投资指数, 它们的初始值 $(t = t_0)$ 为 1. 这里 t_0 表示初始时刻.

建议 2 在正常的经济发展过程中这三个指数都是随时间增长的, 而 $i_Q(t)$ 的增长又取决于 $i_L(t)$ 和 $i_K(t)$ 的增长速度. 但是它们之间的关系难以从机理分析得到, 只能求助于统计数据. 为了从数量上分析这些数据, 定义新变量

$$\xi(t) = \ln\frac{i_L(t)}{i_K(t)}, \quad \psi(t) = \ln\frac{i_Q(t)}{i_K(t)}. \tag{16.1.7}$$

请基于 1978~2009 年南通市及各县 (市、区)GDP、劳动力及固定资产投资的统计数据, 利用 Mathematica 或 MATLAB 进行直线拟合 ξ 和 ψ 的关系.

2. 问题 2 的课程设计方案

建议 3 由于三个产业之间的固定资产投资和就业人数之间存在着相互制约、相互协调的内在关系, 所以各产业的 GDP 增长值不仅与本产业的固定资产投资和就业人数有关, 也与其他两个产业的固定资产投资和就业人数有关. 利用统计学及最小二乘法无偏估计原理, 对其建立回归方程.

建议 4 根据 1978~2009 年南通市及各县 (市、区) 三次产业的 GDP、投资和就业的统计数据, 利用 Mathematica 或 MATLAB 进行拟合.

3. 问题 3 的课程设计方案

建议 5 式 (16.1.5) 中的 $1-\alpha$ 很特殊, 尝试改为一般的 $\beta > 0$, 且 β 与 α 相互独立.

建议 6 对改进后的模型根据南通市及各县 (市、区)GDP、劳动力及固定资产投资的统计数据, 取对数后利用 Mathematica 或 MATLAB 进行拟合.

4. 问题 4 的课程设计方案

建议 7 在生产函数研究中, 经常以时间序列数据为样本, 不同的样本点表示不同的时间, 而技术的发展恰恰是与时间紧密相关. 又如技术进步的一部分是以其他要素质量的提高为体现的, 而各种要素质量提高的速度是不同的, 所以技术进步不可能等同地改变所有要素的效率. 这就需要发展新的生产函数模型, 1957 年 Solow 提出改进的 Cobb-Douglas 生产函数模型 $Q = A(t)K^\alpha L^\beta$, $A(t) = a\mathrm{e}^{\lambda t}$.

建议 8 取对数利用 MATLAB 多元线性回归的命令 regress 和根据取得的数据求出 $\ln a$, λ, α 和 β.

16.1.3 课程设计的过程与主要结果

1. 问题 1 的课程设计参考结果

美国学者柯布和道格拉斯基于美国马萨诸塞州 1890~1926 年的统计数据算出 (ξ,ψ) 后 ξ-ψ 平面直角坐标上作图, 可以发现大多数点靠近一条过原点的直线, 即 ξ 和 ψ 的关系为 $\psi=\gamma\xi(0<\gamma<1)$. 对南通市及各县 (市、区) 的统计数据, 利用 Mathematica 或 MATLAB(具体程序可参考 4.1 节的有关程序编写) 进行曲线拟合时发现, ξ 和 ψ 的关系为 $\psi=\gamma\xi+b(0<\gamma<1)$, 即拟合出的直线不一定过原点. 可以证明不影响所要求出的 γ 值表示的意义. 这样 $Q(t)$, $K(t)$ 和 $L(t)$ 之间总有如下关系, 即 Cobb-Douglas 模型

$$Q(t)=aK^{\gamma}(t)L^{1-\gamma}(t), \tag{16.1.8}$$

这里 a 为正常数, 而 γ 表示 GDP 增长中取决于劳动力部分的比值, 是 GDP 对劳动力的弹性. $\gamma\to 1$ 说明 GDP 增长主要靠劳动力的增长,$\gamma\to 0$ 说明 GDP 增长主要靠投资的增长.

首先, 对 1978~1999 年南通市及各县 (市、区)GDP、劳动力及固定资产投资的统计数据利用 Mathematica 或 MATLAB 作曲线拟合得到 1978~1999 年南通市及各县 (市、区)GDP 对劳动力的弹性 (以下把 GDP 对劳动力的弹性简称为弹性), 见 (初始值取 t_0=1989) 表 16-1.

表 16-1 1978~1999 年南通市及各县 (市、区) 的弹性

地区	全市	海安	海门	启东	如东	如皋	市区	通州
γ	0.4447	0.5198	0.5086	0.5001	0.5042	0.5253	0.4134	0.5141

从表 16-1 数据可以看出, 全市 γ=0.4447 表明整个南通市 GDP 的增长依赖于固定资产投资略强于依赖于劳动力的增长. 而各县 (市、区) 有所差别, 市区 γ 均小于其他 6 个县市. 市区 GDP 的增长主要依赖于固定资产投资; 海门、启东、如东这三个县市的情况相差不大, 即 GDP 的增长同时依赖于固定资产投资和劳动力的增长; 而海安、如皋、通州这三个县市的 GDP 增长依赖于劳动力增长比较大.

其次, 求 1978~1983 年南通市及各县 (市、区) 的弹性, 见 (初始值取 t_0=1978) 表 16-2.

由表 16-2 的数据的整体水平看, 这 6 年间南通市及各县 (市、区)GDP 的增长主要依赖于劳动力的增长. 全市 γ=0.6803, 即 GDP 的增长依赖于劳动力的增长大于依赖于固定资产投资的增长, 主要原因是这 6 年间的经济发展主要依赖于第一产业的发展, 此时劳动力投入越多相应 GDP 也就增长越快. 如皋、启东这两个市的 γ 比较大, 即 GDP 的增长依赖于劳动力的增长. 海安、如东这两个县 GDP 的增长依赖于劳动力的增长相对以上两个市比较小. 通州、市区、海门这三个区市 GDP 的增长依赖于劳动力的增长的水平位于这两个水平的中间.

表 16-2 1978~1983 年南通市及各县 (市、区) 的弹性

地区	全市	海安	海门	启东	如东	如皋	市区	通州
γ	0.6803	0.7414	0.7238	0.9718	0.7415	0.9428	0.7708	0.8042

再次, 求 1983~1991 年南通市及各县 (市、区) 的弹性, 见 (初始值取 t_0=1983) 表 16-3.

表 16-3 1983~1991 年南通市及各县 (市、区) 的弹性

地区	全市	海安	海门	启东	如东	如皋	市区	通州
γ	0.6306	0.7032	0.6895	0.7018	0.6458	0.6902	0.6068	0.7901

这 9 年间, 无论从整体水平上看还是从各个县市上看相对于 1978~1983 年这一阶段 γ 都有所下降. 这时人们已渐渐认识到不能单靠增长劳动力来提高 GDP. 市区 GDP 的增长依赖于劳动力的增长小于其他 6 个县市. 除了如东以外, 其他 5 个县市 GDP 的增长依赖于劳动力的增长的程度差不多.

最后, 求 1991~1999 年南通市及各县 (市、区) 的弹性, 见 (初始值取 t_0 = 1991) 表 16-4.

表 16-4 1991~1999 年南通市及各县 (市、区) 的弹性

地区	全市	海安	海门	启东	如东	如皋	市区	通州
γ	0.2366	0.2131	0.1754	0.1757	0.3304	0.2385	0.3416	0.2143

这个阶段各县 (市、区) 的弹性系数 γ 相对于前两个阶段有明显下降, 这主要由于单靠增加劳动力数量来带动经济的迅猛发展的模式已过时. 这个阶段固定资产投资报酬处于递减状态但相对平缓些, 就业人数呈下降的趋势, 但是这个阶段 GDP 的增长最快, 故南通经济发展依靠固定资产的投资大于就业人数的增长. 海门、启东、海安、通州、如皋、如东、市区 GDP 的增长主要依赖于固定资产投资的增长的程度依次增大.

2. 问题 2 的课程设计参考结果

利用统计学及最小二乘法无偏估计原理, 建立回归方程

$$\begin{pmatrix} \ln y_1 \\ \ln y_2 \\ \ln y_3 \end{pmatrix} = \begin{pmatrix} a_1 \\ a_2 \\ a_3 \end{pmatrix} + \begin{pmatrix} \gamma_{11}^1 & \gamma_{12}^1 & \gamma_{13}^1 \\ \gamma_{21}^1 & \gamma_{22}^1 & \gamma_{23}^1 \\ \gamma_{31}^1 & \gamma_{32}^1 & \gamma_{33}^1 \end{pmatrix} \begin{pmatrix} \ln x_{11} \\ \ln x_{12} \\ \ln x_{13} \end{pmatrix} + \begin{pmatrix} \gamma_{11}^2 & \gamma_{12}^2 & \gamma_{13}^2 \\ \gamma_{21}^2 & \gamma_{22}^2 & \gamma_{23}^2 \\ \gamma_{31}^2 & \gamma_{32}^2 & \gamma_{33}^2 \end{pmatrix} \begin{pmatrix} \ln x_{21} \\ \ln x_{22} \\ \ln x_{23} \end{pmatrix} + \begin{pmatrix} \varepsilon_1 \\ \varepsilon_2 \\ \varepsilon_3 \end{pmatrix}, \tag{16.1.9}$$

其中 y_i 表示第 i 产业的 GDP($i=1, 2, 3$), x_{1j} 表示第 j 产业的固定资产投资, x_{2j} 表示第 j 产业的就业人数 ($j=1, 2, 3$).

首先, 对海安县 1978~2002 年这 25 年的三次产业的 GDP、投资和就业的统计数据利用 Mathematica 或 MATLAB(具体程序可参考 5.1 节的有关程序编写) 计算得

$$\begin{aligned} \ln y_1 = & 2.0339 - 0.0081\ln x_{11} + 0.0988\ln x_{12} + 0.4243\ln x_{13} \\ & +0.2973\ln x_{21} + 0.0351\ln x_{22} - 0.4038\ln x_{23}, \end{aligned} \tag{16.1.10}$$

$$\begin{aligned} \ln y_2 = & 9.0157 - 0.0053\ln x_{11} + 0.0468\ln x_{12} + 0.3714\ln x_{13} \\ & -2.1940\ln x_{21} - 0.0674\ln x_{22} + 0.3590\ln x_{23}, \end{aligned} \tag{16.1.11}$$

$$\begin{aligned} \ln y_3 = & 11.1390 - 0.0339\ln x_{11} + 0.0172\ln x_{12} + 0.5896\ln x_{13} \\ & -2.3500\ln x_{21} - 0.5255\ln x_{22} + 0.1603\ln x_{23}. \end{aligned} \tag{16.1.12}$$

对以上三个方程作 F 检验后都显著. 在对式 (16.1.10)~(16.1.12) 作变量显著检验发现其中一些变量的显著性不是很强. (如果将显著性不强的变量剔除, 最后只剩下一个变量, 当然这样建立回归方程没有意义.)

式 (16.1.10)~(16.1.12) 表示 1978~2002 年期间海安县各产业的 GDP、固定资产投资、就业人数的相互依赖关系.

定义

$$\gamma_{ij}^k = \frac{\partial y_i}{\partial x_{kj}} \Big/ \frac{y_i}{x_{kj}}, \quad k=1,2, \quad i,j=1,2,3 \tag{16.1.13}$$

分别表示各产业 GDP 增长中取决于各产业固定资产投资、就业人数部分的比值, 称为三个产业的 GDP 对第一、第二和第三产业固定资产投资及第一、第二和第三产业就业人数的弹性.

由式 (16.1.10)~(16.1.12) 可知, 1978~2002 年海安县三个产业的 GDP 对第一、第二和第三产业固定资产投资及第一、第二和第三产业就业人数的弹性分别为

$$
\begin{aligned}
&-0.0081, 0.0988, 0.4243, 0.2973, 0.0351, -0.4038,\\
&-0.0053, 0.0469, 0.3714, -2.1940, -0.0674, 0.3590,\\
&-0.0339, -0.0172, 0.5896, -2.3500, -0.5255, 0.1603.
\end{aligned}
$$

由此可见, 对于第一、第二、第三产业来说, GDP 的增长主要依赖于第三产业固定资产投资的增长, 即海安县的经济发展与第三产业固定资产投资有很大关联. 因此必须加快第三产业固定资产投资促进第一、第二、第三产业协调发展, 从而促进国民经济的整体协调发展.

其次, 对 1978~1991 年这 14 年建立模型. 同样利用 Mathematica 或 MATLAB 计算得

$$
\begin{aligned}
\ln y_1 =& -8.9370 + 0.0335 \ln x_{11} + 0.1340 \ln x_{12} + 0.2784 \ln x_{13}\\
&+ 2.8648 \ln x_{21} + 0.5564 \ln x_{22} - 0.1572 \ln x_{23},
\end{aligned} \tag{16.1.14}
$$

$$
\begin{aligned}
\ln y_2 =& -6.5471 + 0.0592 \ln x_{11} - 0.0184 \ln x_{12} + 0.1335 \ln x_{13}\\
&+ 1.3591 \ln x_{21} + 0.8966 \ln x_{22} + 0.4681 \ln x_{23},
\end{aligned} \tag{16.1.15}
$$

$$
\begin{aligned}
\ln y_3 =& -10.6694 + 0.0571 \ln x_{11} - 0.0496 \ln x_{12} + 0.2587 \ln x_{13}\\
&+ 2.6311 \ln x_{21} + 0.6953 \ln x_{22} + 0.5210 \ln x_{23}.
\end{aligned} \tag{16.1.16}
$$

对式 (16.1.14)~(16.1.16) 作 F 检验后都显著. 由弹性系数的定义 (16.1.13) 和方程 (16.1.14)~(16.1.16) 可知, 1978~1991 年海安县三个产业的 GDP 对第一、第二和第三产业固定资产投资及第一、第二和第三产业就业人数的弹性分别为

$$
\begin{aligned}
&0.0335, 0.1340, 0.2784, 2.8648, 0.5564, -0.1572,\\
&0.0592, -0.0184, 0.1335, 1.3591, 0.8966, 0.4681,\\
&0.0571, -0.0496, 0.2587, 2.6311, 0.6953, 0.5210.
\end{aligned}
$$

由此可见, 在 1978~1991 年这一阶段各个产业 GDP 增长主要依赖于第一产业劳动力的增长, 即对海安县来说 GDP 增长主要依赖于第一产业劳动力的增长,

这与当时的年代背景有很大关联. 20 世纪 80 年代初期刚实行家庭联产承包责任制, 对于第一产业来说在生产力水平低下时若要获得更多产量只有加大劳动力的投入. 对第二、第三产业来说其产业还未形成规模, 只有在增长第一产业劳动力大力发展第一产业前提下, 使大多数的人 (农民) 有剩余资金, 才能更好地发展第二、第三产业.

最后, 建立 1991~2002 年这 12 年建立模型. 同样利用 Mathematica 或 MATLAB 计算得

$$\begin{aligned}\ln y_1 = 22.9603 - 0.7077\ln x_{11} + 0.1086\ln x_{12} + 1.1546\ln x_{13}\\ + 0.2342\ln x_{21} - 6.6907\ln x_{22} - 0.5960\ln x_{23},\end{aligned} \tag{16.1.17}$$

$$\begin{aligned}\ln y_1 = 9.3862 + 0.3176\ln x_{11} + 0.0163\ln x_{12} + 0.0069\ln x_{13}\\ - 2.9140\ln x_{21} + 0.5747\ln x_{22} + 0.0822\ln x_{23},\end{aligned} \tag{16.1.18}$$

$$\begin{aligned}\ln y_1 = 34.3976 - 1.1112\ln x_{11} + 0.1268\ln x_{12} + 1.3383\ln x_{13}\\ - 4.1139\ln x_{21} - 6.1485\ln x_{22} - 0.2332\ln x_{23}.\end{aligned} \tag{16.1.19}$$

对式 (16.1.17)~(16.1.19) 作 F 检验后都显著. 由弹性系数的定义 (16.1.13) 和式 (16.1.17)~(16.1.19) 可知, 1991~2002 年海安县三个产业的 GDP 对第一、第二和第三产业固定资产投资及第一、第二和第三产业就业人数的弹性系数分别为

$$\begin{aligned}&-0.7077, 0.1086, 1.1546, 0.2342, -6.6907, -0.5960,\\ &0.3176, 0.0163, 0.0069, -2.9140, 0.5747, 0.0822,\\ &-1.1112, 0.1268, 1.3383, -4.1139, -6.1485, -0.2332.\end{aligned}$$

由此可见, 第一、第三产业 GDP 的增长依赖于第三产业固定资产投资的增长, 即此阶段加大了对第三产业固定资产投资, 由第三产业的发展来带动第一、第二产业的发展; 第二产业 GDP 增长取决于本产业就业人数的增长, 即此阶段第二产业发展迅猛通过投入大量劳动力来加大其发展. 因此这一阶段海安县经济的发展, 由加大第三产业的固定资产投资及增长第二产业的就业人数来实现.

由以上分析得知, 在不同阶段海安县各产业 GDP 增长依赖于不同因素, 且各因素之间存在相互制约、相互影响的关系, 因此说海安经济加快发展应从宏观上协调好各产业的投资和就业人数之间关系.

3. 问题 3 的课程设计参考结果

由建议 5 可知模型为 $Q = aK^{\alpha}L^{\beta}$, $0 < \alpha, \beta < 1$, 对该式取对数后, 利用 Mathematica 或 MATLAB 进行拟合即可. 具体的应用类似问题 1, 从略.

4. 问题 4 的课程设计参考结果

由建议 7 可知 Solow 模型为

$$Q = a\mathrm{e}^{\lambda t} K^{\alpha} L^{\beta}. \tag{16.1.20}$$

对式 (16.1.20) 取对数得

$$\ln Q = \ln a + \lambda t + \alpha \ln K + \beta \ln L. \tag{16.1.21}$$

注意到 $\ln Q$ 是 t, $\ln K$ 和 $\ln L$ 的线性函数. 于是, 可利用 MATLAB 多元线性回归的命令 regress 和取得的数据求出 $\ln a$, λ, α 和 β.

然后在式 (16.1.21) 中对 t 求导得

$$\frac{\frac{\mathrm{d}Q}{\mathrm{d}t}}{Q} = \lambda + \alpha \frac{\frac{\mathrm{d}K}{\mathrm{d}t}}{K} + \beta \frac{\frac{\mathrm{d}L}{\mathrm{d}t}}{L}. \tag{16.1.22}$$

由于数据是离散的, 在所取时间间隔 $\Delta t = 1$ 的情况下, 可用差分近似地代替微分, 有

$$\frac{\frac{\Delta Q}{\Delta t}}{Q} = \lambda + \alpha \frac{\frac{\Delta K}{\Delta t}}{K} + \beta \frac{\frac{\Delta L}{\Delta t}}{L}, \tag{16.1.23}$$

其中 $\frac{\frac{\Delta Q}{\Delta t}}{Q}$, $\frac{\frac{\Delta K}{\Delta t}}{K}$, $\frac{\frac{\Delta L}{\Delta t}}{L}$ 可以利用样本观测值直接求得. 对式 (16.1.23) 同样采用多元线性回归方法求出 λ, α 和 β, 与利用式 (16.1.21) 所求的相应估计值相差很大, 且对求出的非线性回归方程 (16.1.23) 同实际观测数据拟合效果进行检验, 发现绝大部分不符合. 之所以这样是因为科技发展是日新月异的, 而在此 t 以年为单位, 所表示的时间间隔太大, 故不能用式 (16.1.23).

16.2 城市公交乘坐路线选择

16.2.1 问题背景与课程设计内容

第 29 届奥运会 2008 年 8 月在北京举行, 这期间有大量观众前往现场观看奥运比赛, 其中大部分人将会乘坐公共交通工具 (简称公交, 包括公共汽车、地铁等) 出行. 这些年来, 城市的公交系统

有了很大发展,北京市的公交线路已达 800 条以上,使得公众的出行更加通畅、便利,但同时也面临多条线路的选择问题. 针对观众需求,如何快速寻找一条经济、合理、方便的最佳乘车路线,成为观众一个非常困惑的问题. 因此,研制开发一个解决公交线路选择问题的自主查询计算机系统具有重要的现实意义.

传统的公交线路选择算法主要是基于经典最短路径搜索算法的单目标寻径算法 (如 Dijkstra 算法、A* 算法、Floyd 算法等),此类算法的缺点是不能解决换乘次数等因素对出行线路选择的影响. 本节的任务是寻找一种或几种以最短出行时间、最少换乘次数、最小出行费用为目标的公交路线选择的算法,以帮助观众快速寻找一条经济、合理、方便的最佳乘车路线. 数据来源于 http://www.mcm.edu.cn/html_cn/node/a6b7310adbb9eac56152a6815a759986.html(2007 年全国大学生数学建模竞赛 B 题及数据).

为便于模型的建立与问题的解决,先做如下的基本假设:

(1) 出行站点搭乘交通工具为零时刻,从任一条线路经过有限次转站都可以到达另一条线路;

(2) 一条线路与另一条线路有多个公共站点,规定在离起点最近的站点换乘;

(3) 公交系统在考虑线路安排时,为方便乘客出行及增大乘客流量,尽量做到两条无公共站点的线路能有第三线路与它们相交;

(4) 乘客在出行时,当换乘次数太多且到达时间相差不太多时,选择换乘次数少的;

(5) 不考虑上行、下行线的区别,当作两条不同的线路处理;

(6) 公共汽车在行驶过程中,不考虑堵车等意外情况,且乘客均能正常的上、下车;

(7) 地铁之间的换乘不需另外买票.

16.2.2 课程设计的步骤与方案

1. 问题的理解

众所周知,在公共交通网络中,出行者的最佳路线的评价受多种因素的影响,评判标准也多种多样. 因此,出行最佳路线选择问题是一个多目标优化问题. 选择公交出行时,可行的乘车方案一般有多个,出行者必须做出选择. 而出行者考虑的因素很多,总体来说,需要考虑的主要因素有公交出行时间、出行费用、换乘次数等. 不能简单地抽象为最短路问题. 一种实用处理方案就是综合考虑这些因素通过定义交通阻抗值来实现模型简化. 交通阻抗值是指乘客在公交线路上出行的

时间、费用、换乘次数等综合成本指标, 是乘客选择线路的依据. 另外, 不同实际问题的目标侧重点往往是不同的, 这使我们能有效地区分问题主要因素和次要因素. 以北京市为例, 城市公交乘坐路线选择问题根据实际情况的特点, 公交出行时间显然是最主要因素, 因此, 交通阻抗值的主体应该以时间来度量, 其余因素的影响 (如看奥运短期内公交车费) 应折算为时间价值; 另一个特点就是问题已经指出北京市区公交线路众多, 城市交通系统发达, 因此, 乘客对换乘次数的承受力偏低, 过多的换乘必然导致乘客异议, 从而影响公共交通利益和市政形象, 这是百姓和政府都不愿看到的结果. 基于这些考虑, 下面的模型考虑换乘次数小于 4 的可行路线择优问题.

2. 确定出行的可行路线集

当确定以交通阻抗值作为目标函数时, 接下来的核心问题是确定出行的可行路线集, 称为策略集. 综观该问题的研究成果, 首先需要建立一些概念用以描述问题: 原题中线路和站点的概念是基本的, 公交网络用 $G=(S,R)$ 表示, S 为站点集合, R 为公交线路集合. 节点代表交叉点和包括换乘车站在内的所有公交站点; 每一条公交线路就是网络图的一条链, 它的任意子链称为该线路的路段, 相邻两站点间的路段称为基本路段. 为了便于分析, 令 $K(r,s)$ 为线路 r 与站点 s 关联标识数, 定义为

若 r 不经过 s, $K=0$, 当 s 为线路 r 的起点时, 赋值 $K=1$, $K(r,s_1)>K(r,s_2)>0$ 表示 r 经过 s, s 方向为 $s_2\to s_1$; 若 r 上的 $s_2\to s_1$ 节的站点数为 n, 则有 $K(r,s_1)=K(r,s_2)+n-1$.

$K(r,s)$ 是最重要的概念, 利用它可以定义经过站点 s 的线路集合 $R(s)$, 从站点 s 到站点 t 的直达线路集合 $D(s,t)$ 等, 易知

$$R(s)=\{r\,|K(r,s)>0,r\in R\},\quad D(s,t)=\{r\,|K(r,s)>K(r,t)>0,r\in R\}.$$

3. 确定出行可行线路集合的方法

当设定起始站点 v_0 和终止站点 v_{d} 时, 求从 v_0 到 v_{d} 所有出行可行线路集合的方法是: 考虑分别求出 v_0 到 v_{d} 的直达线路, v_0 到 v_{d} 的需要一次换乘的线路, v_0 到 v_{d} 的需要二次换乘的线路, 当然在可能的情况下, 我们继续. 由于需要多次换乘的线路计算是以前一次换乘方案为基础的, 所以把确定 v_0 到 v_{d} 的直达线路集的算法, 即确定

$$D(s,t)=\{r\,|K(r,s)>K(r,t)>0,r\in R\}$$

作为基本算法.

4. 行进方向

需要注意, 在数据处理过程中, 为了方便计算需要给线路规定方向, 最自然的方法是线路的方向就是公交车的行进方向, 这样上、下行的线路, 上行从左至右为正向, 下行从右至左为正向, 对开的双行线路, 设置从左至右和从右至左两条方向路线, 环线按照原有正常的从左至右次序定向.

5. 数据处理

针对求任意两站点之间最佳线路的问题, 首先判断两站点之间有无直达车. 有直达车时, 在直达的线路里分别求出时间最优线路和票价最优线路; 若无, 则判断需中转一次还是两次, 并分别求出时间最优和票价最优线路. 这需要对数据进行处理, 如何处理?

建议: 不考虑地铁计算公交间线路, 考虑地铁计算公交间线路.

6. 模型 I

由于从起始站 v_0 到终到站 v_d 的线路是有限的, 所以在各站点数据处理好的情况下, 用穷举法可求出最佳路线.

7. 公交网络模型

用 $\delta_{ij}(r)$ 表示站点 v_i 到经线路 r 至站点 v_j 的费用 (元). 用 $\bar{t}$ 表示经过每个基本路段乘车平均耗时 (min). 用 $\bar{t}_i(r)$ 表示在站点 v_i 换乘线路 r 时的平均耗时 (min), 用 $t_{ij}(r)$ 表示站点 v_j 过线路 r 至站点 v_i 乘车耗时 (min), 则 $t_{ij}(r)=\bar{t}_i(r)\times[K(r,v_j)-K(r,v_i)]$.

已知公交网络 $G=(S,R)$, $v_0\in S$, $v_\mathrm{d}\in S$, 以始点 v_0 和终点 v_d 的可行公交线路集合为 $TR=\{TR_i=v_0,r_{i1},v_{i1},r_{i2},v_{i2},\cdots,r_{ik},v_\mathrm{d}\}$, TR_i 表示在始点 v_0 选择线路 r_{i1} 到达 v_{i1}, 换乘 r_{i2} 到达 v_{i2}, $\cdots$, 最终到达 v_d, 又记线路 TR_i 的换乘次数为 h_i, TR_i 费用消耗为 g_i. TR_i 时间耗费为 f_i, 则多目标模型为

$$\min_{TR_i\in TR}\{f_i,g_i,h_i\},$$

其中 $f_i=t_{01}(r_{i1})+t_{12}(r_{i2})+\cdots+t_{k-1,\mathrm{d}}(r_{ik})+\bar{t}_2(r_{i1})+\bar{t}_3(r_{i2})+\cdots+\bar{t}_\mathrm{d}(r_{ik})$ 为主目标, $g_i=\delta_{01}(r_{i1})+\delta_{12}(r_{i2})+\cdots+\delta_{k-1,\mathrm{d}}(r_{ik})$, $h_i=k(k=0,1,2,3)$.

8. 基于广度优先搜索算法的最短路径模型

广度优先搜索是一种相当常用的图算法. 其特点是, 每次搜索指定点, 并将其所有未访问过的近邻加入搜索队列, 循环搜索过程直到队列为空. 广度优先搜索

的基本思想为假设从图中某定点 v 出发, 在访问了 v 之后依次访问 v 的各个未曾访问过的邻接点, 然后分别从这些邻接点出发依次访问它们的邻接点, 并使"先被访问的顶点的邻接点"先于"后被访问顶点的邻接点"被访问, 直至图中所有已被访问的顶点的邻接点都被访问到. 若此时图中尚有顶点未被访问, 则另选图中一个未曾被访问的顶点的邻接点作起始点, 重复上述过程, 直至图中所有顶点都被访问到为止. 换句话说, 广度优先搜索遍历图的过程是以 v 为起始点, 由近至远, 依次访问和 v 由路径相通且路径长度为 $1, 2, \cdots$ 的顶点.

不妨设 v_0 为起始站点, v_{d} 为终点站. 欲查找从 v_0 到 v_{d} 的最短路径, 可以从 v_0 点出发, 以公交车路线为基础进行广度优先搜索, 到 v_{d} 站点即告终止. 找到 v_{d} 站点时, 一定是转车次数最少的. 不妨假定从 v_0 站到 v_{d} 站的乘车次数上限为 3 次.

下面介绍如何设计算法.

16.2.3 课程设计的主要结果

1. 数据处理

1) 公交间线路计算 (不考虑地铁)

(1) 分别求出经过起始站 v_0 和终点站 v_{d} 的所有线路集合分别为 $R(v_0), R(v_{\mathrm{d}})$. 若 $R(v_0) \cap R(v_{\mathrm{d}}) \neq \varnothing$, 求出此交集 R_1 (不分上、下行). 然后根据 R_1 中线路由 v_0 至 v_{d} 的行车方式对线路进行筛选, 得到线路集合 R_2. 若 $R_2 \neq \varnothing$, 说明 v_0 与 v_{d} 之间有直达车, 并计算途经站点数; 否则, 无直达车, 转 (2).

(2) 依次比较 $R(v_0)$ 和 $R(v_{\mathrm{d}})$ 中的各线路上的站点. 若无相同站点, 则说明从 v_0 经过一次中转不能到达 v_{d}. 若有相同站点集 S_0, 则根据由 v_0 至 v_{d} 行车方式依次判断经过 S_0 中站点中转能否由 v_0 到达 v_{d}, 能到达的站点保留在 S_0 中并分别计算 v_0 到此点途经站点数 n_1 和此站点到 v_{d} 途经站点数 n_2; 不能到达的站点要从 S_0 中去除. 若 S_0 不空, 则经过一次中转能由 v_0 到达 v_{d}; 若 S_0 为空, 则说明从 v_0 到 v_{d} 经过一次中转不能到达, 转 (3).

(3) 依次比较 $R(v_0)$ 中各线路上的站点与 v_{d} 经过一次中转能否到达, 可调用 (2) 来实现, 并根据行车方式排除不合理的线路. 要记录两个中转站的相关信息, 即三段路程途径的站点数. 否则无符合方案.

2) 公交地铁混合线路计算

(1) 若起点 v_0 附近有地铁站 $d(v_0)$, 终点 v_{d} 附近有地铁站 $d(v_{\mathrm{d}})$, 都可步行而至. 若有 $d(v_0), d(v_{\mathrm{d}})$ 地铁间线路集合, 则可地铁直达, 否则转 (2).

(2) 分别依次比较 v_0 点下行方向与 $v_{\rm d}$ 点和 v_0 点与 $v_{\rm d}$ 点上行方向各公交线路上的站点, 判断若有地铁直达, 则可实现公交地铁一次换乘.

(3) 依次判断 v_0 点及下行方向和 $v_{\rm d}$ 点及上行方向各公交线路站点附近有无公共地铁站, 若有则为公交一次经过地铁站换乘公交.

2. 公交网络模型的求解

步骤 0 初始化. 给定 $s\in S$ 及 $r\in R$, 对线路 r 的站点标号. r 的始点记为 v_1, $r-v_1$ 的始点记为 $v_2,\cdots,r$ 的终点记为 v_n, 则 $V(r)=\{v_1,v_2,\cdots,v_n\}$.

步骤 1 求 $K(r,s)$. 置初始值 $K_0=0$, 若 $s\notin V(r)$, 置 $K=K_0$, 转步骤 2; 若 $s\in V(r)$, 置 $K_0:=K_0+1$. 令 $V(r):=V(r)-v_1$, 若 $V(r)\neq\varnothing$, 转步骤 1.

步骤 2 求直达路线集合 $D(v_1\,,v_n)$. 给定 v_1 及 $v_n\in S$, 线路集 $R=\{r_1, r_2,\cdots,r_n\}$. 置初始状态 $R_r=R$,$D=\varnothing$, 令 $r=r_1$.

步骤 3 若 $K(r,v_0)=0$, 则置 $R_r:=R-\{r\}$, $D=\varnothing$, 令 $r=r_2$, 转步骤 3; 若 $K(r,v_0)>0$, 则转步骤 4.

步骤 4 若 $K(r,v_d)\leqslant K(r,v_0)$, 则置 $R_r:=R-\{r\}$, $D=\varnothing$, 令 $r=r_2$, 转步骤 3; 若 $K(r,v_d)>K(r,v_0)$, 则置 $R_r:=R-\{r\}$, $D=D\cup\{r\}$, 令 $r=r_2$, 转步骤 5.

步骤 5 确定 $R(s)$. 给定 $s\in R$, 其中 $R=\{r_1,r_2,\cdots,r_n\}$. 置初态 $R(s)=\varnothing$, $R_r=R$, $r=r_1$.

步骤 6 若 $K(r,s)=0$, 置 $R(s)=\varnothing$, $R_r:=R-\{r\}$, 令 $r=r_2$, 转步骤 6; 若 $K(r,s)>0$, 置 $R(s):=R_r\cup\{r\}$, $R_r:=R-\{r\}$, 令 $r=r_2$, 转步骤 7. 若 $R_r=\varnothing$, 终止输出 $R(s)$.

步骤 7 求得 $R(v_0)$ 及 $R(v_{\rm d})$, 计算出 $R(v_0)-R(v_{\rm d})$, $R(v_{\rm d})-R(v_0)$. 确定集为 $P=\{v\,|v\in r_i\cap r_j\,,r_i\in R(v_0)-R(v_{\rm d}),r_j\in R(v_{\rm d})-R(v_0)\}$, 输出集为 $Q=\left\{v_0\xrightarrow{r_i}v\xrightarrow{r_j}v_{\rm d}\,|v\in P\right\}$, 终止. 这里 $v_0\xrightarrow{r_i}v\xrightarrow{r_j}v_{\rm d}$ 表示从 v_0 沿 r_i 至 v 转乘 r_j 至 $v_{\rm d}$ 的路线.

步骤 8 求得 $R(v_0)$ 及 $R(v_{\rm d})$, 计算出 $R(v_0)-R(v_{\rm d})$, $R(v_{\rm d})-R(v_0)$, $\forall r_i\in R(v_0)-R(v_{\rm d})$, $\forall r_j\in R(v_{\rm d})-R(v_0)$. 求到达站点 v_0 的线路 r_i 经过的站点集合 $M=\{v|\,K(r_i,v)>K(r_i,v_0)>0\}$, 从站点 $v_{\rm d}$ 出发的线路 r_j 到达的站点集合 $N=\{v|\,K(r_j,v_{\rm d})>K(r_j,v)>0\}$, 从站点 v_j 到站点 v_i 的直达线路集合 $D(v_i,v_j)=\{r|\,K(r,v_j)>K(r,v_i)>0\}$. 当 $D(v_i,v_j)\neq\varnothing$ 时, 确定 $Q=\{v_0\xrightarrow{r_i}v_i\xrightarrow{r}v_j\xrightarrow{r_j}v_{\rm d}\,|\,r\in D(v_i,v_j)\}$. $v_0\xrightarrow{r_i}v_i\xrightarrow{r}v_j\xrightarrow{r_j}v_{\rm d}$ 表示从 v_0 沿 r_i 至 v_i 转

乘 r 至 v_j 再乘 r_j 至 v_{d} 的路线.

参考结果

$$\text{S3359} \xrightarrow{\text{L436}} \text{S1784} \xrightarrow{\text{L217}} \text{S1828}, \text{费用为 3 元, 时间为 107 min;}$$
$$\text{S0008} \xrightarrow{\text{L335}} \text{S2302} \xrightarrow{\text{L057}} \text{S0073}, \text{费用为 2 元, 时间为 83 min.}$$

3. 基于广度优先搜索算法的最短路径模型的求解

步骤 1 经过站点 A 的所有公交线路的集合为 $R(A)$, 经过站点 B 的所有车的集合为 $R(B)$, 如果 $R(A) \cap R(B) \neq \varnothing$, 则找出此交集, 即乘一次车即可以到达, 如图 16-1 所示, 算法结束. 否则转步骤 2.

步骤 2 找出 $R(A)$ 中的所有转乘公交线路的集合 $\mathrm{ZR}(A)$, 如果 $\mathrm{ZR}(A) \cap R(B) \neq \varnothing$, 则找出交集, 并按顺序找出这个交集中的公交线路车由哪些公交线路转来. 即知经一次转车即可到达目的站点, 如图 16-2 所示, C, D, E 均为换乘车站, 算法结束. 否则转步骤 3.

步骤 3 找出 $\mathrm{ZR}(A)$ 中的所有转乘公交线路集合 $\mathrm{ZZR}(A)$, 如果 $\mathrm{ZZR}(A) \cap R(B) \neq \varnothing$, 则找出交集, 并按顺序找出这个交集中的车由哪些车转来. 即知经两次转车即可到达目的站点, 如图 16-3 所示, C, E 为第一次换乘车站, D, F 为第二次换乘车站, 算法结束. 否则无符合条件的方案.

图 16-1 直达

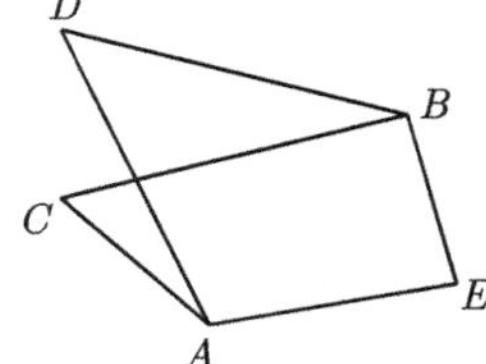

图 16-2 中转一次

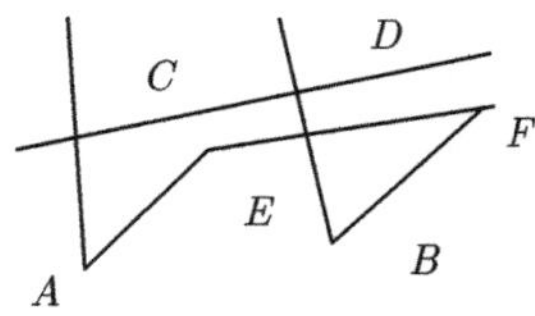

图 16-3 中转两次

参考结果

S3359→S1828, 有两条线路:

$\text{S3359} \xrightarrow{\text{L463}} \text{S1241} \xrightarrow{\text{L167}} \text{S1828}$, 转乘次数为 1, 费用为 3 元, 时间为 107 min;

$\text{S3359} \xrightarrow{\text{L463}} \text{S1241} \xrightarrow{\text{L217}} \text{S1828}$, 转乘次数为 1, 费用为 3 元, 时间为 107 min;

S0008→S0073, 有三条线路:

S0008 $\xrightarrow{\text{L463}}$ S2083 $\xrightarrow{\text{L057}}$ S0073, 转乘次数为 1, 费用为 2 元, 时间为 83 min;

S0008 $\xrightarrow{\text{L355}}$ S2263 $\xrightarrow{\text{L345}}$ S0073, 转乘次数为 1, 费用为 2 元, 时间为 83 min;

S0008 $\xrightarrow{\text{L159}}$ S2683 $\xrightarrow{\text{L058}}$ S0073, 转乘次数为 1, 费用为 2 元, 时间为 83 min;

S15579→S0481, 有一条线路:

S1557 $\xrightarrow{\text{L363}}$ S1919 $\xrightarrow{\text{L417}}$ S3919 $\xrightarrow{\text{L239}}$ S0481, 转乘次数为 2, 费用为 4 元, 时间为 125 min.

第四篇　数学建模竞赛活动

第17章

中国大学生数学建模竞赛

著名数学家、中国科学院院士李大潜教授曾经说过:“数学教育本质上就是一种素质教育, 数学建模的教学及竞赛是实施素质教育的有效途径.” 因此, 将数学建模活动和数学教学有机地结合起来, 就能够在教学实践中更好地体现和完成素质教育.

本章首先介绍中国大学生数学建模竞赛, 然后对 2003 年全国数学建模竞赛 B 题露天矿的生产调度、1995 年全国数学建模竞赛 B 题天车与冶炼炉的作业调度、2004 年全国数学建模竞赛 D 题公务员招聘进行评述, 对 2016 年 A 题系泊系统的设计解析 (赛题请登录 http://www.mcm.edu.cn/获取).

17.1 中国大学生数学建模竞赛简介

1992 年, 由中国工业与应用数学学会组织举办了我国 10 城市大学生数学建模联赛, 74 所院校的 314 队参加. 教育部领导及时发现并扶植、培育了这一新生事物, 决定从 1994 年起由教育部高教司和中国工业与应用数学学会共同主办全国大学生数学建模竞赛, 每年一届.

全国大学生数学建模竞赛是面向全国大学生的群众性科技活动, 目的在于激励学生学习数学的积极性, 提高学生建立数学模型和运用计算机技术解决实际问题的综合能力, 鼓励广大学生踊跃参加课外科技活动, 开拓知识面, 培养创造精神及合作意识, 推动大学数学教学体系、教学内容和教学方法的改革. 参赛者应根据题目要求, 完成一篇包括模型假设、建立和求解, 计算方法设计和计算机实现, 结果分析和检验, 模型改进等方面的论文 (即答卷). 竞赛评奖以假设的合理性、建模的创造性、结果的正确性和文字表述的清晰程度为主要标准.

全国统一竞赛题目, 采取通信竞赛方式, 以相对集中的形式进行; 竞赛一般在

每年 9 月下旬 (现为上中旬) 的三天内举行; 大学生以队为单位参赛, 每队 3 人, 专业不限但分本科组和专科组. 竞赛题目一般来源于工程技术和管理科学等方面经过适当简化加工的实际问题, 具有很好的时效性和趣味性. 2018 年以前, 参加本科组比赛的队伍从 A 题 (连续型)、B 题 (离散型) 中选择一题解答; 参加高职高专组比赛的队伍从 C 题、D 题中选择一题解答. 2019 年开始, 参加本科组比赛的队伍从 A 题 (连续型)、B 题 (离散型)、C 题 (大数据) 中选择一题解答; 参加高职高专组比赛的队伍从 D 题、E 题中选择一题解答.

中国大学生数学建模竞赛参赛规模以平均年增长 20%以上的速度高质量发展, 2020 年, 来自全国 33 个省 (市、自治区)、香港特别行政区、澳门特别行政区及新加坡等海外 9 个国家的 1470 所院校, 45680 个队、13.7 万多名大学生报名参加比赛. 近十年来, 本科组每年全国一等奖、二等奖获奖队数分别不超过 300 队、1200 队, 体现了这一竞赛全国奖的含金量. 全国大学生数学建模竞赛目前已成为国内高校中规模最大的学科竞赛, 也是世界上规模最大的数学建模竞赛.

17.2 历年部分竞赛题评述

本节对三道全国数学建模竞赛题进行评述, 取材于命题人的文章. 详细评述及解题细节请参阅有关论文 [24-26].

17.2.1 露天矿的生产调度

露天矿的生产调度问题可以划分成许多类型, 但不论怎样最后都要牵涉到车辆的调度安排这样一个 NP 问题. 西方国家根据一些露天矿的实际情况开发出许多应用软件, 但没有公开算法. 2003 年时, 我国仅有几个露天矿用上了智能化软件管理, 水平还需要提高, 应用面也需要扩大, 矿业生产迫切需要这方面的成果. 由于没有详细、确定的资料可以参考, 所以比较适合数学建模竞赛的题目, 做题时没有框框, 能留有更大的空间让学生用聪明才智去发挥创造, 充分地锻炼学生们解决实际问题的能力.

竞赛题是以国内某露天铁矿为背景, 大幅度地简化难度和去掉许多实际要求而编制的一个较理想的问题. 特别是去掉了随机性, 使得此题更接近露天矿生产的根本问题, 也更适于作为竞赛题目. 题目中要求给出各条路线上的车辆数和安排, 即给出当班次生产的一个宏观计划, 方法和结果对仍使用人工调度计划的单位有启发指导作用. 作了简化之后, 学生就容易对露天矿生产情况有一个比较清晰的理解. 下面简述这一问题的基本模型和解法.

露天矿生产主要是运石料, 它与典型的运输问题明显有以下不同: ① 这是运输矿石与岩石两种物质的问题; ② 属于产量大于销量的不平衡运输问题; ③ 为了完成品位约束, 矿石要搭配运输; ④ 产地、销地均有单位时间流量的限制; ⑤ 运输车辆只有一种, 每次都是满载运输, 154 t/(车 · 次); ⑥ 铲位数多于铲车数意味着要最优的选择不多于 7 个产地作为最后结果中的产地; ⑦ 不仅要求最佳物流, 最后还要求出各条线路上的派出车辆数和安排.

每个运输问题对应着一个线性规划问题. 以上不同点对它的影响不同, 问题 ①、②、③、④ 可通过变量设计、调整约束条件实现; 问题 ⑤ 整数要求将使其变为整数线性规划; 问题 ⑥ 不容易用线性模型实现, 一种简单的办法是从 $\mathrm{C}_{10}^{7}=120$ 个整数规划中取最优的即得到最佳物流; 未完成问题 ⑦ 由最佳物流算出各条路线上最少派出车辆数再给出具体安排即完成全部计算. 然而这是个实际问题, 为了及时指挥生产, 题中要求算法是快速算法, 而整数规划的本质是 NP 问题, 短时间内难以计算含有至少 50 个变量的整数规划. 从另一个角度看, 这是两阶段规划问题, 第一阶段是确定各条路线上运输石料的数量 (车次), 可以用整数规划建模; 第二阶段是规划各条路线上的派车方案, 是一个组合规划问题. 如果求最优解计算量较大, 现成的各种算法都无能为力. 于是问题可能变为找一个寻求最优解的近似解法. 例如可用启发式方法求解.

调用 120 次整数规划可用至少三种方法避免: ① 先不考虑电铲数量约束运行整数线性规划, 再对解中运量最少的几个铲位进行筛选; ② 在整数线性规划中设计铲车约束调用符号函数 (sign) 来实现; ③ 增加 10 个 0-1 变量来标志各个铲位是否有产量.

从每个运输问题都有目标函数的角度看, 这又是一个多目标问题, 第一个原则的主要目标有: ① 重载路程最小; ② 总路程最小; ③ 出动卡车数量最少. 仔细分析可得 ① 和 ② 在第一阶段, ③ 在第二阶段; ① 与 ② 基本等价, 于是只用 ① 于第一阶段, 对于结果在第二阶段中派最少的卡车, 实现全局目标生产成本最小. 第二个原则的主要目标有 ④ 岩石产量最大; ⑤ 矿石产量最大; ⑥ 运量最小, 根据题意三者之间的关系应该理解为字典序.

17.2.2 天车与冶炼炉的作业调度

天车与冶炼炉的作业调度问题包含运输工具与生产设备两方面的作业调度, 通过系统分析会发现生产线科学管理的 “中心” 是冶炼炉而不是天车. 当计算好冶炼炉的作业要求后, 按最大生产能力去安排天车的作业工序及其时间要求, 天

车服务于冶炼炉的关键问题也就一清二楚. 成功的参赛队也就很快从天车作业率不大于 70%的要求中列出计算最少所需天车台数的公式, 判断出至少必须有三台天车才能完成基本工序, 而不必用“穷举法”从一台天车作业计算到 5 台天车作业, 一一进行比较.

天车的“工序清单”绝大多数参赛队均能正确回答. 然而对于“调度规则”的阐述, 多数参赛队则变成“天车作业时间表”, 未能归纳成冶炼炉作业、天车作业的相关规划, 缺乏理论提炼的基本功. 从数据到公式 (即规律), 再从规律到调度规则, 这是一个从实际到理论, 在用理论指导实践的提炼过程. 个别成功的答卷能够归纳阐述天车一天冶炼炉的“作业优先级”概念, 如天车作业时间服从于冶炼炉作业时间, 并按时间提前量做好准备; T2 天车 (即中间一台天车) 作业优先; 负载天车作业优先等“规则”. 这些“规则”给调度人员以明确的调度指导, 从而灵活的处理时间参数随即变动后的情况. 当然, 提炼“规则”是在全面理解了整个生产要素调度之后才能想出来的, 即使不见得是完整的答案, 也令人赞赏其对运筹学知识的灵活运用. 对于本题中“提高钢产量到年产 300 万吨以上的建议”, 应该意识到本题的通过改善管理调度提高劳动生产率的挖潜含义, 因而能够用计算结果做出冶炼炉作业和天车作业两方面的挖潜分析, 给出正确的回答.

对于本题的数学知识要求和数学应用的思想方法问题, 在充分理解本题的要求和进行求解之后, 可以看到, 只要有初等数学知识, 完全不用计算机就能完成本题的全部解析计算. 然而计算结果是否正确的前提和关键是时间参数之间的逻辑关系分析是正确的. 因此本题数学考验的核心是逻辑数学, 是工序之间的“关系”, 特别是时间参数的“衔接关系”. 实际工业应用数学问题大量的是“离散数学”问题, 要善于综合应用“肯定型”、“概率型”和“逻辑型”的数学工具. 如果只习惯于自然科学中的“肯定型–连续型”数学问题的分析思路和解法, 就会在实际生产问题和管理问题面前束手无策. 因为这些问题经常是离散的概率型、逻辑型问题. 赛题最后提出的时间参数随机问题的讨论就是基于这样的背景提出的. 无论按平均时间的正态分布、还是按统筹法中数学期望时间的正态分布或统筹法中数学期望时间的 β 分布来讨论时间参数对生产的影响都是正确的, 把有计划的生产调度问题用随机排队模型来套是不恰当的.

17.2.3 公务员招聘问题

公务员招聘问题最初的原型是以研究生录取为背景提出的, 根据叶其孝教授的建议改为公务员招聘问题, 并根据全国组委会专家们的意见修改论证形成题目.

在招聘公务员的复试过程中, 如何综合专家组的意见、应聘者的不同条件和用人部门的需求做出合理的录用分配方案, 这是首先需要解决的问题. 当然,“多数原则”是常用的一种方法, 但是在这个问题上“多数原则”未必一定是“最好”的方法, 因为这里有一个共性和个性的关系问题, 不同的人有不同的看法和选择. 需要充分考虑用人部门的一般需求和特殊需求, 以及应聘者的利益和特长, 做到按需择优录用.

本题是一个综合性较强、方法较为灵活开放的问题, 全国评卷过程中给出了如下评判要点：

(1) 应聘人员复试成绩的量化、初试成绩与复试成绩的正规化处理和确定综合成绩的合理性;

(2) 对于问题 (1), 在不考虑应聘者个人意愿的前提下, 综合应聘人员的初试成绩、复试成绩和用人部门的期望要求等合理地确定综合优化指标, 建立优化模型 (或算法), 给出录用分配方案;

(3) 对于问题 (2), 在充分考虑应聘者个人意愿的前提下, 综合应聘人员的初试成绩、复试成绩和双方的期望要求等合理地确定出双方相互的评价, 尤其是将双方的基本条件和期望要求条件的有机结合而综合确定出一个优化指标, 建立起优化模型 (或算法), 给出最优的录用分配方案;

(4) 对于问题 (3), 主要是将前面两个问题的模型直接推广到一般的情况, 并给出合理的应用说明;

(5) 对于问题 (4), 是一个开放的问题, 参赛者可根据自己的认识发挥创造, 对其可行性进行评价;

(6) 充分体现按需录用和双向选择的原则, 要在录取的过程中就充分考虑到用人部门的需求和喜好择优录取并分配, 不应该不考虑部门需求的择优录取, 然后再进行分配, 即录取和分配应该同时完成.

这个问题是一个比较开放的题目, 能用的方法较多, 很难一一叙述, 在这里针对几个方面的方法作简单介绍.

(1) 数据的量化与处理. 对于题目中应聘人员的复试分数和部门的期望要求条件的量化方法是多种多样的. 例如, 对 A, B, C, D 直接赋不同的数值、利用模糊数学中的隶属度方法等. 确定应聘人员复试得分的方法有层次分析法、加权求和法等, 权值的确定也不尽相同. 应聘人员的综合分数的确定大多数都用了初试数和复试分的加权和方法;

(2) 优化指标的确定. 公务员录用分配方案的确定要充分考虑所有用人部门

和应聘人员的整体利益, 因此优化指标的合理性至关重要. 有的采用一个综合的相互评价指标 (满意度), 追求是优化指标最大的录取分配方案. 也有借助于模糊模式识别中贴近度的概念, 以部门的要求指标和应聘人员实际指标的差异定义为贴近度, 追求的是优化指标最小的录取分配方案. 对于贴近度的定义采用双方指标值之差的绝对值、欧氏距离、两个向量的夹角余弦等情况;

(3) 录用分配方案的确定. 比较好的答卷都是在合理的综合优化指标下建立 0-1 规划模型, 通过求解模型得到针对 7 个部门和 16 名应聘人员一般择优录用分配方案, 充分体现了部门的平等地位和应聘人员公平竞争原则以及按需录用并分配的要求. 答卷中模型的目标函数有一定的差异, 但约束条件基本一致. 也有的答卷没有给出明确的 0-1 规划模型, 但给出了与之等价的算法或可行的择优录用分配的策略, 录用和分配同时完成;

(4) 问题 (1) 与问题 (2) 的差异. 问题 (1) 是不考虑应聘人员的个人意愿, 即所有应聘人员对用人部门的评价仅依据各部门的基本情况, 不考虑应聘者所申报志愿因素的影响. 而问题 (2) 则要充分考虑应聘人员在申报志愿对用人部门评价中的影响作用, 即在客观评价的基础上对第一志愿、第二志愿和没有志愿分别作加权处理. 第一志愿的权值最大, 第二志愿的权值次之, 没有志愿的权值为 0. 由此建立优化模型确定录用分配方案.

17.3　2016 年 A 题“系泊系统的设计”解析

17.3.1　题目

近浅海观测网的传输节点由浮标系统、系泊系统和水声通信系统组成 (图 17-1). 某型传输节点的浮标系统可简化为底面直径 2 m、高 2 m 的圆柱体, 浮标的质量为 1000 kg, 系泊系统由钢管、钢桶、重物球、电焊锚链和特制的抗拖移锚组成. 锚的质量为 600 kg, 锚链选用无挡普通链环, 近浅海观测网的常用型号及其参数在表 17-1 中列出. 钢管共 4 节, 每节长度 1 m, 直径为 50 mm, 每节钢管的质量为 10 kg. 要求锚链末端与锚的链接处的切线方向与海床的夹角不超过 16 度, 否则锚会被拖行, 致使节点移位丢失. 水声通信系统安装在一个长 1 m、外径 30 cm 的密封圆柱形钢桶内, 设备和钢桶总质量为 100 kg. 钢桶上接第 4 节钢管, 下接电焊锚链. 钢桶竖直时水声通信设备的工作效果最佳. 若钢桶倾斜, 则影响设备的工作效果. 钢桶的倾斜角度 (钢桶与竖直线的夹角) 超过 5 度时, 设备的工作效果较差. 为了控制钢桶的

倾斜角度, 钢桶与电焊锚链链接处可悬挂重物球.

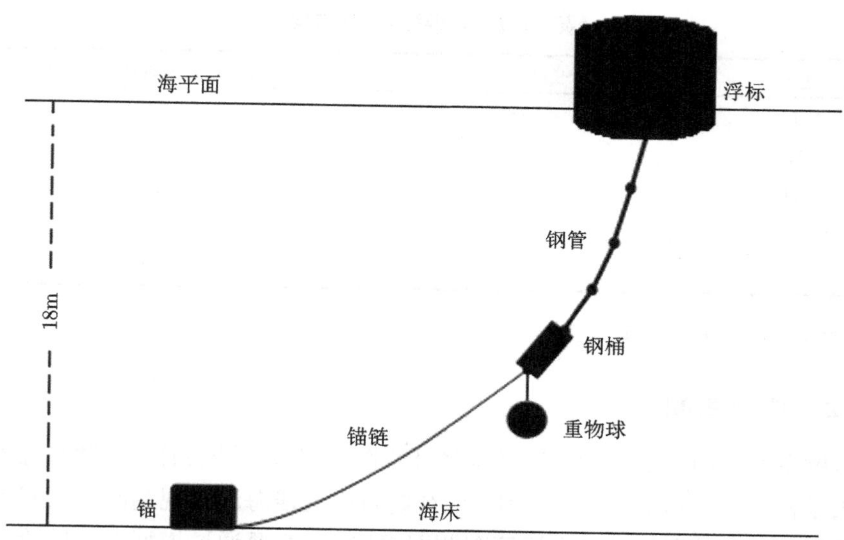

图 17-1　传输节点示意图 (仅为结构模块示意图, 未考虑尺寸比例)

系泊系统的设计问题就是确定锚链的型号、长度和重物球的质量, 使得浮标的吃水深度和游动区域及钢桶的倾斜角度尽可能小.

问题 1　某型传输节点选用 II 型电焊锚链 22.05 m, 选用的重物球的质量为 1200kg. 现将该型传输节点布放在水深 18 m、海床平坦、海水密度为 1.025×10^3 kg/m^3 的海域. 若海水静止, 分别计算海面风速为 12 m/s 和 24 m/s 时钢桶和各节钢管的倾斜角度、锚链形状、浮标的吃水深度和游动区域.

问题 2　在问题 1 的假设下, 计算海面风速为 36 m/s 时钢桶和各节钢管的倾斜角度、锚链形状和浮标的游动区域. 请调节重物球的质量, 使得钢桶的倾斜角度不超过 5 度, 锚链在锚点与海床的夹角不超过 16 度.

问题 3　由于潮汐等因素的影响, 布放海域的实测水深介于 16~20m 之间. 布放点的海水速度最大可达到 1.5 m/s、风速最大可达到 36 m/s. 请给出考虑风力、水流力和水深情况下的系泊系统设计, 分析不同情况下钢桶、钢管的倾斜角度、锚链形状、浮标的吃水深度和游动区域.

说明　近海风荷载可通过近似公式 $F = 0.625 \times Sv^2$(N) 计算, 其中 S 为物体在风向法平面的投影面积 (m^2), v 为风速 (m/s). 近海水流力可通过近似公式 $F = 374 \times Sv^2$(N) 计算, 其中 S 为物体在水流速度法平面的投影面积 (m^2), v 为

水流速度 (m/s).

表 17-1 锚链型号和参数表

型号	长度 (mm)	单位长度的质量 (kg/m)
I	78	3.2
II	105	7
III	120	12.5
IV	150	19.5
V	180	28.12

注: 长度是指每节链环的长度.

17.3.2 命题意图

本题主要由西安交通大学数学与统计学院周义仓教授设计. 该题来源于西安交通大学校友在某海域的科研工作, 应征题目: 近浅海海底观测网的组网优化问题. 原题是针对某海域试验用海底观测网提出的, 需要通过模型设计试验海域中系泊系统和水声通信系统传输节点的布局. 这就形成了问题 3. 为了帮助学生理解问题和形成建模与求解的思路, 周义仓教授加了问题 1 和问题 2. 本题考察学生理解和简化实际问题的能力, 主要用力学知识建立模型, 进行求解后给出需要的结果: 确定锚链的型号、长度和重物球的质量, 使得浮标的吃水深度和游动区域及钢桶的倾斜角度尽可能小.

17.3.3 问题的提出

阅读了题目, 了解了命题意图, 查阅了有关文献资料, 同学们应该知道了本题的背景. 请大家写出背景, 有关文献研究的内容.

大家也应该知道了本题要解决哪些问题. 请大家根据自己对题目的理解提出需要解决的问题.

17.3.4 问题分析

1. 问题 1 的分析以锚点为圆心建立笛卡儿坐标系, 对原点右侧系进行正交分解受力分析, 可得竖直方向上浮力与浮标、钢管等物体的总重力受力平衡, 水平方向上风力与锚的拉力受力平衡, 通过分别研究两独立方向上的力学关系, 分析系统各部分应该满足的方程. 需要作什么简化? 如何利用物理原理建立模型? 求解思路?

2. 问题 2 分析思考重物球的作用. 在问题 1 的基础上如何建立优化模型? 这个优化模型该如何求解?

3. 问题 3 分析由于潮汐等因素的影响, 使得水深改变, 水流开始运动, 因此, 在问题 2 模型的基础上, 增加了水深、风力、水流力、风力和水流力的夹角、锚链型号等优化变量, 沿用前两问的解题思想和模型, 如何建立多目标优化模型? 如何设计求解方法?

问题1分析-98

问题2分析-99

问题3分析-100

17.3.5 模型假设

需要作哪些假设? 结合问题简化、方便建模、容易求解提出假设.

假设-101

17.3.6 悬链线方程的推导

将锚链、钢桶、钢管都简化为柔软的绳索, 利用悬挂重物的三段悬链线来解决; 将下部的锚链简化为悬链线, 上面的钢桶和钢管分别作为刚体来处理, 由力和力矩的平衡条件建立模型; 将每节环链、钢桶和钢管都看作刚体, 得到力和力矩的平衡条件, 给出离散的递推模型.

悬链线方程的推导-102

17.3.7 问题 1 的解决

常数与浮力: II 型电焊锚链长度 $L = 22.05$ m, 单位长度的质量 $m_0 = 7$ kg/m, 选用的重物球的质量为 $m = 1200$ kg, 设备和钢桶总质量为 $m_1 = 100$ kg, 每节钢管的质量为 $m_2 = 10$ kg, 水深 $H_{\text{water}} = 18$ m. 设这些组件是钢材, 重为

7800 kg/m^3, 则它们在海水中的重量分别为：$w_0 = 59.59$ N/m, $w = 10214.62$ N, $w_1 = 269.96$ N, $w_2 = 85.12$N(钢桶、钢管的重量计算考虑了浮力因素). 如何建模?

不同风速的条件下, 如何设计算法求解?

问题1建模-103

问题1算法设计与求解-104

17.3.8 问题 2 的解决

风速 36 m/s 并且重物球质量为 1200 kg 时用问题 1 的模型求解.

风速 36 m/s 并且重物球质量大于 1200 kg 时以问题 1 的模型为基础建立双目标优化模型. 如何设计求解方法求解?

问题2求解一-105

问题2求解二-106

17.3.9 问题 3 的模型与求解

问题3求解-107

先确定与水流力有关的数据, 使用有水流力时悬链线的方程, 如何建立多目标优化模型? 如何设计算法? 计算结果?

17.3.10 其他模型和好的处理方法

其他模型-108

主要有离散化的递推模型、连续离散混合模型. 好的处理方法有：计算浮力时考虑重物球的不同材质, 分别对钢铁、铅、混凝土等不同情况下的浮力进行了计算. 问题 3 中分析海面风力和海水中水流力不同方向对模型和结果的影响. 进行受力分析用到虚功原理等建立模型(受力分析用到虚功原理来建立模型, 不需从力平衡、力矩平衡给出递推关系). 考虑了浮标受力后的倾斜情况. 收集到了胶州湾海域的台风、海潮等数据, 应用自己的模型和方法给出了实例. 建立悬链线方程时利用 $s = a\tan x + b$, 使建模、分析和计算简单.

17.3.11　参考文献与 Mathematica 代码

参考文献与
程序代码-109

扫二维码可见参考文献与程序代码.

第 18 章

美国大学生数学建模竞赛

美国大学生数学建模竞赛 (MCM/ICM), 是一项国际级的竞赛项目, 为现今各类数学建模竞赛之鼻祖. MCM/ICM 是 Mathematical Contest in Modeling 和 Interdisciplinary Contest in Modeling 的缩写, 即“数学建模竞赛”和“交叉学科建模竞赛”. MCM 始于 1985 年, ICM 始于 2019 年, 由美国数学及其应用联合会 (the Consortium for Mathematics and Its Application, COMAP) 主办, 得到了美国工业与应用数学学会 (Society for Industrial and Applied Mathematics, SIAM)、美国国家安全局 (National Security Agency, NSA)、美国运筹和管理学会 (the Institute for Operations Research and the Management Sciences, INFORMS) 等多个组织的赞助.

本章首先介绍美国大学生数学建模竞赛, 然后对美国数学建模竞赛 2000 年 C 题大象种群管理、2011 年 B 题中继器有效配置、2003 年 A 题特技飞行评述 (赛题请登录 https://www.comap.com/undergraduate/contests/从 Problems and Results 栏目中获取).

18.1 美国大学生数学建模竞赛简介

1985 年, 在美国教育部基金资助下, SIAM 教育委员会主席 Bernard A Fusaro 教授联合 COMAP 负责人 Solomon Garfunkel 教授创办了一个名为“数学建模竞赛”(Mathematical Competition in Modeling 后改名 Mathematical Contest in Modeling,MCM) 的一年一度的大学生竞赛. MCM 的宗旨是鼓励大学生对范围并不固定的各种实际问题予以阐明、分析并提出解法, 强调实现问题解决的完整的模型构造过程. MCM 是一种彻底开放式竞赛, 每年只有若干个不受限制的、任何领域的实际问题, 学生三人组成一队参赛, 任选一题在三天 72 小时 (近年改为四

天 96 小时) 内完成该实际问题的数学建模的全过程, 并就问题的重述、简化和假设及其合理性的论述, 数学模型的建立和求解 (及软件)、检验和改进, 模型的优缺点及其可能应用范围的自我评述等内容写出论文. 由专家评阅组进行评阅, 评出优秀论文, 并给予某种奖励, 它只有唯一的禁律——就是在竞赛期间不得与队外任何人 (包括指导教师) 讨论赛题, 但可以利用任何图书资料、互联网上的资料、任何类型的计算机和软件等, 为参赛学生充分发挥创造性提供了广阔的空间. 第一届 MCM, 就有美国 70 所大学 90 支队伍参加, 到 1992 年, 已经有美国及其他国家的 189 所大学 292 支队伍参加, 在某种意义下, 该竞赛已经成为一种国际性的竞赛, 影响极其广泛.

2016 年以来, 参加 MCM 比赛的队伍从 A 题 (连续型)、B 题 (离散型)、C 题 (大数据) 中选择一题解答; 参加 ICM 比赛的队伍从 D 题 (运筹学/网络科学)、E 题 (环境科学)、F 题 (政策) 中选择一题解答. 2019 年, 共有来自美国、中国、加拿大、英国、澳大利亚等 17 个国家与地区的 25370 支队伍参加竞赛, 参赛队伍来自哈佛大学、普林斯顿大学、麻省理工学院、清华大学、北京大学、上海交通大学等国际知名高校. 2020 年, 有来自中国、美国、澳大利亚、加拿大、英国、印度等国家与地区的、包括剑桥大学等众多高校队伍在内的 20948 支队伍 (MCM 13749 支、ICM 7199 支) 参加.

美国大学生数学建模竞赛共设置 7 个奖项, 分别为 Outstanding Winner, Finalist, Meritorious Winner, Honorable Mentions, Successful Participant, Unsuccessful Participant, Disqualified. 在国内, 约定俗成地将这 7 个奖项分别对应为特等奖、特等奖候选奖、优异奖 (一等奖)、荣誉奖 (二等奖)、成功参赛奖、不成功参赛、资格取消.

MCM/ICM 着重强调研究问题、解决方案的原创性, 团队合作、交流, 以及结果的合理性.

18.2 部分历年竞赛题评述

本节对三道美国数学建模竞赛题进行评述, 详细评述及解题细节请参阅有关论文.

18.2.1 大象种群问题

这个问题源于南非某国家公园要求一个健康的环境以便维持 11000 头大象稳定群落的管理策略.

解决这个问题, 了解大象生命周期和生存特征相关知识是非常重要的. 环境科学给我们做出符合现实并且恰当的假设提供了良好的基础. 关键的一点是, 对这些生物和环境的数据正确理解并将它们转化成现实的应用. 研究人员通过仔细的研究验证了这样的结论: 5 年后, 大象生活在有较低的疾病死亡率和极少的自然捕食者的相对安全的环境, 很多大象正常在 60 岁以后死亡. 对和大象相关研究文章有着深刻理解的队伍, 同时也能对这些信息进行正确表达. 那些表现最为突出的队伍, 对那些影响大象种群增长的重要参数有着敏锐的洞察力.

有的队伍构建了分析的模型, 有的队伍引用了现有的种群模型. 还有些队伍列出类似的方程来讨论. 所有的队伍都应用了一些简单的假设来降低问题的复杂度. 评委们认为, 保持假设的合理性与避免作出不必要的假设是十分重要的. 一些队伍构建了几种不同的种群模型来验证他们的工作, 并且获得了如何依据问题的特点而采用合适的建模技巧来解决这个问题的结果. 一些队伍仅仅对 5 项种群数据建模来有效地简化问题. 在第 4 个问题中, 建模者被要求调查疾病和不受控制的偷猎对大象种群数量的影响. 一些建模得当的队伍基本上都发现这样一个现象: 种群将在巨大的数量变化以后发生偏移, 并且将很快恢复. 模拟方法被有效地用来揭示这个现象.

用来解释大象种群动态规律并不需要特别复杂的数学方法, 许多参赛队伍成功应用差分方程、微分方程、离散动态系统、转移矩阵和计算机模拟. 借助转移矩阵的特征值, 可以得到该系统的长期动态表现, 这是矩阵和代数相关理论的漂亮应用. 同时发现, 他们的结果对最初年龄的假设是不敏感的. 计算并不是成功解决这个问题的最重要的步骤, 而数据推理、建模和问题解决的思路相对来说更为重要, 并且是获得成功的关键.

18.2.2 中继器有效配置问题

无线电甚高频通信是日常生活中一种非常有用的技术. 但随着传播距离的增加, 不可避免地出现电磁波能量的衰减, 导致信号无法传递. 可以采用中继器来解决这一难题. 对于某一特定区域, 如何合理有效地配置中继器是设计人员要解决的问题.

在求解的过程中, 需要考虑的是系统的可靠性, 即保证在最多的用户请求通信的时候, 能够确保用户的满意度达到一个较高的水平. 当人口分布均匀时, 为了保证系统可靠性, 必须算出通信高峰时所需的最少中继器数量. 而当人口分布不均, 如考虑城镇人口模型时, 将给出的区域分成若干个同心圆区域, 各层依次为城

镇中心—郊区—农村. 在这个过程中, 当用户的人数较多, 超过中继器的最多服务人数时, 必须减小中继器的覆盖半径来减轻人数的压力; 而当使用的人数较少时, 中继器可以覆盖一个较大的范围来减少中继器的数量.

若将上述模型应用于山区, 由于用户多中心分布, 模型不可避免地存在着一些不足. 例如, 在区域中心以外的用户密集区域, 可能需要增设中继器才可能达到预期的用户满意度, 在区域中心由于用户数目的减少, 原先设置的中继器可能会偏多, 造成资源的浪费.

18.2.3 火星移民计划的可持续性

“火星移民计划的可持续性数据分析” 是一道政策性建模问题, 要求根据国际机构星际金融与勘探政策实验室 (LIFE) 的委托, 制定火星移民计划与火星乌托邦政策, 创建适用于火星乌托邦的产业、经济、劳动、教育系统, 并对其可持续性进行分析.

通过对参赛论文的分析, 可发现存在以下几点共性的问题：一是未考虑火星的独特环境条件, 空谈乌托邦的经济、教育与平等; 二是由于赛题涵盖面较广, 涉及的细节较多, 大部分论文无法在规定的篇幅内详细地探讨所有问题, 而是针对几个较为重点的问题进行阐述与解答, 且存在语言冗长、思路不够清晰、结构不够严谨等问题.

实际上, 根据赛题要求, 首先构建火星乌托邦需考虑的 3 大因素及其细化指标, 再制定标准挑选火星移民, 并根据职业需求规划火星社区; 其次, 提出火星乌托邦发展的成功因素, 具体讨论其初期的教育、收入和平等模式, 并形成长期的全球模式; 再次, 对 3 种不同的迁移模式进行分析, 考虑额外的迁移对火星乌托邦的影响; 最后, 向 LIFE 提出政策建议.

优秀论文的特点是能有效地结合火星的实际条件, 充分考虑火星与地球的异同点, 对赛题的理解较为透彻. 好的论文思路清晰、结构严谨, 每一部分都有问题重述与模型验证; 并且, 能够从细节到整体, 先分析人口、教育、经济、平等等因素, 逐步推进、综合考虑幸福指数, 使得文章整体框架明确, 易于研究; 最后, 对火星乌托邦产业结构的构思巧妙, 完善地制 (设) 定与生活息息相关的各种产业, 并进行了较为合理的人员分配, 推动薪酬组成、政府支出等经济方面模型的建立.

参 考 文 献

[1] 姜启源, 谢金星, 叶俊. 数学模型 [M]. 3 版. 北京: 高等教育出版社, 2003.
[2] 姜启源. 数学模型 [M]. 2 版. 北京: 高等教育出版社, 1993.
[3] 谭永基, 蔡志杰, 俞文鲏. 数学模型 [M]. 上海: 复旦大学出版社, 2005.
[4] 南京地区工科院校数学建模与工业数学讨论班. 数学建模与实验 [M]. 南京: 河海大学出版社, 1996.
[5] 陈义华. 数学模型 [M]. 重庆: 重庆大学出版社, 1995.
[6] 林道荣, 周伟光. 数学实验教程 [M]. 苏州: 苏州大学出版社, 2003.
[7] 郭跃华, 周建军. 数学实验上机教程 [M]. 苏州: 苏州大学出版社, 2003.
[8] 李尚志. 数学实验 [M]. 2 版. 北京: 高等教育出版社, 2004.
[9] 林道荣, 吴雨才. 经济发展与就业拓展互动关系定量研究 [J]. 南通师范学院学报, 2004, 20(4): 47-49.
[10] 林道荣, 钟志华. 基于初等几何方法的 π 数值计算的探索实验 [J]. 大学数学, 2006, 22(4): 111-115.
[11] 林道荣, 季振辉, 吕效国, 等. 基于导数应用的一元三次方程实根个数的研究性学习 [J]. 高等函授学报, 2008(5): 38-41.
[12] 林道荣, 胥素娟. 基于光学原理的最速降线计算机仿真 [J]. 中国高校科技与产业化, 2006 (S3): 287-288, 291.
[13] 林道荣, 韩中庚. 森林救火中消防队员增援人数的确定 [J]. 数学的实践与认识, 2009, 39(10): 20-25.
[14] 刘晓惠, 林道荣, 周小建. 风速较大时森林消防队员人数确定与分配的数学模型 [J]. 数学的实践与认识, 2010, 40(5): 139-143.
[15] 韦芳芳, 杨兰兰, 柏瑞. 灾情巡视路线的设计 [J]. 数学的实践与认识, 1999, 29(1): 60-66.
[16] 丁颂康. 灾情巡视的最佳路线 [J]. 数学的实践与认识, 1999, 29(1): 74-78.
[17] 姚玉华, 孙丽华. SARS 流行病传染动力学模型 [J]. 数学的实践与认识, 2004, 34(3): 1-5.
[18] 周义仓, 唐云. SARS 传播预测的数学模型 [J]. 工程数学学报, 2003, 20(7): 53-61.
[19] 田蓓艺, 钱峰. 单循环赛赛程安排几个参数的极值 [J]. 数学的实践与认识, 2005, 35(7): 141-146.

[20] 姜启源. 赛程安排中的数学问题 [J]. 工程数学学报, 2003, 20(5): 130-133.

[21] 伍雁鹏, 刘水强, 雷军程. 一种公交网络最佳出行路线选择算法 [J]. 湖南科技学院学报, 2008, 29(4): 119-121.

[22] 侯晓利, 薛伟坡, 张军委. 公交线路选择问题的数学模型与算法 [J]. 统计与决策, 2008(18): 76-78.

[23] 石永福, 王立群. 计算机环境下的数学技术与数学实验 [J]. 数学教学研究, 2005(3): 40-44.

[24] 方沛辰, 李磊. “露天矿生产的车辆安排” 的模型和评述 [J]. 工程数学学报, 2003, 20(7): 91-100.

[25] 刘祥官, 李吉鸾. “天车与冶炼炉的作业调度” 竞赛题的工业背景及其他 [J]. 数学的实践与认识, 1996, 26(1): 37-40.

[26] 韩中庚. 研究生录取问题的优化模型与评述 [J]. 数学的实践与认识, 2005, 35(7): 126-135.

[27] 沈霏, 林道荣. 基于广告费的最优价格模型 [J]. 数学的实践与认识, 2015, 45(2): 14-18.

[28] 鲍敬艳, 任洁, 林道荣. 帆船航行最佳路线选取 [J]. 数学的实践与认识, 2012, 42(5): 107-113.

[29] 林道荣. 关于需求量稳定的存贮模型的一个注记 [J]. 常州工学院学报, 2021, 34(6): 56-58.

[30] 张顺, 郝卉, 韩书平, 林道荣. 基于广义 χ^2 分布的洛伦兹曲线简洁模型 [J]. 数学的实践与认识, 2015, 45(3): 135-140.